译者简介

徐文洁

衣曳东方·YEAREAST 高级时装品牌创始人。毕业于苏州大学，研究生国家奖学金获得者，以第一名的成绩入选中国服装设计师协会第 13 届 10+3 SHOWROOM 青年设计师基地计划，江苏省十佳服装设计师。参与国家社科基金重大项目"设计美学研究"和国家社科基金项目"江浙沪高校博物馆馆藏清代苏绣服饰研究"的工作。参编著作《男装设计》（化学工业出版社，2023 年）、《服装营销与管理》（中国纺织出版社，即出），设计作品在《丝绸》《纺织学报》等核心期刊发表。时装作品分别在中国国际时装周、虎门时装周、盛泽时尚周等秀场发布并获奖。

审校者简介

张　东

副编审；曾任教于解放军外国语学院，多次获军队嘉奖。先后毕业于解放军外国语学院、北京师范大学，游学美国伊利诺伊大学厄巴纳－香槟分校一年余。研究兴趣为传媒与文化、学术出版；翻译作品近百万字；在权威学术期刊发表论文 20 余篇，部分被中国人民大学"复印报刊资料"、《新华文摘》转载或摘编。

让 我 们 一 起 追 寻

图 1 身穿英裔美国时装设计师查尔斯·詹姆斯设计的晚礼服的模特们。詹姆斯是一位技艺非凡、想象力丰富的设计师：这些雅致的丝缎晚礼服是詹姆斯 1946 年至 1948 年设计的作品，体现了他对雕刻般的迷人垂褶面料的应用技巧以及对不同色彩的完美搭配。照片由摄影师塞西尔·比顿拍摄，1948 年发表于《时尚》杂志。

Fashion Since 1900

1900

百年时尚

Amy de la Haye
Valerie D. Mendes

〔英〕艾米·德拉海耶
〔英〕瓦莱丽·D. 门德斯　著

徐文洁＿＿译
张　东＿＿审校

社会科学文献出版社
SOCIAL SCIENCES ACADEMIC PRESS (CHINA)

献给彼得（Peter）和萨姆（Sam）
献给凯文（Kevin）和费利克斯（Felix）

Published by arrangement with Thames & Hudson Ltd., London
Fashion Since 1900 © 1999, 2010 and 2021 Thames & Hudson Ltd., London
Text by Amy de la Haye and Valerie D. Mendes
Art direction and series design by Kummer & Herrman
Layout by Karolina Prymaka
This edition first published in China in 2024 by Social Sciences Academic Press(China), Beijing
Simplified Chinese Edition © 2024 Social Sciences Academic Press(China), Beijing

中文版序

　　进入 20 世纪以来，西方服饰文化发生了天翻地覆的变化。特别是女装，流行风潮跌宕起伏，成了时尚的风向标：20 世纪初，正如西方文化艺术界风起云涌的反传统浪潮，西方的女装也抛弃了传统的紧身胸衣，吸收了东方文化，过去追求丰乳细腰肥臀的传统女装被画上了休止符；第一次世界大战后的 20 年代，女权主义的号角让越来越多的西方女性追求独立，她们更加大胆地颠覆了传统的价值观和审美观，平胸、低腰身、裸露小腿的短裙成了新的时尚；1929 年爆发的经济危机使 30 年代的女装一度回归修长的淑女风貌；第二次世界大战又迫使女装向机能性的男装靠拢；第二次世界大战后的 50 年代，为迎合人们对和平的期许，以迪奥为首的巴黎高级女装设计师又把流行引向半个世纪前"美好年代"那种强调传统女性味的优雅风貌，紧身胸衣、丰胸乳罩卷土重来，人们对胸腰差、腰臀差的追求又成为评价性感和女性美的标准；但到 60 年代，战后婴儿潮出生的年轻一代举起反传统、反体制、反战争、性解放的大旗，裸露出大腿的超短裙、紧包臀部的牛仔装、无拘无束的 T 恤在年轻人中大行其道，成为新的时尚，颠覆了优雅的高级时装一统天下的局面，流行风向在这个动荡年代发生了 180 度的转变，朝着大众化、平民化的方向发展；70 年代的民族风，80 年代的复古潮、对工业污染的反思、生态学热以及环保意识的增强，90 年代的全球化，21 世纪的互联网，这些因素促使流行周期缩短，流行普及加速，流行源头更加多元化，时尚产业、时尚品牌的文化属性更加引人关注……

　　《百年时尚》这部著作生动地记录了 1900 年至今的这一个多世纪令人眼花缭乱的时尚变迁过程。原著两位作者均是研究服装史的专家，瓦莱丽曾于英国曼彻斯特理工学院艺术史系任教，做过维多利亚和阿尔伯特博物馆纺织品和服装部的负责人；艾米是伦敦艺术大学伦敦时装学院时装策展中心的联席主任。这部著作内容丰富，资料翔实，结构清新，图文并茂，很有学术价值，是研究和学习西方服装史的重要参考文献，也是从事时尚设计工作的专业人士必备的参考资料，同时对于一般消费者了解当今时尚的来龙去脉，把握流行走向，也是非常理想的参考书。

本书的译者，苏州大学艺术学院的年轻学者徐文洁，在导师李正教授的精心指导下，完成了颇具学术价值的翻译工作。风华正茂的徐文洁在时尚设计和研究领域成果显著，本书的翻译浸透了她的心血，也是她学术生涯的又一重大成果。社会科学文献出版社的同人也为本书的版权引进和中文版的编辑出版付出了辛苦。相信这部书的出版一定会进一步促进国内学界关于西方服饰文化的研究，促进高校时尚设计和研究专业人才的培养，促使时尚产业界对国际潮流的深刻理解和准确把握，提高一般消费者对于当代流行的认知。

2023 年 2 月 6 日于清华园

李当岐，清华大学教授、博士生导师，清华大学学术委员会副主任，曾担任清华大学美术学院院长、中国美术家协会服装设计艺术委员会主任、中国服装设计师协会主席、亚洲时尚联合会中国委员会主席团主席等职；研究方向为中西方服饰文化比较。

前　言

　　时装之所以与其他类型的服装有所区别，主要是因其具有时效性。诚然，礼服、职业装和普通款式的衣服也会在风格上有所变化，但变化速度较为缓慢。进入 20 世纪，时尚圈每年推出秋冬和春夏两个系列，后来又发展出了季中系列和特色系列。印有设计师标志的香水和化妆品尤其畅销，商家也赚得盆满钵满。这一时期见证了顶级设计师生产模式的重大转变：从过去为每位客户手工定制高级女装（现在仍存在这种模式），到设计生产速度更快、价格更低的限量版副线服装和成衣。21 世纪，手提包的销售提升了许多设计师、服装工作室和公司的赢利水平。到了 2020 年，全球时装产业不再以季节为主导，时装周和时装系列中长期存在的性别二元划分逐渐消失，取而代之的是单一性别模式的时装展示。6

　　时装本身会过时，人们追求的是风格新颖而非实用，故而时装需要不断地更新换代，消费者和理论家们对此颇有微词。时装永远在变化，不能流芳百世，因此人们总是讽刺和谴责其受资本主义操纵，是资本家的阴谋，也是一种轻浮的美学艺术。早在 1899 年，托斯丹·凡勃伦（Thorstein Veblen）在《有闲阶级论》（*The Theory of the Leisure Class*）中就有过著名论述，强调时装带有"炫耀性消费"的成分。1900 年，这一论述被用来形容奢侈服装，即使一个多世纪后的今天，其仍然可以用来定义"噱头"服装——印上设计师标志来吸引顾客的服装。如今，人们对劳动力剥削、可持续发展和全球环境忧心忡忡，由此对通常只穿一两次的廉价的"快销时装"潮流产生了强烈反感。

　　越来越多的学者表示了对时装业的关注和认可，他们也愈加沉迷于研究其多学科和跨学科的意义。心理学家、人类学家、经济学家、哲学家、社会学家、博物馆馆长、剧院设计师以及服装历史学家7

为时装研究提供了新的文化维度，加之文化历史学家和符号学家也迅速参与其中，从小学到大学的各个教育阶段都新增了时装课程。时装艺术不像其他艺术那样有详尽的文献记录，其参考资料纷繁庞杂，可以分为理论、历史和物质三大方面。二战结束以来，印刷媒体、互联网和电视、古装片与大型时装展中出现了越来越多的时尚元素，人们受此影响，对个人形象日益关注，对当代和历史时装的兴趣愈加浓厚。历史时装对文化遗产复兴而言至关重要，如今已成为欧洲和北美文化生活的重要组成部分。

时装如此受欢迎，是因为人人都能参与其中：人们可以自由穿搭服饰品，在得到认可时欢欣自豪，在无人赏识时黯然神伤；而且无论专业与否，人人都可以自由发表评价。对时装的诠释不仅取决于客观事实，还取决于每个评论者的主观立场。在分析一组服装时，博物馆馆长、设计师、心理学家和经济史学家所强调的内容必然有所不同，涵盖服装史的方方面面、服装的设计内涵以及设计结构等。到了20世纪末，由于专家们的观点不同，时装学术论坛开始出现百家争鸣的局面。设计师们建立并完善了自己的网站，制作 DVD 宣传自己的设计系列和 T 台秀场，原来只有精英可以接触的时装界变得更加普及。21世纪的第一个十年，人们可以即时访问时尚博客作者或网络红人的网站，时装变得触手可及。2010年，图片分享和社交网络平台照片墙（Instagram）上线，其对于时装的普及和推广功不可没。

时装行业不断追求新鲜事物，加之在复杂的内部力量和外部需求驱使下，其运作速度飞快，故而传统设计师很少有时间停下脚步，记录有关自己的历史。他们每季的系列都零散出售，自己的工作室则销售样品，除了出版图册，很少会留档保存各个款式。但是，现在情况不同以往了，部分原因在于复古风格的兴起、"文化遗产"的营销潜力，并且设计师们也要收集证据以应对与日俱增的版权纠纷。例如，玛德琳·维奥内（Madeleine Vionnet）就识微见远，她非常细心地保留了自己作品的照片以及样品，从而成功地维护了自己的版权。老字号公司也开始珍视档案记录，它们在聘请新人为公司注入新鲜力量的同时，也会回首历史。与此同时，新一代的设计师们入行伊始就妥善保管自己的作品档案。这类公司还会从客户和新兴的时装拍卖行那里购得过去的时装，大量的时装专著和设计师传记也不吝笔墨，给人启示，但后者往往自夸自大，主张穷奢极侈。

博物馆渴望成为行业先锋并增加访客流量，它们也利用时尚的流行特点——甚至那些以战争和美术为主题的展览机构也会举办大型时装展览。同样，许多制造商也开始追求时尚，它们意识到时尚在各种商品营销中的潜力。专注于单一领域的杂志，包括室内设计甚至园艺杂志，也开始涉猎时装领域。

时装是个人和群体身份的主要标志，时装的变化可以反映社会环境的变迁。因此在20世纪早期，时装揭示了严格的阶级划分和礼仪规范。60年之后，时装展示的是社会等级制度的崩塌，年轻人有了一片新天地。现在，时装高度政治化并涉及一些重要问题，例如LGBTQI（性少数者）群体的权利、黑人人权运动、文化多样性和移民问题等。随着时间的推移，金字塔尖的高级时装已经演变出了一种"随心所欲"的风格，在这种趋势下，消费者将高端设计师品牌的服装和民族历史"遗产"（尽管在21世纪10年代后者被称为"文化挪用"）相提并论，并且也越来越多地将其与高街廉价服装进行比较。青年亚文化群体在服饰方面独出心裁，形成了与主流市场截然不同的独特风格，但显得有些讽刺的是，青年亚文化的出现对国际T台秀场的影响颇深。信息时代，互联网发展迅速，时尚动态对用户而言触手可及，亚文化的影响力是否真的局限于某个特定群体，还不确定。

自1900年以来，世界快速发展，通信业、旅游业和制造业都发生了翻天覆地的变化，本书《百年时尚》旨在揭示国际时尚在此期间的演变。20世纪初的巴黎高级定制时装曲高和寡，到了21世纪，得益于互联网的普及，全球时尚信息触手可及。19世纪，时装界取得了一系列成就，尤其是查尔斯·弗莱德里克·沃斯（Charles Frederic Worth）的成就最为突出，在此基础上，巴黎顶级设计师们获得了1868年成立且影响力巨大的时装联合会的支持，巩固了他们在时尚界的地位。20世纪下半期，设计师们又成功捍卫了巴黎作为高级时装之都的地位。尽管对手实力强劲，巴黎却不畏挑战，始终是时尚界的中坚力量。而在美国、意大利、英国、日本，以及后来的印度、中国和非洲国家，时尚也经历了一次次考验，客观地体现了各国民族特征与国际形象之间的相互影响。1999年，媒体创造出"全球时尚"的标语，预测即将出现真正的全球性产业。这个词语言简意赅地捕捉到了时尚的多元文化魅力，暗示着 21 世纪全球时尚的复杂多变，以及时尚将从设计和产品本身转移到风格的多样性融合上。

虽然本书的叙述方法多样，但仍然会按照时间顺序来探究时尚的演变与发展，内容集中在 1900 年以来时尚发展中的重要事件。本书关注国际性大事件，突出各个时期先锋设计师的作品以及时尚演变趋势，结合当时的社会经济、政治、技术和文化环境，阐述了一些激动人心，甚至具有革命性的时尚发展历程。但本书不会刻板地按照年份顺序介绍时尚的演变，一些章节将围绕着风格的重大变化和全球性大事件而展开论述。

本书结构紧凑，几乎不涉及详细分析和专题研究，但提供了进一步研究的途径，且参考书众多，均能为本书提供文献支撑。此外，本书介绍了包括时装和配饰设计师在内的著名设计师的主要成就，概述了时尚中心的重要地位，也论及一些名气不大的小众设计师的作品。书中以图片形式展示了大规模生产服饰的意义和亚文化风格，并讨论二者与高级时装之间的关系。所有设计师都印证了面料是时装作品的基础，因此本书还会探讨在整个 20 世纪，制作高级时装的独特面料和纺织科学家发明的合成面料。

本书全面地介绍了 20 世纪以来的时尚发展，旨在促进某一领域更深层次的耕耘，以探索无限可能。

本书于 2020 年更新再版，此时正逢新冠疫情，疫情给全球经济造成了严重破坏。灾难当前，全球时尚也不可避免地受到波及。疫情对时尚界的影响才刚刚得以体现，今后的时尚将何去何从，尚未可知。

目　录

第一章
1900—1913 年：
"衣"海沉浮与异域风情

　　"美好年代""富裕时代""爱德华时期"，这些我们耳熟能详的词语指代的都是 1900 年至 1914 年的这十四年。提起这些年，我们脑海中浮现出衣着优雅的权贵显要和名媛贵妇，他们整日娱乐消遣、悠闲自在。他们沿着比亚里茨海岸漫步，骑马走过伦敦海德公园的皇家驿道，沉醉于纽约大都会歌剧院的演出，乘游艇驶出怀特岛的考斯港口……老牌贵族和后起新贵都挥金如土、纸醉金迷，从女士们的锦衣华服中就可见一斑。那时的人们穿衣打扮需要严格遵循时尚的要求，稍有纰漏便可能会招致非议、沦为众人的笑柄。彼时，衣着服饰是身份地位和社会阶层的象征，每个年龄段的人也有各自的着装规范。20 世纪初期，女性时装尚且留有几分 19 世纪晚期的印迹。1907 年，时尚潮流开始出现细微的变化，不过直到 1908 年至 1910 年，得益于谢尔盖·迪亚吉列夫（Sergei Diaghilev）创立的俄罗斯芭蕾舞团，保罗·波烈（Paul Poiret）受其启发并大胆创新，时尚界才发生了翻天覆地的变化。自此，女性服饰不断发展演变，但男装并未受其影响，而是遵循严格的着装规范，强调传统与低调的价值观。

　　巴黎无疑是全球公认的时尚摇篮，世界各大城市都有追求时髦、一掷千金的富豪，而他们都对巴黎高定情有独钟。巴黎品牌的标签便是最好的名片，任何穿上一身巴黎高定的人，其时尚品位都得以彰显，从而成为跻身时尚界的上流人士。巴黎和平路的时装久负盛名，不过如果觉得和平路的正品太贵，购买一件如出一辙的仿品足以以假乱真撑门面。巴黎时装大师的设计奢侈华丽、享誉世界，各

图 2　1903 年，在法国多维尔的海滨度假胜地身穿夏日盛装的名媛贵妇们。她们身穿华丽的浅色外衣礼服——拖裾长裙搭配 "普特鸽" 高领紧身胸衣，将高级时装的时代特色体现得淋漓尽致。每套服装都有昂贵的配饰，如饰有羽毛或仿真花的帽子、长柄遮阳伞、小手袋和羔皮手套等。图中身穿量身定制的晨礼服、脚踩杏头鞋、头戴凉帽的优雅男性便是马蒂厄·德诺瓦耶伯爵（Count Mathieu de Noailles）。

国服装设计师和供应商都能从中获得灵感。1900 年的巴黎万国博览会盛况非凡，堪称新世纪的 "开门红"。此次博览会为巴黎设计师提12供了一个理想的国际舞台，以展示他们世界领先的技艺与作品。其中，法国妇女儿童服装联合会的展览令人印象颇深，它展示了巴黎高级时装业 20 家领军企业的作品，堪称 "集时装之大全"。协会主席表示，他们希望能展现时装业的活力和重要地位，同时希望巴黎时尚界的品位与设计能影响全世界。此次展览展出的服装饰以精致的珠子、亮片、刺绣、蕾丝、仿真花、层层叠叠的褶边……极尽奢华，引人注目。

　　20 世纪初，追求时髦的女性在外衣下裹上层层叠叠的里衬，穿脱衣服需要侍女的帮助，费时费力。首先是穿上白色细棉布制成的宽松内衣和衬裤，或是二者合一的连身衣裤，上面绣有精美的白线刺绣，装饰着蕾丝边和窄边拉带；接着穿上关键的塑形部件紧身胸衣，它不仅可以令穿者举止优雅，还能使穿上外衣后的线条更为流畅。但女性抱怨穿上紧身胸衣十分不适，服装改革者甚至医师都谴责这种紧身胸衣会对人体骨骼和内脏造成损伤。一些出版物，例如健康与艺术服装联合会推出的季刊《服装评论》（*Dress Review*），劝诫读者抛弃紧身胸衣，使用束缚感较弱的束胸褡，但那些痴迷时尚、追求完美身形的女性却无动于衷，心甘情愿忍受紧身胸衣带来的痛苦。

主流时尚界基本不关心始于 19 世纪 50 年代、终于 20 世纪早期的服装改革运动。彼时的紧身胸衣市场利润颇丰，技艺娴熟的紧身胸衣裁缝非常抢手。在那个时期的大量插图中，紧身胸衣展现的某种诱惑力掩盖了其本质。通过观察流传至今的紧身胸衣，我们可以推断出当时的女性需要付出巨大的代价。紧身胸衣一般由质感厚重的人字斜纹棉布制成，由金属或鲸须制成的坚硬撑条嵌在外罩内，再附上结实耐用的前置钢丝钉扣。最昂贵且漂亮的紧身胸衣由颜色鲜艳的光滑缎料制成，其衬里结实耐用。胸衣的背部中间通常有竖向排列的小孔，

图 3　1900 年，在巴黎举行的世界博览会上，沃斯精心策划的"走进客厅"展览。逼真的橱窗模特实际上为精心雕刻出人体特征的蜡像，穿着设计师的一系列得意之作——涵盖了从侍女套装到宫廷觐见长袍的设计。

穿上后用带子系紧，可以使穿者腰身苗条。无论长款还是短款，紧
身胸衣的款式基本是正面平直，腰部纤细，胸线低且隆起，臀部则
设计得较为丰满，如此构造都是为了强行使女性身体形成流畅起伏
的 S 形曲线。大多数紧身胸衣还包含松紧长吊带或护腿长袜，这种
形制自 19 世纪 80 年代末开始取代吊袜带，长吊带可以根据不同的
着装搭配各式各样的长筒袜。用于搭配日装和运动装的长筒袜通常
由棉线、羊毛线或莱尔线制成，有纯色也有带素色吊线边或条纹的
款式。优雅的晚装则搭配华贵的法国丝绸长袜，长袜上装饰着精致
的蕾丝和刺绣图案。最大胆的莫过于装饰有蛇形图案的长筒袜，穿
上后有如蛇盘绕在腿部，当长裙飘曳裙摆飘起时，脚面和脚踝的魅
力便得以展现，不禁让人恍然大悟："精彩"原来都集中在下半部分。
当然这也只是少数情况。

15

图 4　20 世纪初，人们通过坚挺的
紧身胸衣来塑造 S 形曲线。这则
广告中，模特身穿美国制造的紧身
胸衣来展示侧身线条，凸显了腰部
的曲线和饱满的胸线。为了显得贤
淑优雅，三位模特都身披纤薄的
纱幔。

图 5　晚装搭配的长筒袜通常具有丰富的装饰。1900 年，巴黎世博会上展出了一些长筒袜，上面点缀有亮片装饰的蛇，如图左二长筒袜上的蛇形图案盘绕在腿部。此后，这种款式变得尤其受欢迎。这些法国展品可以追溯到 1903 年前后。

侍女为女主人穿上精致的紧身胸衣后，女主人便有了婀娜的曲线。随后侍女再帮她穿上当天的第一件套装。许多回忆录、传记和社会经济史，都记载了这一时期从公爵夫人到交际花之类的西方社会时尚人士的生活日常和着装打扮。索尼娅·凯珀尔（Sonia Keppel）的《爱德华之女》（Edwardian Daughter）、厄休拉·布鲁姆（Ursula Bloom）的《优雅的爱德华时代》（The Elegant Edwardian）和康斯薇露·范德比特·巴尔桑（Consuelo Vanderbilt Balsan）的自传《纸醉金迷》（The Glitter and the Gold）等作品都是研究英国服饰的绝佳素材。爱德华七世醉心于享乐，英国的上流人士皆以其马首是瞻，他们参加一年一度的伦敦社交季活动，并从中领略下一年的着装式样。社交季活动从 5 月初一直持续到 7 月底，包括伦敦各大豪门的私人宴会以及一些大型公开赛事，如阿斯科特赛马会，还有伊顿公学和哈罗公学的板球比赛。伦敦的狂欢结束后，贵族们就会去国外避暑。其他欧洲城市和皇家宅邸也会举办自己的活动，这些场合都要求人们着装得体。美国还有自己的社会名流录，用以记录有影响力的公民。19 世纪 90 年代，阿斯特夫人（Mrs Astor）列出一份堪称万里挑一的"精英 400"的名单。不论是手握财富的是贵妇还是娼门女子，都必须有足够大的衣柜，以便容纳她们在各种社交场合所需要的服装。手套、皮草和杏头鞋等"时尚小单品"也不可或缺，对整套穿搭来说至关重要。一把长柄伞或小阳伞抑或手杖常常是点睛之笔。

　　与一战后相比，彼时的化妆品行业规模较小，但对于爱美人士而言，化妆品和香水越发重要。当时的人们认为化妆品是庸俗之物，因此闺阁女子使用时要少而精。19 世纪与 20 世纪之交，出现了小册子形式的化妆纸，即可以使肤色均匀并淡化斑点的薄纸。人们开始使用电解术永久去除多余毛发、痣和胎记。当时非常强调拥有自然、健康的肤色，因此人们非常注重皮肤管理。比彻姆和惠尔普顿等公司声称研制出了净肤丸，可以使苍白的脸颊焕发健康的红润；许多女性会用力揉捏脸颊、咬紧嘴唇让自己变得面色红润，嘴唇粉嫩，更有前卫者会使用有色唇膏和胭脂，因为她们认为这种做法更快捷。20 世纪初，最受欢迎的香水味道往往是带有乡村田园气息的淡香，如"路易斯雷爵女士"（蔷薇科蔷薇属植物）、"薰衣草"、"五月花"甚至是"新

刈草"的香味，而异域香水的味道更为浓郁，如从印度花卉中提取的"可爱之花"（Phul-Nana）香水。

　　在那个时代，拥有一头亮丽的秀发仍是女性最引以为荣的事。

图 6　下图左为女式绒面路易斯跟鞋，由阿兰·迈克菲（Alan McAfee）制作于 1905 年至 1910 年。这款鞋有一个装饰性的前扣，其灵感来自 18 世纪被称为克伦威尔鞋的鞋款。这双鞋一般用于日间穿着，因用粉色绒面制成，所以很可能会用于搭配裙类。
图 7　下图右为女式皮鞋，其高跟部分为木质路易斯跟，鞋面装饰为绸缎系带。该鞋由诺尔斯公司（Knowles & Co.）的胡克（Hook）设计，于 1900 年前后制造。这双鞋时髦亮眼，也用于日间穿着，鞋面材质为粗革，偏男性化，可以在户外搭配剪裁现代的裙类、夹克或大衣。

图 8（上） 人们认为化妆品是庸俗之物，所以制造商们打广告时只得小心翼翼。有时女演员们像上面的广告一样，要为某些产品代言，例如巴黎歌舞剧院的马鲁西来·戴斯特雷（Maroussia Destrelles）小姐就为化妆品牌 Gellé 代言。

图 9（右） 1911 年 10 月，《流行》杂志刊登了一则广告，称由石蚕花的花粉制成的香水可以滋养和改善皮肤，并强调效果因人而异。

女孩们留着长长的头发，直到 18 岁成年时，她们会将长发挽起，梳成宽厚、饱满的流行发型。头发不那么浓密的女性则会佩戴假发，并垫上俗称"鼠垫"的发垫，以便显得发量丰厚。女士们用卷发钳将头发盘在头顶，但通常造型只能保持较短时间。1906 年，查尔斯·内

19

图10　上图为1909年前后的马吕斯·恒（Marius Heng）假发广告。有些人天生头发就不够多，无法盘成当时流行的饱满、上梳的发型，该品牌的假发可以立马解决这类问题。一些美发师（包括巴黎的马吕斯·恒）提供的假发或假发束是某些群体的必备之物，既可以增加发量，还可以做出大波浪发型。针对秃顶或年长女性，恒还为她们特制了白色或灰色假发。

图11　右图为1910年巴黎雷德芬高定服装店内的皮草沙龙。这里环境优雅，购买高定服装的客人享受到了高级礼遇。这张照片巧妙地捕捉到了当时的情景：一名皮草裁缝正在制作一件披肩的貂皮镶边，一名室内模特正在试穿一件毛皮披肩，还有一位客人正注视着一件镶着花边的貂皮饰品。

斯特尔（Charles Nestlé，本名卡尔·内斯勒 <Karl Nessler>）发明了一种卷发方法，无需发垫和假发就可以做出蓬松的发型，这种方法虽然耗费时间，但可以让头发长时间保持卷曲。有脱发或其他问题的人则可以尝试采用被誉为"伟大的生发神话"的"哈琳"等补品或修复剂。除此之外，市面上也有各种针对男士和女士的染发剂和抗灰发剂。

设计大师和他们挑选的客源占据着时装行业金字塔的顶端。小型服装公司则满足了中产阶级群体的需求，这些人也会光顾百货公司购买时尚成衣，也有很多人认为邮购是不错的选择。一件晚礼服需要大量布料和各种各样的华丽装饰，但是纸样很便宜，因此按照纸样用缝纫机自制礼服非常划算。穷人和弱势群体很少购买新衣，而是在二手市场淘旧衣服，或是依靠慈善机构捐赠。上流社会的传统主义者希望维持现状，并谴责仆人模仿其女主人衣着习惯的行为。他们强调要根据"身份"着装，并热衷于让仆人只穿黑色衣服、戴黑色帽子、系黑色围裙等。

SALON DE FOURRURES

REDFERN

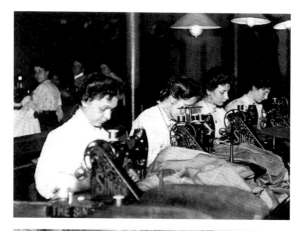

图 12（上） 这张照片拍摄于 1909 年，记录了时尚界并不光鲜的一面——微弱的灯光下，女裁缝们长时间在机器前工作。
图 13（下） 在拥挤的工作环境中，制帽女工们生产出了一顶顶华丽的帽子，许多帽子装饰有鸵鸟羽毛。照片拍摄于 1910 年的巴黎。

19 世纪末 20 世纪初，成衣业发展速度惊人，这在很大程度上"得益"于缺乏管理的"血汗工厂"。独家制衣商利用"血汗工厂"的廉价劳动力生产服装。英国的服装制造商雇用外包工来剪裁与制作服装。这些工人按件计酬，并且制衣工作具有季节性，这种工作模式只能勉强维持他们的生活。类似的情况常见于大多数欧洲城市，这种模式也支撑着美国的时尚产业。渐渐地，反虐待制衣工人运动的队伍逐渐发展壮大。1904 年和 1906 年 1 月，柏林举办了类似主题的展览，之后，"每日新闻——血汗工业展"于 1906 年 5 月在伦敦女王大厅开幕。首批 5000 本画册在 10 天内售罄。画册中描述了外包工的状态：生活条件恶劣、健康状况不佳，以及工作时间过长。其中详细描述了给披肩制作流苏的工人，他们没什么铺盖，因此不得不睡在自己编织的流苏披肩下。一位工人是有四个孩子的寡妇，她带着孩子住在两间屋子里，每天平均工作 17 个小时，周薪为 5 先令。她把每根流苏编成辫再按要求打好结，这样下来，一个大披肩可以挣 10 便士，而制作一个大披肩她得用 16 码（约 15 米）的流苏绕两圈。一些外包工营养不良，经常生病，他们制作的衣服也会传播疾病。此次展览很快让公众了解到了血汗工业的"罪行"。然而，直到多年以后，改革者和工会才开始发挥影响，相关法律才得以实施来保护劳动者的权益。

时尚杂志也发展起来，那些追求时尚的人可以通过阅读女性杂志跟上最新潮流。在法国，出现了一种形式十分新颖的时尚刊物，主要报道巴黎的贸易和里昂的奢侈品纺织业。随着 19 世纪后期摄影技术的发展，一些杂志很快用照片取代了传统的时装线条图。《流行》(Les Modes) 杂志引领了这一潮流，其印刷的时装照片复本十分清晰。许多期刊刊登的内容全部关于时装，其他期刊如《女士之境》(Lady's Realm) 涵盖了女性所有感兴趣的内容，其时尚评论总会附有插图。时尚行业的报道聚焦巴黎，全部是引人注目的内容，如"最新的巴黎潮流"，一些报纸也会引导读者紧跟时尚潮流。伦敦的《旗帜晚报》(Evening Standard) 和《圣詹姆斯公报》(St. James Gazette) 刊登了贝茜·艾斯库 (Bessie Ayscough) 的时装画；1900 年，巴黎版的《纽约先驱报》(New York Herald) 则推出了完全以时尚为主题的每周增版。

从 19 世纪开始，百货商店崭露头角，后来风靡欧美。这些零售巨头对时尚界产生了巨大影响。大多数百货商店有制衣和裁剪作坊以及成衣部。在伦敦的哈罗德百货、斯旺与埃德加百货以及德本汉姆百货，顾客们可以享受贴心的高质量服务。由美国商人戈登·塞尔福里

图 14（左） 20 世纪初，以女性演员和"佳人"为主题的明信片风靡一时，助力宣传当时的流行风尚。1906 年，女演员爱丽丝·鲁森（Alice Russon）小姐穿着轻薄精巧的夏装羞怯地摆出姿势，拍摄了这张明信片照片。

图 15（右下） 伦敦哈罗德百货公司外景象。这幅插图完成于 1909 年，20 世纪初服装的夸张线条已经被更简洁、更笔直的廓形所代替，女士的头上戴着华丽的大帽子。衣着优雅的城市男性则在穿晨礼服和长礼服时戴大礼帽，在穿休闲西装时戴圆顶礼帽，这种穿搭正变得越来越流行。

奇（Gordon Selfridge）创办于 1909 年的塞尔福里奇百货是一家位于牛津街的大型百货商店，顾客们可以在这里享受优质的服务。巴黎也有自己的百货商店，比如老佛爷百货、巴黎春天百货和莎玛丽丹百货。美国则有波道夫·古德曼百货、亨利·班德尔百货和成立于 1907 年的尼曼·马库斯连锁百货。大多数百货公司还会提供邮购产品目录和试用配饰等服务。

　　当时的明信片和烟画也会印上时尚的图案，这种传播形式受众广泛，也不存在阶级划分。烟画会印上布尔战争的将军们、足球俱乐部的队徽以及棒球运动员等男性主题图案，此外，衣着华丽的女演员和社会名流、穿着暴露的美女舞者也会被印在烟画上。不过，人们倾向于认为像舞者洛伊·富勒（Loïe Fuller）、"吉布森女郎"卡米尔·克利福德（Camille Clifford）和剧场演员加比·德利斯（Gaby Delys）这样的艺人适合被印在香烟盒上，而对于优雅的女演员和贵妇们而言，肖像被印在明信片和杂志上似乎更为体面。为此，演员和伯爵夫人们会坐在摄影棚里拍照，炫耀着她们光鲜夺目的礼服。众多女性视之为偶像，并纷纷效仿她们的行为举止、发型和优雅的穿搭。普通的摄影棚则会以橱柜照的形式制作肖像，这种照片看上去非常真实，可以让不太富裕的人也显得光鲜亮丽。当时，如果能让一位杰出艺术家为自己画幅油画肖像留作纪念，那真是莫大的荣幸。乔瓦尼·博尔迪

23

尼（Giovanni Boldini）、菲利普·德·拉兹洛（Phillip de Laszlo）和约翰·辛格·萨金特（John Singer Sargent）是当时最受欢迎的肖像画家，保罗·赫鲁（Paul Helleu）的女性素描和版画则在20世纪初的高级时装界创下了非凡纪录。

1902年亚历山德拉被封为王后时虽然已经58岁，但她仍影响着英国和美国的时尚潮流。她身姿挺拔，身材完美，无论是身着极尽奢华的宫廷礼服，还是穿上全身定制的骑马服，看上去都是那么光彩照人。她的流苏发式和高项圈造型使其闻名时尚圈。随着年龄的增长，她的妆越来越浓，以至于人们通常称她被"上了釉"。而爱德华七世的情妇们，尤其是莉莉·兰特里（Lillie Langtry）和爱丽丝·凯珀尔（Alice Keppel），不仅树立了时尚风向标，还成为成熟女性的时尚标杆。

在英国，媒体十分关注"美式入侵"，即来自新大陆的女继承人对英国贵族的影响。她们物质富足，为英国贵族阶层提供了必要的

图 16 由保罗·赫鲁创作于约 1900 年的《马布罗公爵夫人——康斯薇露》。康斯薇露·范德比尔特·巴尔桑是当时美国最富有、最著名的女继承人之一，于 1895 年嫁给英国贵族。艺术家保罗·赫鲁惊叹于公爵夫人的绝美容貌，在 20 世纪初创作了许多有关她的作品，其中就包括这幅肖像。公爵夫人端坐在画像中间，身穿飘逸的白色高领大袖真丝雪纺连衣裙，手中拿着一本书。当时的肖像画很流行手握书本，以展示画中人求知若渴，受过良好的教育。

财政支持。1895 年，优雅的康斯薇露·范德比尔特·巴尔桑嫁给了
马布罗公爵（Duke of Marlborough），据估计，她的嫁妆有 200 万英
镑。通过这样的联姻，一些受过良好教育的美国女性来到了英国，她
们习惯去最好的裁缝那里定制服装。很快，以女性为受众的媒体开
始报道这些新人，用照片突出展示她们昂贵的服装。演艺界也为贵
族阶层注入了新鲜的血液，增添了更大的魅力——1900 年至 1914
年，至少有 6 位贵族与女演员结婚，成为八卦专栏和时尚编辑们最爱
的报道素材。其中尤为著名的就是来自美国的女演员卡米尔·克利
福德于 1906 年嫁给了阿伯德尔勋爵（Lord Aberdare）的儿子（同时
也是他的继承人）。19 世纪与 20 世纪之交，她在伦敦舞台上化身为
美国插画师查尔斯·达那·吉布森（Charles Dana Gibson）笔下的理
想女性"吉布森女郎"，并在英国赢得了一定的声誉。"吉布森女郎"
身材凹凸有致，腰身纤细，浓密的秀发盘在头顶。在吉布森绘制的
自信的美国年轻人中，"吉布森女郎"是最著名的形象，象征着"新

图 17　1904 年女演员卡米尔·克利福德
在伦敦舞台上扮演"吉布森女郎"。她
窈窕的沙漏形身材与头顶上羽毛填充的
碗形帽子以及鸵鸟羽毛大扇和前转的裙
裾相互映衬。

图18 女演员兼设计师娜塔莎·兰博娃（Natasha Rambova，丈夫是电影明星鲁道夫·瓦伦蒂诺）戴着异国风情的头巾，穿着马里亚诺·福尔图尼设计的珠饰德尔斐褶皱裙。该设计于1909年获得专利，其款式经典，多年来几乎未曾改变。照片拍摄于1924年前后，该褶皱裙与早期的德尔斐褶皱裙十分相似。

女性"。

少数女性会避开时尚潮流以展示个人风格。她们通常属于某个文学或艺术圈以及设计流派，例如，跨越19世纪和20世纪的灵魂艺术家（Souls）、维也纳工坊和布鲁姆斯伯里文化圈。在英国，想要寻找小众衣服和面料的人常常会光顾摄政街的利伯提百货公司（Liberty）。20世纪初，利伯提会从不同来源和不同时期的历史服装中获得灵感，专门制作轻薄面料的服装。1909年，剧院、纺织品和服装设计师马里亚诺·福尔图尼（Mariano Fortuny）本着类似的不盲从潮流的精神，在威尼斯的奥尔菲宫开始自己的独特设计，为其著名的德尔斐褶皱裙申请了专利。德尔斐褶皱裙从古希腊的宽大长袍获得灵感，面料使用颜色鲜艳的丝绸，采用独家方法打褶，肩膀到裙子底部设计得好似一根闪闪发亮的光柱。裙面的珠子使用的是威尼斯玻璃珠，装饰时须小心翼翼；裙子在脖子和手臂部位用隐形绳调整。无束缚感的服装同样受到了自由舞者洛伊·富勒、伊莎多拉·邓肯（Isadora Duncan，福尔图尼的客户）以及莫德·阿兰（Maud Allan）的青睐，她们有着自己的舞蹈风格——穿着轻薄的仿古垂褶长裙跳舞，其衣着风格被载入服装史。

　　1900 年至 1908 年，服饰风格并未发生太大变化。巴黎女装设计师，尤其是卡洛姐妹（Callot Soeurs）、雅克·杜塞（Jacques Doucet）、帕昆（Paquin）和沃斯，擅长引入季节性色彩的系列穿搭和新颖、复杂渐变的层叠装饰，完全满足了人们对新品的渴求。设计师们使用的是最昂贵的面料，如果想要设计出当时流行的飘逸线条，这些面料必须柔软且垂感好；如果想要保暖性好，则需要使用皮革、天鹅绒和羊毛材料，再搭配一件鸵鸟毛围巾。夏装和晚装使用的面料是连名字都引人遐想（原名为 *mousseline de soie*、*crêpe méléore*）的各种质地轻薄的亚麻布、棉布和丝绸以及磨砂质感的薄纱。没有图案装饰的面料大受欢迎，人们会在面料上点缀精致的花边、钩边、刺绣和各式编织物。制作成衣的必备材料有撑条、系扣、刺绣、珠子、羽毛、边饰和人造花等，这些都要从巴黎专门的供应商和工作室购买。色彩柔和并装点奶油色和白色饰物的服装款式似乎有助于营造一种虚幻缥缈的感觉，给人一种田园牧歌般的漫长夏日感，让人仿佛身处花园派对，时尚评论家们则钟情于深绿色、淡紫色、玫瑰粉和天蓝色的服装。丧服必须采用黑色、灰色和紫色，定制西装和粗花呢服装则用深色，因此，这类服装不可避免地笼罩上了一层阴郁的色调。

　　当时，巴黎的顶级时装设计师要雇用 200 到 600 名员工才能使一家劳动密集型企业维持下去。这类企业等级森严，组织严密，设有独立工作室，每间工作室有特定用途，例如生产某种特定的服装。当时装销售人员向顾客介绍店内模特身上的最新款服装时，整个定制过程就开始了。有时为了防止走光，模特们会在裙子里面再穿一件黑色高领长袖"内搭"，即使外穿露肩装也要这么搭配。顾

28

图19、图20　这两套华丽的套装均出自顶级时装定制工作室。蕾丝花边晚装（左图）由帕昆于1912年设计，这套服装的主体是高腰短袖开放式长裙，紧身马甲罩在修身长裙外，羽毛头饰令穿者看上去身材更为修长。右图是杜塞于1909年设计的套装款式，该款式也搭配了一顶带有羽毛装饰的高帽。

客选定款式后，设计师们便开始精心剪裁制作，再让顾客多次试衣，定制行业的这种独特性正是其立身之本。1902年，在巴黎圣奥诺雷市郊大街的Félix工作室定制一条高级舞会礼服，其价格几乎是在伦敦利伯提百货购买一件成衣的50倍。20世纪初，巴黎最有名气的高级服装定制工作室要属沃斯工作室，彼时已由创始人之子让－菲利普（Jean-Philippe）和加斯顿（Gaston）管理。沃斯工作室为富豪精英阶层提供高级定制服务，它的客户不乏欧洲王室成员、美国女继承人和著名女演员等。其20世纪初的设计作品非常昂贵，有时甚至呈现出一种近乎庸俗的华丽，这也正表明了它们由沃斯工作室设计出品，而其穿戴者则被视为拥有财富与权力的女性。

在伦敦，沃斯和雷德芬（Redfern）均设有分公司，其英国王室成员的购买力相当强，而且宫廷活动有着严格的着装规定，因此女性都会盛装出席以彰显自己的身份、品位和财富。这可谓绝佳商机！为此，各个服装工作室纷纷标榜自己是宫廷服装设计师。行家们则青睐雷维尔（Reville）和罗西特（Rossiter）、马斯科特（Mascotte）、汉德利 – 西摩夫人（Mrs Handley-Seymour）和凯特·赖利（Kate Reily）等设计师的作品。凯特·赖利专门设计轻薄裙装，使用的不过是一堆娇贵脆弱的丝绸。要论裁剪，伦敦工作室仍然无可匹敌，其生产的服装可以满足散步和骑马的需求。从 19 世纪后期起，人们开始疯狂迷恋自行车，这种狂热一直持续到 20 世纪，于是裁缝们专门设计了多种款式的裤装。在 1900 年至 1913 年，随着女性逐渐进入职场，上下两件套定制服装搭配衬衫成为当时办公室的最佳穿搭，其中"俄式"衬衫最为畅销。

　　结婚时，人们也会追赶时髦。年轻女性在步入婚姻殿堂前会准

图 21（下图左）　沃斯的设计以奢华和艳丽而闻名。图中是一件出品于 1912 年的晚礼服，里层为装点着华丽珠饰的长裙，外层为带裙撑的草莓色长裙。

图 22（下图右）　1909 年由威廉·洛格斯代尔（William Logsdail）创作的《玛丽·维多利亚·莱特——穿着孔雀礼服的柯曾夫人》（*Mary Victoria Leiter, Lady Curzon in Her Peacock Gown*）画像。这款"孔雀礼服"由沃斯工作室创始人之子让－菲利普·沃斯设计；1903 年，印度总督夫人柯曾（芝加哥女继承人玛丽·莱特）女士在德里杜尔巴穿上了这套礼服。礼服上象牙色的绸缎在印度绣制，所用材料有丝绸、金属线和彩色甲虫的翅膀等，最后片片相连，缝制成孔雀羽毛的图案。

备丰厚的嫁妆，仅贴身衣物就包括早晚穿搭的宽松内衣和睡衣、衬裙、衬裤和紧身胸衣，这些均由轻薄、有交织字母图案的棉布制成。礼仪手册中建议购买的内衣达 10 余种，不过美国新娘们有时会被告诫不要买太多外套，因为时尚变化得太快。准备 12 件晚礼服、两三件宽罩衫、2 件到 4 件街装、2 件外套、12 顶帽子和 4 件到 10 件家居便服就足够了。当时，鞋子和袜子是成打买的，此外，如果要去外地度过数月的光阴，也要备上应景的服装，例如在纽波特要一身乡村风，在棕榈滩则要穿上海滨风格的服装。

对于上流人士而言，日常生活至少需要换 4 套服装，早晨、下午早些时候、下午茶时间和晚上四个时间段都要换装。早晨按例要去社交应酬和购物，这个时间段应穿定制服装，包括裙子、夹克或大衣，有时会搭配衬衫和腰带。羊毛制品，尤其是精美平滑的羊毛面料制品，成为秋冬服装的理想搭配。当时的时尚杂志将裙装评选为 20 世纪初时尚穿搭中最重要的元素之一。裙子的剪裁强调曲线优美，从腰部到大腿下部都要打褶或裁剪成梯形以便贴合身形。裙摆恰好下垂至地面，背面则留一些裙裾作拖尾；如果臀部隆起的轮廓不清晰，可以在腰部系上一件衬裙；内部套有"普特鸽"紧身胸衣的衬衫是衣柜里的必备品，这种衣服的领子总是高高挺立，内部由鲸须、早期合成塑料"赛璐珞"或铁丝支撑。这种款式穿起来并不舒适，而且在紧身胸衣的束缚下，穿者不得不时刻挺胸，以便保持脖子伸直、下巴仰起的傲慢姿态。由于女性必须戴帽子，女帽制造商便设计出了许多装

31

图 23　无论男女都愈加喜爱户外骑行这项消遣活动，但由于着装的原因这项运动的发展受到阻碍，按照当时人们的着装，骑自行车可能会导致危险。这张照片拍摄于 1902 年，一群骑自行车的美国人外穿修身的裙装和衬衫，内穿紧身胸衣。头上的平顶草帽是点睛之笔，使整套穿搭有一种休闲运动的气息。

饰。尽管英国和美国的反羽毛运动最终迫使政府采取了保护鸟类的措施，帽子上装点羽毛甚至是整只鸟的造型一度成为身份的象征。整个20世纪早期时兴的都是高顶帽子，尺码偏向中小号，女士帽下都是精致饱满的盘发。

广结人脉的人都拥有穿不完的衣服。他们会根据社交场合、季节和每天的时间段换装，尤其是周末去乡村别墅度假时，着装要求会严格一些。随着敞篷汽车取代了马车，前卫时髦的人穿上了厚厚的风衣，护住头部的软帽、面纱和护目镜一应俱全，汽车后备厢里装满了各种室内和室外活动的必需品。女性可以穿着裁剪紧身的骑马服，展现出自己的曼妙身姿，当然紧身胸衣功不可没。高尔夫、射击、滑冰、网球、槌球、登山、射箭和游泳，无论是休闲运动还是专业训练，都需要穿专门的运动服。英国设计师的定制服装和运动装质量上乘，声名远播，其中名声最为响亮的莫过于查尔斯·克雷德（Charles Creed）、雷德芬和博柏利（Burberry）。

茶袍是优雅生活的必备品，时尚杂志会定期刊登文章，解析最新的华丽茶袍及其穿着方法。爱德华七世时期的许多小说和传记中都会提及茶袍。最初，茶袍是区隔日装和晚装的标志，女性可以在

32

图24（上图左） 百货商店里陈列着各种款式刺绣精美、饰有绶带的婚嫁内衣。1910年，巴黎春天百货的白色商品邮购目录介绍了这些端庄的内衣套装和配饰。
图25（上图右） 1905年11月26日《时尚画刊》（*La Mode Illustrée*）杂志第38期刊登的插图，图中是迈松·维罗（Maison Virot）设计的鸵鸟羽毛装饰的帽子。当时，贝尔特（Berthe）和保罗·维罗（Paul Virot）是巴黎顶级、产品售价最高的女帽制造商，用卷曲的羽毛和人造花装饰的帽子是最时髦的款式，而最好的鸵鸟羽毛是从苏丹进口的。

图 26、图 27　体育活动要求参与者穿专业的服装。穿着左图这款丝绸长外套作为运动装打高尔夫球，既舒适又风度翩翩。这种衣服具有弹性，穿者可以尽情挥动球杆；高尔夫球场上风较大，而丝绸具有保暖效果；再戴上一顶凸显男子气的苏格兰便帽，可以保护头部。随着驾车热潮的掀起，人们坐敞篷车旅行时开始穿保护性服装。但是 1905 年 4 月，伦敦女士汽车俱乐部主席萨瑟兰公爵夫人（Duchess of Sutherland）并未戴长手套、面纱和护目镜（右图）。图中，她在日装外罩了一件大风衣，戴着一顶大平顶帽（帽子的饰带牢牢地系在下巴下面）以保护头发。

下午 5 点左右脱去紧身胸衣，暂时解放几个小时，而这几个小时便是传统的下午茶时间。茶袍和当时流行的另一种家居服"晨衣"都很长，穿起来都很飘逸，给人一种古香古色的感觉；有时衣服也会做得很宽大，让身体能够放松、不受束缚。从传统上讲，女性可以穿着这种非正式长袍在闺房中接待客人，这对建立亲密关系大有裨益。

　　晚装则华丽性感，通常是低领上衣，加上用丝质风琴褶做装饰的窄肩带。身着晚装的女士往往会佩戴钻石和珍珠等各式珠宝。她们头戴熠熠生辉的冠状头饰和宝石饰品，脖子上的珍珠串与低胸上衣相应成趣，美丽动人。如果负担不起真品珠宝，也可以在市面上购买漂

图 28　人们可以在家中对照纸样自己制作低成本的服装，包括茶袍、裹身衣和家居便服等。在伦敦、巴黎和纽约均有分店的巴特里克（Butterick）于 1907 年至 1908 年冬季时装目录中提供了各式各样的设计，以满足大众需求。

亮的人造珠宝。爱德华七世时期的服装依赖于奢华的面料，尤其是可以捕捉和反射光线的光滑绸缎。为了增加美感，设计师们大胆创新，在面料上装饰褶皱的薄纱、亮片和珠饰镶嵌、手绘镶件以及蕾丝边和荷叶边等。带拖裾的裙子内搭一件塔夫绸衬裙，走起路来窸窣作响，如此便是一场感官盛宴。夜深露重时，女士们还会穿上一件华丽的披肩，披肩有舒适贴身的内衬，可以使身体免受寒气入侵。

　　这种风格被称为"帝政风格"（Empire）、"督政府时期风格"（Directoire）和"雷卡米埃夫人风"（Madame Récamier），这种晚礼服和茶袍款式有着笔直的垂线和高腰，在 20 世纪初十分受欢迎。这种风格到了 1909 年成为主流。时尚可谓是色调轮回，20 世纪初的柔和色调被更加鲜艳、明丽的颜色所取代。不过，这种变化不是一蹴而就的，而是受了某些文化现象和巴黎各路前卫派人士的影响而逐渐产生的。1905 年，首届"野兽派"画展举办，栩栩如生的画作对装饰

图29、图30　这两幅图呈现的是"帝政风格"高腰晚礼服。整套礼服呈柱状，裙摆轻柔地垂落，构成流畅的线条，引人注目。一群才华横溢的时装插画师在理想的场景中勾勒出了这些浪漫主义风格的服装。左图为绘于1913年的《夜曲》(*Nocturne*)，右图是绘于1912年的《玫瑰的爱抚》(*La Caresse à la Rose*)。图片均来自《邦顿公报》(*La Gazette du Bon Ton*)。

艺术产生了巨大影响。1906年，俄罗斯芭蕾舞团的创始人谢尔盖·迪亚吉列夫筹备了一场俄罗斯艺术展。1909年，在他的赞助下，莱昂·巴克斯特（Léon Bakst）设计了色彩鲜亮的演出服和布景，被俄罗斯帝国芭蕾舞团用以排演《克莱奥帕特拉》(*Cléopâtre*)。1911年，俄罗斯芭蕾舞团在伦敦举行了首演。1910年，评论家兼画家罗杰·弗莱（Roger Fry）举办了轰动一时的首场后印象派画展，自此他在伦敦艺术界站稳脚跟。

　　正是在这种艺术热潮下，保罗·波烈开始崭露头角。波烈一马当先地改变了20世纪初时装的完整曲线廓形，转而设计出更长、更纤细的服装线条。波烈十分擅长宣传自己，声称他本人有责任将女性从紧身胸衣的"暴君统治"中解放出来。他还声称自己是第一个采用鲜明、浓郁色彩的设计师，不过我们须对这些言论的真实性持保留意见。在东方主义浪潮中，从淡色调到鲜艳色调的转变是一个必然的过程。巴克斯特为俄罗斯芭蕾舞团设计的明艳服装，尤其是1910年为芭蕾舞剧《天方夜谭》（*Schéhérazade*）设计的演出服，和波烈设计的色彩鲜艳、款式宽松的服装均受到观众们的热烈追捧，暗淡色调的设计自然而然地退出了历史舞台。

1903 年，与杜塞和沃斯共事一段时间后，波烈设立了自己的工作室。一战爆发前的几年里，波烈成为最受关注的时装设计师，时尚编辑们对他的作品进行了专题报道。他热情且想象力丰富，为人们构建了一种新的生活方式，其设计事业也因此蒸蒸日上。他的妻子丹尼斯·鲍莱（Denise Boulet）穿上他设计的管状高腰装，简直就是最理想的模特。他设计的巴黎花园完美衬托了室内模特的慵懒造型。这个花园也成了波烈举办盛大庆祝活动的不二之选，1911 年声名远扬的"一千零二夜"（Thousand and Second Night）活动就在这里举办，当时的客人都必须穿着异域风情的服装到场。

图 31（下图左） 身上画着深蓝色妆的瓦斯拉夫·尼金斯基（Vaslav Nijinsky）穿着一件点缀着蓝绿色和红色的金色服装。1910 年，在俄罗斯芭蕾舞团排演的舞剧《天方夜谭》中，他扮演黄金奴隶，演出服由莱昂·巴克斯特设计。巴克斯特作品采用了色彩鲜艳的东方主义设计，对时尚界产生了巨大影响。

图 32（下图右） 这是乔治·德·费尔（Georges de Feure）描绘的一位优雅女子（1908—1910 年），图中的女子穿着修身纤细的套装漫步。带图案的横向饰带打破了直筒礼服的垂直感，而她那盘起的饱满发型和羽毛大帽形成了一道优美的弧线。

图 33（上图左） 照片由思贝格兄弟（Seeberger brothers）拍摄。图中女子是一名职业模特，身穿一件波烈风格的缎面刺绣斗篷，斗篷设计出一缕缕优雅的褶绉，如瀑布般垂至地面；女子头上搭配的是一顶花朵装饰的宽檐帽。这件斗篷代表了 1909 年巴黎时装的巅峰。
图 34、图 35（上图右） 一战前的精美时尚设计得以保留。1912 年前后，保罗·波烈设计了一件奢华的晚礼服斗篷，采用了明亮的色彩和闪闪发光的金属丝线。这种色调的使用反映了东方主义的印记，对当时的时装设计产生了巨大影响。图中特写展示的是带有金色金属流苏的真丝雪纺，配以盘扣和金色袖子。上图右下是同时代的华丽设计——露西尔式玫瑰图案的天鹅绒晚装披肩，带有高褶领并饰以饱满的缎面玫瑰。

　　波烈曾撰写了一部自传，用洋洋自得的语气描述了他对服装艺术的贡献。他是精通色彩、质地和面料的大师，他将最新的奢华面料与其具有民族特色的织物作品相结合进行设计。他有一种舞台服装设计师的派头：整体效果才是最重要的，制作的细节不值一提，因此他的一些带有标志性玫瑰图案的作品做工粗糙。在 8 年热忱的创作中，波烈为自己的职业另辟蹊径，其意义非凡。1911 年，他推出了香水品牌"Rosine"，成立了装饰艺术"玛蒂娜工作室"。1914 年，他又

图 36　1912 年 4 月出版的《流行》杂志封面主题为 "在波烈家"，插画家乔治·巴尔比耶（George Barbier）深受东方服饰的异域风格和明亮色彩的启发，描绘出这两套晚装，并选择著名的波烈花园作为背景。两个模特造型慵懒，戴着装饰有羽毛的头巾。右边的模特身穿毛皮边晚礼服，这种上面绘制了抽象、大胆几何图案的礼服被称为 "Battick"；左边的模特身穿束腰外衣，外衣上绘制的是具有埃及艺术风格的人物像。

带着模特团队游历欧洲。这些前所未有的举措可谓别出心裁，不过后来战争爆发，他便减少了此类活动。

波烈的成就可以与露西尔（Lucile，又称杜夫·戈登夫人 <Lady Duff Gordon>）相提并论。露西尔于 1912 年在伦敦、纽约和巴黎成立了分公司，然而露西尔的设计没那么前卫，她不会冒险创新，仅制作适合不同场合的优雅服装，以满足不同客户的需求。她擅长设计有垂感的服装，因此她往往直接在模特身上制作服装。到了 20 世纪 10 年代，虽然身材丰满仍是时尚趋势，但线条轮廓夸张的服装已经消失，取而代之的是柱形轮廓。虽然一些新潮的女性不再穿紧身胸衣，但大多数人还是保留传统，紧身胸衣经过改变以适应当时对身材曲线的要求。露西尔自称是为服装注入"欢乐和浪漫"的先驱，她还设计了诸多舞台服装，如 1907 年为《风流寡妇》（*The Merry Widow*）中

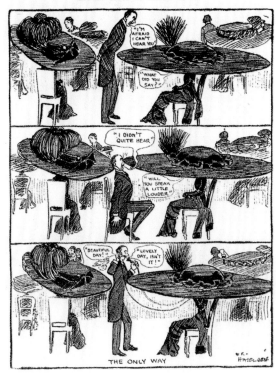

图 37　漫画家收到的礼物竟然是当时流行的超宽檐女帽。1910 年 W. K. 哈泽尔登（W. K. Haselden）为《每日镜报》（*Daily Mirror*）创作了一幅漫画，讽刺当时的"时尚帽子巨大到无可救药"，最后还告诉人们应该如何克服沟通障碍，正常对话。

的莉莉·埃尔希（Lily Elsie）设计服装。自此以后，宽大的帽子开始流行，最大可至 3 英尺（约 1 米）宽，穿戴时用长帽针固定以保证安全，不会伤到别人。露西尔依然忠于 20 世纪初的香豌豆花色，与同时代的设计师一样，她喜欢将缎面、雪纺、网眼、镀金花边以及边缘饰有绒球和流苏的亮片融合在一起。紧身胸衣的框架结构依然复杂，由于罩裙或束腰外衣有水平褶边，垂直线条通常在膝盖处被打破。设计师们非常关注这些罩裙的细节并做了许多改变，从四角装饰有流苏的方巾，到对角运用仿真花固定的垂饰等。和波烈一样，露西尔也会雇用漂亮的女性模特，她称这些服装为"有情感的礼服"（gowns of emotion），并赋予每件衣服名字与"个性"。其自传与波烈的颇为相似，都是自我推销的杰作。这两本自传都没有详细的时间年表，但都对 20 世纪前 25 年的顶级制衣行业的业态提供了独特见解。

1909 年至 1914 年的许多女性，甚至是最向往自由的女性，都穿上了波烈所推崇的新奇时装——蹒跚裙。之所以被命名为这一刻板的名称，是因为裙子的结构导致下摆过窄，束缚住膝盖，限制了走路时的步伐。蹒跚裙与露西尔设计的车轮帽搭配时，明显呈现出头重脚轻的效果。虽然这样的形象遭到了讽刺，但当时并没有人在意。英国的妇女参政者们希望推动自己的事业，而不是让人们关注她们的外表，因此她们没有选择新潮的着装，而是保持主流时尚风格——紫色、白色和绿色被用来作为"妇女参政"的颜色，由此为规模不大的服装和配饰制造商以及零售业创造了机会。

社会规范逐渐变得没那么刻板，欧洲的年轻人开始沉迷于一系列活泼的舞蹈，其中许多源自美洲。尤其是阿根廷的探戈舞对欧洲影响颇深，并由此催生了探戈鞋和探戈紧身胸衣，甚至还有探戈香水。著名的潮流舞者艾琳（Irene）和弗农·卡斯特尔（Vernon Castle）非常专业地展示了最新的舞步。到了 1914 年一战爆发前，探戈着装中巨大的帽子被舍弃，圆柱形帽身的廓形变得越来越窄，越来越流畅。

讲究款式的富裕绅士们虽然不会受时尚的影响，但还是会购买许多款衣服，以便随时都能穿着得体。1900 年至 1913 年，男士服装并未出现彻底的变化，但逐渐变得非正式，休闲西装成为主流。多一颗扣子、翻领稍窄或采用新的领型，这些细微的变化都会成为人群的焦点，使穿者心生满足。很少人有勇气打破 20 世纪早期的诸多服装规则，因为这些规则都是在 19 世纪的法令下诞生的，着装仍然能够彰显社会地位。在 1912 年英国德比赛马日这天，"名流们"身穿黑色晨礼服，头戴高顶礼帽，众人纷纷称赞，这也是在御前重要社交场所的规范着装，"普通人"却会因为穿了灰色和棕色的休闲西装而遭受批评。

1902 年，爱德华七世加冕，彼时的他已 61 岁，但仍然穿着得体，他对自己的外表无比自豪。爱德华七世身材圆润，不像马克斯·比尔博姆（Max Beerbohm）和博尼法斯·孔德·德卡斯特拉内－诺韦让（Boniface Comte de Castellane-Novejean）那样风度翩翩，但作为威尔士亲王和后来的国王，他仍然是时尚界的引领者。爱德华七世坚持规范着装，如果朝臣们穿着不得体，他便会予以告诫。他开创了时尚潮

图 38（下左）时尚极致。两位女士欢快地提起礼服的裙摆，尽显蹒跚裙的特点。该照片拍摄于 1910 年。
图 39（下右）一战爆发前几年，探戈舞风靡欧洲，许多服装风格都受其影响。图中的女性舞者穿着"裤裙"——一种在脚踝处束紧的宽松裙装，然后再穿一件外搭。与舞伴的燕尾服和裤子相比而言，女性舞者的服装自然更异域风情。

流，掀起了穿诺福克套装和戴洪堡帽等热潮。

除了无可挑剔的服装，精心梳洗也是男性优雅的标志。贴身男仆不仅要保证主人的衣服干净整洁，还要确保主人完美"出场"。修剪整齐的短发是标配；年轻人有时会蓄起浓密的短髭，年长的男人和水手则经常留着络腮胡。保守的男人使用香水气味清淡，最多会在手帕上擦点古龙香水，然后再用手帕在头发上稍加擦拭。理发师知晓男人们头发的秘密，比如染发、补发或掩盖秃斑等。

英国裁缝被誉为全球最好的裁缝，富豪们会光顾邦德街和萨维42
尔街的知名老牌裁缝店，尤其是吉凡克斯（Gieves）和亨利·普尔（Henry Poole）。一个店铺若能得到皇家授权，便获得了权威认证，从此财源广进。最好的鞋子和靴子都是手工制作的，像洛布（Lobb）这样的制鞋商会保留着尊贵客户的木制鞋楦。他们的鞋子脚趾处呈椭圆形，鞋舌也很受欢迎。英国还有最好的制帽商，为客户提供帽子定制服务，从折叠礼帽到圆顶礼帽，其款式应有尽有。而这一时期也见证了高顶

图 40 尽管后来爱德华七世身材变得很胖，但他的着装打扮依然稳重得体。他喜欢醒目的条纹装，闲暇时会穿着时髦而舒适的休闲套装，搭配单排高扣夹克。图为 1910 年 4 月，在去世前不久他与两名同伴沿着法国海滨胜地比亚里茨的海滨大道散步。

图 41　图中是美国风格的服装。即使是休闲装，挺括的高领衬衫也是必备单品。通常美式服装造型干净利落，用条纹做装饰是理想选择。19 世纪末，箭牌（Arrow）商标在纽约的特洛伊市创立，但直到 1913 年，艺术家 J. C. 莱恩德克绘制的生动迷人的箭牌广告广为传播，该品牌才大获成功。

礼帽的衰落。1914 年后，高顶礼帽只会出现在非常正式的场合。此外，亚麻衣服要洗得干干净净，熨得平平整整；衬衫通常没有带扣前襟，必须套头穿；穿起来极为不适的可拆卸硬质亚麻衣领高达三英寸，与女性时装的高耸立领相呼应；衬衫上用领扣固定的双层领虽然穿脱不便，人们却习以为常。此时，服装被允许进行一些朴素的装饰，例如彩色背带、条纹衬衫、时髦的手帕以及各种各样的颈部饰物等。花花公子们总是拿着一根细长的手杖或一把收紧的雨伞作为服装的搭配。百货商店和服装商品目录会提供低价服装，也为那些在热带殖民地工作的人特制服装。那时，一位衣着讲究的人可能不会流露出对服装过于浓厚的兴趣，却一定会精心打扮，站在时尚的前沿；他们倡导"整洁"、"朴素"与"合身"。裁缝和男仆会为绅士们提供个人造型建议，为其讲解最新潮流趋势。

　　略高于膝盖的黑色细羊毛双排扣长礼服大衣是整个 20 世纪初盛行的正式着装，不过它们的辉煌却很短暂。人们通常将大衣敞开，内

43

搭双排扣马甲和高硬领衬衫，下身穿配套的裤子（可以是条纹裤），再戴上高顶礼帽，这便是一套完整的造型。这一时期的裤子裤腿较瘦，裤脚翻边或者不翻边皆可。后来，晨服大衣和大衣套装代替双排扣长礼服大衣成为时装新宠。一般来说，晨服都是单排扣的，背面的燕尾长至膝盖后部。

再后来，无腰宽松休闲夹克逐渐取代了长礼服和晨礼服。休闲西装逐渐演变为商务西装，也标志着北美男装趋于非正式化。英国杂志《服装定制与剪裁》（*Tailor and Cutter*）承认了美国市场的重要性及其特殊需求，但对"美式花哨"不屑一顾，也不喜美国人对运动服装的偏爱，因为英国人认为这种风格的服装只能在度假或运动时穿着。同时，英国杂志还告诫美国人不要穿"怪异的美式西装"，以免显得过于俗气，并建议他们去"无可挑剔的男士裁缝店"寻一位英国

图42、图43、图44　绅士们精心打扮，身穿剪裁得体的服装给人一种温文尔雅的感觉。左图：单排双扣晨礼服，开襟处设计很独特，下腰缝线非常讨巧，采用长燕尾和低角度翻领。中图：这是一款罕见的双排扣合体晨礼服，端庄大气，其小角度翻领面料为丝绸，衣摆呈小角度喇叭形。这两件外套搭配的都是礼帽、手套、手杖和鞋面上部为织物的半统靴。右图：用于晚装的黑色燕尾服和长裤，马甲可以是黑色或白色、胸部挺括的白色衬衫搭配和硬领和窄领结，脚上通常穿的是亮面漆皮浅口鞋，鞋面上装饰有特制的蝴蝶结。

裁缝。更夸张的是，该杂志曝光了英国和美国血汗工厂的种种罪行，并追踪报道了 1912 年裁缝罢工，及工厂妥协并引入最低工资标准的整个过程。

20 世纪初的晚宴活动插图记录了女性五彩斑斓且华而不实的礼服，相比之下，其男伴们的穿戴则严格遵循简单的黑白色调风格。男士们的燕尾服（配白色胸花）和裤子均为黑色，再搭配白色马甲、白色腰带和高翼领衬衫，白手套和漆皮舞鞋必不可少，有些绅士还喜欢戴单片眼镜。一种不太正式的无尾礼服，在美国被称为燕尾服，在法国被称为蒙特卡罗（monte carlo），最初只在小型的晚间聚会场合出现，后来很快便流行开来。

对于城里人而言，切斯特菲尔德大衣是上乘之选。这种大衣有多种风格，天鹅绒领以及暗门襟彰显优雅气度，非常受欢迎。阿尔斯特大衣和披风大衣在旅行中更为常见。此外，新款麦金托什雨衣上市，制造商们宣称其不含橡胶且无异味。越来越多的汽车驾驶员购买各式风衣以应对季节变换，同时他们还会购买其他防护必需品，如帽子、护目镜和防护手套等。

吸烟服之于男性如同茶袍之于女性那样重要。吸烟服面料柔软，尤其是天鹅绒，能使穿者放松，同时看上去十分时髦。无论是吸烟服还是晨袍，上面通常会装饰有纺锤形纽扣，使穿者平添一份不过分张扬的军人气概。

休闲装和运动装都是为了满足特定场合的需求而设计。无论是划船还是打板球，都必须穿合适的服装，不能穿着某种运动服去参加

图 45、图 46（对栏左上和左下） 晨服中的三件套单排扣休闲西装开始普及。条纹款十分受欢迎，常见的配饰包括挺括的硬翻领、手杖和圆顶礼帽。夏季穿的休闲西装款式为浅色人字形斜纹花呢搭配大翻边裤。手杖、单片眼镜和挺括的硬翻领使整套打扮显得更为正式，平顶帽和胸花则暗示着这套衣服适合在天暖的时候穿着。这两套西装都是 1912 年的款式。
图 47（对栏右上） 1907 年，美国流行的定制款男士正装，包括适合矮胖身材的款式（中）。帽子，精致的羊毛衣物，尖领、圆领以及高领衬衫，与众不同的领带，手杖和鞋靴，以上搭配可以凸显穿者的风格。在正式场合，也可以选择搭配华丽的刺绣背带或印花手帕。
图 48（对栏右下） 美国 1912 年至 1913 年的休闲西装款式，英国裁缝将其形容为"奔放"。从左至右："美式西装"——设计大胆的双排扣外套搭配大翻边长裤；"普通款西装"是最受欢迎的休闲西装；更为休闲的"德雷克塞尔"（Drexel）款西装——这是一种显眼的非正式宽肩多口袋西装，说明美国人喜欢上衣有口袋，休闲裤通常宽松舒适。

图49 "即使男性的衣服灰飞烟灭，女性的衣服仍会不朽"，这种观念自1904年流行开来，但服装历史学家们并不认可。这幅漫画绘制了爱德华七世时期的美丽女性，她衣着华丽繁复，男伴则身着黑色燕尾服，佩戴传统的白色领结，十分简约，二者形成了鲜明对比。

另一项运动。条纹法兰绒西装或法兰绒长裤搭配传统的深蓝色外套，再加上一顶硬草帽，便算得上可以接受的半正式着装了。彼时长袖针织运动衫变得十分常见，它注定会在日后风靡。然而很快，由于遭受战争的摧残，"黄金时代"以及奢靡的生活方式与时尚潮流快速消亡，其他更为严峻的问题成为人们关注的焦点。

第二章
1914—1929 年：
假小子风与新式简约

一战给服装设计、服装面料和服装制造方法带来了重大改变，尤其是给女性的日装和工作装带来了重大改变。1914 年 8 月 3 日德国对法国宣战，而此时的巴黎正在有条不紊地进行秋季时装系列发布会的筹备工作，并如期向众多国际客户展示了这些时装。然而 1914年底，欧洲的上流社会受到不稳定的货币市场和战争的干扰，高定时装业的常规财务支出也由此受到威胁，而贸易禁运意味着欧洲对北美利润丰厚的出口贸易再也无法得到保证。由于战争，许多男性时装设计师报名参军，留下大量工作室交由女性管理。

美国直到 1917 年才参战。战争初期，美国的时装业曾多次给予法国时装公司支持，之后的多年里，法国时装公司也因此在设计领域屹立不倒。例如 1914 年 11 月，美国版《时尚》杂志主编埃德娜·伍尔曼·蔡斯（Edna Woolman Chase）组织了一系列时尚节活动，为一家名为 "Secours National" 的全国性慈善机构筹款。首场时装秀在位于纽约的著名百货商场亨利·班德尔（Henri Bendel）举行，展示了美国设计师梅森·杰奎琳（Maison Jacqueline）、塔培（Tappé）、冈瑟（Gunther）、库兹曼（Kurzman）、莫莉·奥哈拉（Mollie O'Hara）等人的作品。尽管此次活动再次彰显了美国对法国设计的依赖，但巴黎设计师们却担心美国会趁欧洲战乱培养其本国人才。1915 年 11 月班德尔举办了法国时装节，意在宣传巴黎的设计作品，试图缓和形势。随后，康泰纳仕集团（Condé Nast）成立了一项名为 "一分钱出租缝纫女孩"（Le Sou du Loyer de l'Ouvrière）的基金，以帮助那些因订单数量减少而失去工作或收入减少的法国高级服装设计师。

尽管在战争期间受到重创，巴黎时装的国际地位仍十分稳固，巴黎时装公司继续引领潮流。一年两度的时装秀如期举行，虽然观众人数较少，但仍吸引了全球时尚媒体的关注。来自时尚领域的一手资讯引起了人们的极大兴趣，1916年康泰纳仕集团发行英国版《时尚》杂志（该杂志创办于纽约，极具影响力）。

　　在战争的第一年，高级时装杂志，如法国的《流行》杂志和英国的《女王》(The Queen)杂志通常很少提及战争。时装风格几乎一成不变，时尚潮流仍然与1910年至1914年相差无几。服装的廓形依然呈柱形，但随着交叉紧身上衣、褶边、层次感十足的裙子和垂饰的出现，人们不再强调服装垂坠感。众人皆知，帕昆夫人开辟了一系列先河，她重新使用19世纪中期的分层衬裙设计晚装，这种设计被认为是20世纪20年代长袍风格的前奏。镶边仍然重要，许多衣服的装饰仍然极尽奢华。对于晚装而言，金银色的金属花边和刺绣边尽显时尚，日装和晚装上都会带有各式各样的毛皮饰边。

　　1915年，许多设计师把军事元素引入服装系列，尤其是日装当中，使用卡其色一度成为时尚。剪裁得当的收腰夹克和套装在女性衣橱中占据着越来越重要的地位，一些杂志称这些服装"精妙绝

图50　到了1916年，"简约"已被收录进时装界的词典。图中显示的是战争时期一对夫妇在公园里散步，女士身穿一条素净的细腰连衣裙，裙摆刚过脚踝，与优雅的高帮绑带靴相呼应。她的宽檐帽装饰得十分精致，简约朴素的手套和折叠伞是整体装扮的点睛之笔。对于许多参军的男性而言，军队制服成为其日常着装，男性因穿上军队制服而深感自豪。

伦"，还强调其永不过时。夹克长及臀部，宽腰带松散地系在腰部上方；双排扣厚毛七分上衣和诺福克式夹克穿着舒适且防风御寒。传统的女性时装很少会设计口袋，但现在宽大实用的贴袋成为一大特征，与军装的实用功能相呼应。而大衣和西装上通常用军装风格的珠缀、编织物和纺锤形纽扣做装饰。当时时兴用军便帽代替传统女帽。羊毛是制作制服的关键面料，于是哔叽（经线使用精纺、纬线使用羊毛的一种斜纹织物）常代替羊毛用于制服的制作；制服面料中的灯芯绒是一种耐用的时尚面料。带有防风袖口的风衣则适合普通人穿着，雅格狮丹（Aquascutum）和博柏利等英国公司也推出了时尚款式。

1914 年时装界最引人注目的一个变化是，窄小的蹒跚裙发展为喇叭形和钟形设计，有些款式还有褶裥和裙褶式设计。这种新廓形使精致的衬裙再次成为必备单品，服装店提供了各种各样的褶边款式，其中还包括宽大的裙裤。到了 1916 年，裙摆已提高至脚踝以上两到三英寸，这样可以更加突显鞋子的样式。长及小腿的高跟系扣或系带的靴子十分雅致，这也吸引了广大生产商的注意，这种靴子通常有米色或白色与纯黑色漆皮相搭配的两种色调。

到 1916 年时，甚至连富豪们都受到了战争的影响。由于国内劳动力短缺，需要精心清洗、熨烫和试穿修改的服装很快变得不再实用，于是人们开始调整服装样式，以适应战时的人力短缺和更加朴素的生活方式。在每季的时装系列发布中，晚装的占比越来越小，且客户大多来自美国。1914 年以前，着装规范规定人们每天至少要更换四套衣服；今时不同往日。战争年代也见证了茶袍的衰落。深色、沉闷的颜色成为主色调，事实证明，这种色调完全为这个昏暗的时代而 50生。人们参加葬礼时穿的仍然是黑色服装，黑色绉纱面料仍然适用，但是参加葬礼和哀悼的礼仪规范不再那么严苛，因为许多从事与战争有关的工作的女性无法遵守这些规则。然而，即使在哀悼的时候，人们认为自己也理应穿得端庄体面，于是时尚杂志为大量经历过丧亲之痛的女性提供了黑色服装的穿搭建议。

与其他类型的服装相比，日装款式的变化更能为战后的时装发展奠定基础。1916 年以后，许多设计师把注意力集中于服装的舒适轻便，尤其是既时尚又实用的套头衫（jumper-blouse，1919 年后缩 51

图 51、图 52、图 53 位于伦敦东部的福斯特·波特公司（Foster Porter & Co. Ltd.）制作的 1914 年春夏款女士定制服装。越来越多的中产阶级女性（通常是未婚女性）在上班时会穿着这种成衣套装。这种套装剪裁时尚，主要体现在面料图案、色彩和一些有趣的细节设计上，例如缎边衣领、绲边、半腰带、纽扣细节、口袋以及翻领形状的设计。最左边的那套西装是黑白格子款；中间的款式为棕褐色、萨克森蓝、海军蓝、紫色或黑色哔叽套装；右边的款式则为探戈橘（一种橘红色）、灰色、紫色或棕褐色哔叽套装。这种时尚套装再搭配一顶时髦的帽子，可谓锦上添花。

写为"jumper"），可以搭配裙子或套装，为女性提供了另一种服装选择。套头衫的穿法有些与众不同，因其没有纽扣，穿的时候直接从头上套进去，所以一般罩在裙子外面，而不是塞进半裙里，其长度刚好在臀部下方一点，有时搭配水手领、腰带或肩带。套头衫通常为棉制或丝制，是 20 世纪 20 年代时装的主流。针织开衫和户外穿的厚款针织运动外套也很受欢迎。除了购买成衣，许多女性还会为自己和家人手工缝制衣服。衬衫和外套仍会设计为低领，通常是深 V 领的样式，但是为了保持端庄，女式紧胸衬衣或内搭通常会用针别住，这种穿戴方式持续了整个 20 世纪 20 年代。

可以说年轻的加布里埃·香奈儿（Gabrielle Chanel）对改变战时的时装设计做出了极大贡献，她注意到了时装的发展趋势，并设计出了更加休闲、轻便的服装款式。1913 年，香奈儿在多维尔开设了自己的第一家出售日装和帽子的服装店，很快便吸引了一批客户，这些客户都是为了逃离战时的巴黎而流落至此的富人。第一家店大获成功，1915 年香奈儿趁热打铁，在比亚里茨开设了一家高级时装定制工作室，并于 1916 年秋季推出了首个高定系列。在战争年代，香奈儿的设计简约轻便，被证明是最理想的服装款式。她设计的两件套针织套装，面料柔软且穿着很舒适，披肩和大衣也因其简约的设计而轰动一时。此前，针织套衫主要用作男士运动服和内衣，但香奈儿将这种平淡无奇的针织品引领至时尚顶端。女士们都喜欢她设计的服装款式，于是制造商很快便意识到了针织套衫的潜力。1917 年，总部位于美国的"Perry，Dame & Company"将衣领、袖口和下摆均为白色精纺的"纯羊毛修身水手衫"以低至 2.75 美元的单价销售给顾客，该款式与香奈儿的系列极为相似。

1917 年，包括帕昆、道维莱特（Doeuillet）和卡洛姐妹在内的

图 54　这些时髦的年轻女性所穿的款式都十分相似，它们标志着时装的过渡时期，从战后早期风格过渡到了 20 世纪 20 年代中期风格，即"假小子风"。裙摆长度变短至仅到膝盖和脚踝之间。两位女士都戴着大檐帽（左边女士的帽子带有装饰），带有花纹的衬衫仍能突出腰部线条。无论是十几岁的女孩还是二十多岁的女性，都会搭配图中这样的皮鞋。

图55（左页） 加布里埃·香奈儿和她的姑母艾德丽安（Adrienne）站在位于多维尔的香奈尔第一家精品店前。正是这两位低调优雅的女士让香奈儿品牌举世闻名。

图56（右） 1917年3月发表在《时尚巴黎》（*Les Elégances Parisiennes*）的插画，显示的是香奈儿出品的"针织套装"。这种精致的刺绣针织套装包括一件开领衬衫、带有宽松腰带的水手衫外套，以及一条新款的宽下摆短裙，将功能实用与奢华靓丽相结合。右边的女士系着双扣腰带，其设计灵感源于马具，因香奈儿是一位优秀的女骑士。中间的女士穿着双色混搭的鞋子，这种风格一直都是香奈儿的特色。

几位巴黎设计师推出了筒裙。这种筒裙的臀部设计过于宽大，让人不禁想起18世纪丰满的裙撑。筒裙因样式显得有些夸张而不受时装界推崇，当时，简约低调的设计更易被大众接受，也更适合那个艰难时期。此外，随着逐渐参加与战争相关的工作，女性越来越注重实用性强的服装。

从1916年起，随着越来越多的男性参军，女性被迫加入劳动力大军，承担起艰苦且往往需要专门技术的工作，如军需生产、运输、化工、医疗等领域，这引领了新的着装方式。长期以来女性不得穿裤装的禁忌被打破，尤其是年轻女性在从事农业劳动时可以穿马裤，在工厂和矿场工作时可以穿宽松的棉布裤或连衫裤和背带裤。一名军需工人一般身穿中长款的宽松厚夹克，腰间系着皮带，裤子长至脚踝，脚上穿着黑色长筒袜和低跟系带皮鞋；发型通常是中分，在后脑勺打一个松散的结，再佩戴一顶头巾帽。

随着外套款式发生变化，内衣样式也不同以往。尽管女士们仍

54

然穿着紧身胸衣，但其作用从塑身转向了支撑胸部。位于英国莱斯特的辛明顿（Symington）工厂引进了一种名为 Fibrone 的压缩纸，用于替代紧身胸衣中的撑条，并使用纽扣而非金属钉扣作为紧固件。这种紧身胸衣可以节约稀缺资源，还尤其适合军需工人，因为她们不得穿含有金属的衣服。到了 1916 年，紧身胸衣变成了胸罩（胸罩 <Brassière> 一词在 20 年后才被缩写为"bra"）。

在整个一战期间，许多服装作坊和工厂都被重新部署，以便生产标准化的军装，这一举措对女性服装制造业产生了重大影响。许多企业摆脱了时装季节性的束缚，提升了产能并扩大了分工，实现了高速量产。大多数生产单位仍属于小型（不到 10 名员工）和劳动密集型而非资本密集型，一些大型机构采用了于 19 世纪 50 年代末引入的"带式刀"（由英国利兹的约翰·巴兰 <John Barran> 发明，一次可以切割大批量的布料）。1914 年，美国利斯机械公司（Reece Machinery Company）发明了锁眼机，这种机器最初用于军装生产，后来被证明是战后时装制造商不可或缺的设备。整个行业变得更有条理、更加高效；1915 年，在美国的引领下，英国成立了裁缝与服装工人协会（Tailor and Garment Workers Union），旨在改善工人工作条件和工期

图 57（对栏左下图） 一战期间，英国
女性承担了多种工作，她们既要照顾
家庭，又要忙于前线工作，她们的工
作状态被信息部的官方摄影师记录下
来。这张照片拍摄的是皇家女子空军
的一员。

图 58（右） 第一件胸罩由玛丽·菲
尔普斯·雅各布（Mary Phelps Jacob，
又称卡尔西斯·克罗斯比 <Caresse
Crosby> 女士发明并于 1914 年 11 月
获得专利。与 20 世纪 20 年代中期之
前的所有早期胸罩一样，这种胸罩没
有撑条，也就意味着会让胸部变得平
坦，而不是突出胸形。

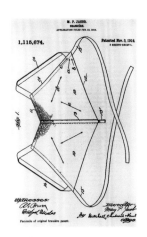

安排。

　　战后的几年里，巴黎继续主导着国际时尚业的发展，重整旗鼓
的高级时装公司也享受着繁荣贸易带来的红利。战后，人们对婚纱的
需求量巨大，加之英镑和美元兑法郎实行优惠汇率，航空业和海上
旅游业得到发展，通信网络日益复杂，时装行业得以提振。1921 年，
法国版《时尚》杂志成功上市，在法国国内和海外的销量颇丰。许多
设计师扩大了自己的时装公司规模。有些设计师在裁剪和缝纫工作
室、刺绣和配饰作坊雇用的高级技工多达 1500 名。

　　随着设计师们开始涉足高级成衣和运动服装市场，以及香水等利
润丰厚的副线产品，其企业规模也不断壮大。战前几年波烈就推出了自
己的香水系列，但香奈儿是第一个把自己名字印在香水瓶上的时装设计
师。香奈儿五号香水于 1921 年推出，由欧内斯特·博（Ernest Beaux）
调配而成。欧内斯特·博是著名的调香师，他首创性地使用合成醛来增
强茉莉等昂贵天然成分的气味。香奈儿本人则设计了香水瓶，瓶子借鉴
了药瓶外形，现代气息浓厚，她由此掀起了一股拒绝采用昂贵的细颈香
水瓶的潮流。其他公司也纷纷效仿，此后香水成了高利润产品。

　　1920 年至 1925 年，时装遵循传统的女性化风格和更加现代化的
风格两种路线。美国设计师有塔培，英国有露西尔，法国有帕昆、卡
洛姐妹、马尔西亚（Martial）和阿曼德（Armand）以及最著名的珍
妮·朗万（Jeanne Lanvin），这些设计师都是浪漫主义运动的先驱。
他们喜欢用杏仁糖色的硬挺塔夫绸、蝉翼纱和欧根纱面料，用丝带、

56

织物花和蕾丝做装饰，设计梦幻感十足的服装。这种设计风格具有异域风情和历史渊源，通常以长袍式或"绘画裙"最为典型，再搭配紧身胸衣、收腰和长及脚踝的飘逸长裙，以及女式缎带牧羊帽、系丝带的尖头皮鞋以完成整个造型。由朗万设计的亲子裙，色调柔和，是梦幻风的缩影，在乔治·莱佩（Georges Lepape）、贝尼托（Benito）、安德烈·马蒂（André Marty）和瓦伦丁·格罗斯（Valentine Gross）笔下的精致时装插画中永世流传。

然而，战后时装以假小子风（garçonne）造型为主，这种风格与浪漫主义风格截然不同。据说"garçonne"一词源于维克多·玛格丽特（Victor Margueritte）1922 年的畅销小说《野姑娘》（*La Garçonne*），该小说讲述了一个进步的女青年离开家庭追求独立的故事。假小子风造型实际上体现的是一种并非植根于现实的雄心壮志，因为真正体验过激进的社会、经济或政治自由的女性相对来说还是凤毛麟角。例如在英国，尽管 30 岁以上的女性、已婚女性、女房主、女大学毕业生（其间有重叠）在 1918 年就享有选举权，但直到 1928 年所有英国女性才享有投票权。虽然在 1920 年，美国妇女就已经在总统选举中拥有投票权，但她们刚刚获得的独立却在战后被削弱了：与在欧洲一样，在美国，人们也希望女性回归家庭，作为家庭主妇担任妻子和母亲的角色，这样也可以为从战场上归来的男性腾出岗位。

在战后的几年，"假小子造型"（也称"女青年造型"）发生了变化，1926 年的变化最大，但到了 1929 年几乎定型。假小子造型具有青春朝气；因为这种造型要求女性拥有男孩子的形体轮廓，于是理想的时尚身材发生了巨大变化，一些时装版面上也出现了一系列相关的形容词，如"纤细"（slender）、"苗条"（svelte）和"靓丽"（sleek）。

图59（右页上左） 通过对比华丽的长袍风（左和中）和早期假小子风（右，衣长更短且廓形更直），可以发现这幅 1924 年的插画将浪漫主义风格到现代风格的转变展现得淋漓极致。长袍风虽然与朗万密不可分，但当时大多数时装设计师都在制作这种款式。服装款式由帕图设计，稍简洁的款式由杜塞设计。

图60（右上图右） 刺绣亲子装是珍妮·朗万的拿手设计。朗万以制作女帽起家，但后来为了给女儿设计服装才进入高级时装定制行业。这幅名为《圣西尔万岁》的插画由皮埃尔·布里索（Pierre Brissaud）于 1914 年 7 月绘制，刊登在《邦顿公报》杂志上。插图中，母亲穿着一件收腰、褶边的浪漫主义风连衣裙，女儿则穿着当时流行的裙摆较短、呈方形的裙装款式。

图61（右下） 由露西尔（达夫·戈登夫人）设计的晚礼服。露西尔一直是浪漫主义风格的先锋。甚至在 1923 年，新式假小子风在女性时装界崭露头角时，她仍在设计如图所示的"绘画裙"，她未能与时俱进或许是其公司在同年倒闭的原因之一。从左至右款式分别为蓝色塔夫绸镶蕾丝花边礼服、浅黄色罗缎镶银色蕾丝花边礼服、象牙色绉纱镶金色刺绣礼服。

　　发型也随之发生改变，充满朝气、男女皆宜的发式开始流行。1917 年，时髦前卫的女性将头发剪短，到了 20 世纪 20 年代早期，其他女性也纷纷效仿。人们会用润发油来保持波波头（一种短发造型，头发后部从后脑勺到脖子逐渐打薄，紧贴头部和脖子）油亮光滑。女士们会将长发挽起，身穿晚礼服时，会使用相应的发饰进行点缀，例如使用高耸而华丽、长曲齿的西班牙大梳子。到了 1926 年，短发风靡一时，勇于大胆尝试的女性都选择了伊顿公学的男生发型。当然，在那个流行戴钟形帽的年代，女性必须梳短发。钟形帽通常由毛毡制成，形状似钟的帽形样式会与头部紧密贴合，下拉可遮住眉毛。人们脸部需要通过化妆来凸显五官，该时期使用的化妆品比以前任何时期都多。化妆领域蓬勃发展——时髦的年轻女性开始将眉毛画成精致的拱形，用眼影粉突出眼睛的轮廓，并使用深色调的口红，有时即使在公共场合也会这样打扮。

　　整个 20 世纪 20 年代，通常与一家特定的时装工作室签约的职业模特一般没什么名气，而面容姣好的上流社会女性、电影明星和女演员则是时尚杂志的宠儿，得到的关注有时更甚于她们代言服装的设计师。电影业无疑引领了风尚。观众被蒂达·巴拉（Theda Bara）、

波拉·尼格丽（Pola Negri）和克拉拉·鲍（Clara Bow）等默片女神所吸引，然而，将她们的银幕形象代入日常生活或许并不合适。1927年，有声电影引入后，时尚开始向现实主义方向发展。当琼·克劳馥（Joan Crawford）、路易丝·布鲁克斯（Louise Brooks）和格洛丽亚·斯旺森（Gloria Swanson）这样的明星被塑造成20世纪20年代的时髦女郎时，数百万的女性受到了激励，模仿她们的服装、发型、妆容及言谈举止等。1911年创刊的影迷杂志报道了明星们的日常妆容和衣橱。男演员鲁道夫·瓦伦蒂诺（Rudolph Valentino）和道格拉斯·费尔班克斯（Douglas Fairbanks）为男性提供了新的时尚标准。艾娜·克莱尔（Ina Claire）将香奈儿风格带到了百老汇，格特鲁德·劳伦斯（Gertrude Lawrence）则穿上了莫林诺（Molyneux）的睡衣套装，在舞台翩然起舞。

图62（左页图左） 1922年的小说《野姑娘》封面，作者是维克多·玛格丽特，20世纪20年代的时尚造型通常被认为源于这部小说。插画描绘的是书中的绯闻女主人公莫妮可·勒比尔（Monique Lerbier）婚外生子。图中她剪了一头短发，穿着一件男士夹克，戴了一条领带。
图63（左页图右） 钟形帽是1926年至1929年最流行的款式。这是早期的天鹅绒头巾款，由马尔什·科洛（Marthe Collot）于1924年至1925年设计。
图64（上图左） 该图描绘的大约是1926年的时尚造型，时髦又年轻的"假小子"穿着一件淡紫色绉纱连衣裙，该裙由威利姐妹（Welly Sœurs）设计。
图65（上图右） 明艳动人的好莱坞女演员路易丝·布鲁克斯，她短发别致又充满活力，是20世纪20年代女神的化身。

图 66、图 67、图 68　雅克·杜塞 1924 年
至 1925 年时的设计。上图左：优雅端庄
的格纹面料低腰连衣裙，搭配有衬里的大
衣和钟形帽；上图右：不规则褶边下摆的
晚礼服和搭配引人注目的高领剧院大衣的
晚礼服；左图：杜塞将自己战前设计的束
腰外衣的线条进行改版后的日常裙装。这
些设计是杜塞即将结束职业生涯时所创作
的，他于 1929 年离世。

假小子风的造型以简约为主，其简约主要体现在服装剪裁而非面料上。直筒式连衣裙是日装和晚装的主要款式，服装从肩部垂下，腰线低至髋部。香奈儿和帕图（Patou）是假小子风格的主要推崇者——香奈儿本人的造型就是其时装系列的缩影，她也是被媒体报道最多的设计师。其他巴黎顶级时装工作室包括杜塞、珍妮·朗万、帕昆、道维莱特、莫林诺和路易丝·布朗热（Louise Boulanger）等。尽管波烈顺应了战后的时尚潮流，但他已不再是时尚先锋。在1925年的巴黎世博会上，停泊在塞纳河上的三艘"波烈号"驳船是他的告别之作，他在船上的展示品有服装、香水和食物。在美国，海蒂·卡内基（Hattie Carnegie）、奥马尔·基亚姆（Omar Kiam）和理查德·海勒（Richard Heller）赚得盆满钵满；1927年后，新晋的英国设计师诺曼·哈特内尔（Norman Hartnell）也获得了成功。然而，他们在时尚界的地位与威望都不及巴黎的设计师。

1920年至1925年，裙摆的变化趋势一直难以预测。香奈儿和帕图一直以来热衷于设计短裙，这种流行趋势在很大程度上增加了人们对长筒袜的需求，因此，通常以单色（例如黑色、白色和中性色调）的长筒丝袜最受欢迎。无论是日装还是晚装，单色长筒袜通常是顾客的首选，袜子上的装饰以低调的刺绣吊线边为主。运动服装上的图案则被设计成更浮夸的花格和格纹。最常见的鞋类款式是直跟宫廷鞋，以及系有交叉绑带和T形条的鞋子。搭配日装的鞋子的材质包括单色和双色皮革以及蛇皮，搭配晚装的鞋子则由刺绣和提花织锦面料、丝绸和镀金小山羊皮制成，有时鞋后跟还会镶有珠宝扣和其他的装饰。

虽然服装的剪裁通常会变得精简，面料的装饰却很繁复，尤其是以暗色系打底的面料。1917年俄国十月革命后，来自俄罗斯的劳工将色彩丰富、朴素的斯拉夫民间设计带到了巴黎，这种设计在20世纪20年代早期便名扬四海，成为设计师们的灵感源泉。1922年图坦卡蒙墓开棺后，埃及古物风格也盛行一时，甲虫和莲花等诸多相关图案为时装面料的纹样设计提供了灵感。富裕的客户可以在林林总总的图案中挑选：从大胆的现代设计图案到基于历史的18世纪服装的图案。人们对中式风格十分追捧，制造商受此影响，生产了大量华丽多彩的印花面料和纺织面料，德沃雷（Devoré）的印花织物尤其受欢

图69（上图左） 1926年前后，这些时髦的年轻女性盛装打扮出席一场日间的特殊活动；她们戴着钟形帽，穿着装饰华丽的低腰连衣裙和与之配套的开襟长衫。在这一时期，长串珠饰随处可见。

图70（上图右）《艺术织物》（*Les Tissus d'Art*）中的女性：内穿一件褶边连衣裙，外穿一件长款不对称外衣，再搭配一条相同风格的围巾。这表明，自图坦卡蒙墓于1922年被发现后，时装的剪裁和纺织图样受到了古埃及的影响。

迎。晚装是直筒式的，有时是侧边带有插片的塔巴德式外衣风格，其特点是低胸领、背部有细肩带。精美的锦缎丝绸和带有金银丝的织物由纺织艺术大师设计，并在里昂的纺织厂生产，这些设计融合了精致的刺绣和串珠装饰，将高级定制的工艺发挥到了极致。

同样来自里昂的还有最引人注目的精致披肩，这是20世纪20年代初至30年代初非常流行的配饰。披肩的穿戴方式多种多样，上面的流苏通常由丝绸制成，为当时流行的柱状款式的服装增添了更多的层次感，与20世纪20年代的轻薄服装搭配，可谓温暖又舒适。除了来自里昂的锦缎披肩，当时还流行来自印度和中国的华丽刺绣披肩，以及顶级艺术家的手绘版披肩。

有些设计师设计出镶有闪亮珠饰的连衣裙，还有一些设计师则

64

添加了珠饰镶边或流苏下摆，使穿者在翩翩起舞时更显时尚和悦动气息。一种更为低调的装饰方式是采用捻针绣，设计师在服装上装饰精致的捻针绣图案，或将其用于裙摆上的花式镶边。鞋子和包袋通常是为了搭配晚装而设计，包的体积也变得更大，以便容纳化妆品盒、烟盒和烟嘴等新流行的配件。

　　20 世纪 20 年代的女性不再穿紧身胸衣，这是时装史上的一大壮举。少数被大肆宣传的"放荡不羁的年轻人"确实既不穿紧身胸衣也不穿吊袜带，而是把长及臀部的长筒袜往下卷到刚好遮住膝盖的高度，这一形象经常出现在讽刺现代女性的漫画中。不过，对于大多数女性而言，在其追求时尚的过程中，长而富有弹性的紧身胸衣为身体提供了支撑，同时也凸显了她们的身材曲线。女性还使用更柔软的束

图 71（下图左） 1925 年前后，保罗·波烈设计的外套。尽管时尚基调在改变，但在 20 世纪 20 年代早期至中期，波烈的装饰性设计仍受追捧。这件蓝白色开领外套色彩鲜艳，与当时流行的俄罗斯、埃及、印度、中国以及欧洲民俗风格完美契合。

图 72（下图右） "罗迪耶公司的蓝色披肩"（Le Chale Bleu Echárpe de Rodier），选自 1923 年法国时尚杂志《邦顿公报》。20 世纪 20 年代，披肩是非常受欢迎的服装配件。它既可以使朴素的服装变得与众不同，也可以在一天中的任何时间、任何场合穿着。顶级纺织制造商罗迪耶生产的蓝色羊毛面料做工精良、图案精致，设计师用这种面料制作出了这款搭配完美的披肩长裙。

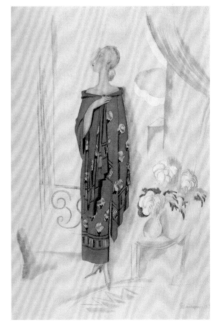

身衣作为替代，比如采用"滚展式弹力紧身裤"和"下套式内衣"，这类内衣的侧边都有拉链。这种发明于 19 世纪 90 年代的拉链最初被称为"拉链扣"，而作为"拉链"获得专利则是在 1923 年。连体背心由无袖宽松内衣演变而来，有些背部领口很低的背心可以用来搭配晚礼服。丝绸和棉布是最受欢迎的内衣面料，最畅销的颜色是白色、象牙色和桃色。这些连体背心会用抽纱、刺绣或绣花贴布来装饰。内衣专卖店和百货公司会宣传推销其柠檬色、淡紫色、天蓝色、珊瑚色、绿色、黑色和粉色等色彩的连体背心。

20 世纪 20 年代的人造珠宝蔚然成风，成为新的时尚配饰。传统观念认为，人造宝石是昂贵真品的复制品，是令人鄙夷的赝品。1924 年，香奈儿开设了自己的珠宝工作室，她设计珠宝时无视传统，不再使用真品，而是使用大小不一、颜色各异的人造宝石和仿珍珠。她认为佩戴珠宝应该是为了装饰而非炫富。她开创先例，通常在白天佩戴搭配晚装的珠宝，即仿真珍珠饰串或由她自己设计的彩色人造宝石项链或胸针，其灵感来自文艺复兴和拜占庭时期的珠宝。晚上她通常不佩戴首饰。

1925 年巴黎举办装饰艺术与现代工业国际博览会，博览会上展出十分华丽的装饰艺术品，其中许多采用了 18 世纪的风格，一同展出的还有极简主义作品。现代主义流畅的几何线条很快便主导了时装和纺织品的设计趋势。黑色、白色、灰色和米色是最前卫的颜色，在少数使用图案的情况下，也主要采用曲线图案或几何图案。在与时装设计师和皮货商雅克·海姆（Jacques Heim）共同开办的位于巴黎的精品店 Simultané 中，艺术家索尼娅·德劳内（Sonia Delaunay）展示了她在应用艺术方面的作品。德劳内认为，美术应该融入日常生活，她从自己的奥弗斯立体主义绘画中汲取精华，并由此发展了纺织品设计。这种绘画手法旨在探索色彩与形状并置而产生的运动错觉。与当时流行的中性色服饰不同，她采用的纺织品通常以色彩鲜艳的钻石和圆盘图案为特点；辅以配饰，她将其设计成引人注目的运动服装。在俄罗斯，包括瓦尔瓦拉·斯婕潘诺娃（Varvara Stepanova）在内的建构主义者提出了现代服装和纺织品设计理念，将传统的民间意象与现代工业技术的设计相结合。

到了 1925 年，黑白摄影作品取代插画成为时装表达的主要记录和传播媒介。黑白摄影作品中，明亮的光线和清晰的对焦使服装的剪裁、构造以及织物纹理得以展露无遗，不过时装编辑必须介绍服装的颜色细节。除了杰出的时装摄影师先锋巴隆·德迈耶（Baron de Meyer）和爱德华·史泰钦（Edward Steichen）之外，还有另外一些富有创意的新人。1925 年巴黎世博会上，曼·雷（Man Ray）拍摄了一系列超现实主义的时装照片，展示模特是设计师提供的仿真人体模型。塞西尔·比顿（Cecil Beaton）确立了自己作为上流社会顶级人像摄影师的地位，而乔治·霍宁根–休内（George Hoyningen-Huene）则以拍摄运动装照片和运用古典摄影场景而闻名，是第一批大量使用男模特的摄影师之一。

　　体育运动形象与运动装设计成为新现代性的焦点。时装设计师们开设了专门的运动装设计部门，没有人比帕图更重视这方面的服装，他专门为职业运动人士设计。在帕图的客户中，最著名的是法国网球冠军苏珊·兰格伦（Suzanne Lenglen），帕图曾为她设计场上和场下的运动服装。1921 年，当兰格伦穿着帕图设计的服装参加比赛时引起了轰动。她头上系着一条束发带，身穿一件过膝的百褶直筒裙，跑步时露出过膝长筒袜（往下卷到膝盖上面一点）的精致袜边。帕图还为游泳、马术、高尔夫和滑雪等体育项目的运动员设计了专业服装，他将体现人体工程学的功能主义理念与时尚造型相结合，其主要的系列都沿袭了这一风格。1924 年，他在巴黎邀请了 6 位身材健美的美国女性做自己的服装模特，由此打开了美国市场。简·侦雷（Jane Regny）既是一名女运动员，也是一名设计师，她将自己在运动服装方面的穿着体验和专业知识运用到自己的服装系列设计当

图 73　1929 年香奈儿设计的人造珠宝。香奈儿成功让时尚精英接受了人造珠宝。这款胸针上的羽毛、眼睛和鸟爪均由红色玻璃石和人造钻石制成。

图 74　于 1919 年至 1926 年赢得温网决赛的网球冠军苏珊·兰格伦与时装设计师让·帕图（为其设计场上和场下的服装）关系密切。图中展示的是1925 年她为帕图设计的一套网球服做模特。她在百褶裙外还穿了一件无袖毛衣——毛衣的设计灵感源自一件男士马甲，头上系着一条束发带，这一造型引发了众人的效仿。

中。朗万和卢西恩·勒隆（Lucien Lelong）也是运动服装设计领域的佼佼者。

　　人们在争相参加职业比赛和业余体育运动的同时，也开始认可"晒太阳有益健康"的这一观点。在历史上人们首次把古铜色的皮肤视作一种时尚。在他们的心目中，只有富裕又清闲的人才会享受日光，况且最理想的日光浴地点还是国际化的海滨度假胜地。战后几年里，泳装款式发生了巨大变化，新款泳装大胆地将穿者身体暴露在公众视野和阳光下。1918 年前后，针织连体泳衣首次出现；到了 20 世纪 20 年代中期，女性抛弃了笨重的"束腰上衣 + 短裤"的泳装款式，转向更简约的连体泳衣。随着 20 世纪 20 年代的到来，泳装变得更短，袖子被淘汰，泳裤短至大腿中部。男款和女款泳装都用罩裙遮住腹股沟，但到了 20 世纪 20 年代中期，人们便不再如此羞涩。同一时期，橡胶泳帽的出现使现代泳装的时尚流线型外观得以完善。尽管国际上人们强烈反对男女在公共海滩上如此暴露地嬉戏，认为这是不文明的行为，但事实证明，即使立法也不能阻挡这一股强大的时尚潮流。

　　巴黎的高级时装公司在时尚泳装的创新中起到了主导作用。帕图、德劳内和新晋设计师艾尔莎·夏帕瑞丽（Elsa Schiaparelli）推出了引人注目的条纹和色块设计。制造商们很快便抓住商机生产这种泳

图 75　1928 年由帕图设计的针织条纹两件套泳衣，照片由乔治·霍宁根 - 休内拍摄。帕图的设计事业在 20 世纪 20 年代达到了巅峰，他创建了规模最大的时装设计公司之一，每季展示的设计多达 350 款。在运动服装方面，他是一位多产的设计师。1925 年，他成立了运动服装专卖店 Coin des Sports。

1914—1929年：假小子风与新式简约　　　　　　　　　　　　　　57

装并投入大众市场。起初泳装面料为棉质或羊毛质地，但夏天穿羊毛泳衣不仅会闷热不适，而且湿水后会变得很笨重。到了 1930 年，当时世界领先的泳衣制造商美国詹森（Jantzen）公司开发了针织机用来生产塑形泳衣，这种机器可以在泳衣两侧缝制弹性罗纹缝线以增加泳衣弹性，但即便如此，泳衣保暖和防水的问题仍无法解决。

随着人们痴迷于户外活动，着装更为随意，这对男装设计产生了巨大影响。尽管传统主义者谴责这种不拘礼节的风格，称其为"散漫邋遢"，但这种着装方式仍获得了广泛支持，其中威尔士亲王就是其最忠实的拥趸者。威尔士亲王有许多着装搭配一度成为流行风格，其中包括裤脚悬垂在膝盖以下约 4 英寸（约 10 厘米）的灯笼裤、温莎领和温莎结。威尔士亲王喜欢穿鞋舌装饰着流苏的布洛克鞋；1922年他被拍到在圣安德鲁打高尔夫球时穿着一件时髦的五颜六色的费尔岛（Fair-Isle）毛衣，从此让低迷的苏格兰针织业重获生机。

1924 年，受威尔士亲王的造型启发，香奈儿为俄罗斯芭蕾舞团的舞剧《蓝色列车》（*Le Train Bleu*）设计演出服。这部芭蕾舞剧以 1923 年从巴黎到多维尔的首航豪华列车命名，在里维埃拉演出，以体育为主题。游泳、网球和高尔夫等运动都在舞台上得以演绎，香奈儿让舞者穿上风格与自己的时装系列相近的针织泳衣和开衫。尼金斯卡（Nijinska）饰演女主角（以网球选手苏珊娜·兰格伦为原型），男主角的扮演者莱昂·沃伊兹科夫斯基（Leon Woizikovski）的着装则直接取自威尔士亲王主导的流行穿搭。

图 76 一件黑色羊毛衫的细节图，白色蝴蝶结是一种错觉设计，该羊毛衫由艾尔莎·夏帕瑞丽设计于 1927 年。正是这件衣服开启了夏帕瑞丽的时装设计生涯。

图77 20世纪20年代晚期,一群朋友在海边摆姿势拍照。这张照片捕捉到了两性之间较为随意的相处模式,以及男女泳装风格的相似性和设计风格的流行。

与女装一样,男性运动服装也逐渐被人们接受,成为休闲服装,而城市服装与乡村服装、日装和晚装之间的界限也逐渐变得模糊起来。带有贴袋和亮金属纽扣的单排扣西装(有时是条纹样式),与开领衬衫、灰色法兰绒或白色亚麻裤子以及白色系带鞋搭配,造型惊艳。71

伦敦继续引领男装潮流:萨维尔街的定制西装仍然是男士们的心之所向。女性服装棱角分明,与之形成对比的是男性正装线条匀称,呈现出高腰且修身的轮廓,强调肩部的设计并搭配锥形长裤。更舒适的圆头皮鞋取代了尖头皮鞋,布洛克皮鞋常在白天穿,但是在20世纪20年代早期,鞋罩开始流行起来。

在牛津大学,有一小群"文艺"大学生习惯穿着裤腿宽大的裤子,裤腿最宽处40英寸(约102厘米),这种裤子后来被称为"牛津裤"。个性张扬的学生穿着淡紫色、浅黄色和淡绿色的牛津裤,不过,更多学生选择的仍是海军蓝、灰色、黑色、奶油色和米色。牛津裤引起了国际时尚媒体和商业媒体的兴趣,这股热潮便很快蔓延到美国常春藤联盟。72

健康、政治和美学等问题往往主导着人们对主流时尚的反应,但仍然只有艺术家和知识分子才拥有对其进行评判的权利,他们继续探寻英式风格的特别之处。与法国设计师不同,英国的"波西米亚人"就不与时装设计师们互通有无,而是倾向于形成小而独特的

图 78（左） 拍摄于 1926 年的顶级男
性时装。高尔夫球服（图中左），灯笼
裤和图案大胆的毛衣和袜子（图中右）
显示了威尔士亲王在时装界的影响力。
图 79（下） 1924 年香奈儿为俄罗斯芭
蕾舞团舞剧《蓝色列车》设计的演出
服，其灵感也来自威尔士亲王的运动服
装。通过此次演出，迪亚吉列夫为舞蹈
注入了一股新的现代现实主义气息：毕
加索策划该节目并在幕布上签名，该作
品称得上是毕加索 1922 年的画作《两
名在沙滩上奔跑的女子》（Two Women
Running on the Beach）（又名《奔跑》
<The Race>）的放大版。立体派雕塑家
亨利·劳伦斯（Henri Laurens）构思了
这些布景。

图 80 这张明信片照片展示了 1920 年初期至中期两对穿着时髦的夫妇。图片也展示了流行的时装款式，女士们穿着香奈儿和帕图所倡导的休闲运动风服装。男士们穿着醒目的条纹法兰绒运动夹克、开领衬衫、奶油色长裤和浅色鞋子，这是当时十分流行的基础款沙滩装。

群体，布鲁姆斯伯里团体（Bloomsbury Group）就是一个著名的例子。这个团体的成员包括画家凡妮莎·贝尔（Vanessa Bell），她最特别的形象是穿着宽松、色彩鲜艳的长衣；奥托琳·莫雷尔夫人（Lady Ottoline Morrell）是该团体的成员和赞助者，她拥有紫色头发，钟爱穿土耳其长袍；还有罗杰·弗莱，他是贵格会教徒，在战争期间堪称有良心的反战者。弗莱穿着松垮不成形的纯羊毛手工织物，搭配色彩鲜艳的山东绸领带，以及宽边帽和凉鞋。他一生都保持着这种着装风格。

男士服装改革党（MDRP）成立于 1929 年 6 月，是更具有组织性的抗议联盟：他们发起的运动旨在让人们接受一种"款式美观、穿脱方便、干净整洁"的男士服装风格。该联盟建议男士穿戴更宽松、装饰性更强的衬衫和上衣、短裤或马裤，而非硬挺的衬衫、系紧的领带和长裤；相较于皮鞋，男士服装改革党更倡导凉鞋。他们提出的改

73

图81　与年轻男性崇尚的时尚休闲日装相反，1923年9月参加美国退伍军人协会聚会的年长绅士们欣然接受了常礼服规范。

革建议适用于所有场合。这一派系的领导者包括著名的放射科医生、提出"纯净的空气和阳光有益于健康"的阳光联盟（Sunlight League）的成员、艺术家和作家。法国也有一个类似的组织，叫作反铁领联盟（Anti-Iron-Collar League）。在这一时期，关于衬衫领应该是硬领还是软领，以及是和衬衫连接还是分开引发了很大争议。最终，舒适且穿脱方便的不可拆卸的柔软衣领胜出，男士服装改革党也在1937年解散。

　　1926年至1929年，香奈儿仍是时尚新闻的头条，她把许多男装单品，包括一些在战争年代被女性穿过的款式，带进了时尚女性的衣橱。她的时装系列中经常会出现运动夹克、带袖扣的衬衫、合身双排扣上衣和厚羊毛粗花呢贴身外套。对女性而言，最根本的改变之一便是人们逐渐接受了女性穿长裤，人们不再认为女性穿长裤是异类行为

74

或是完全出于实用性考量。香奈儿对此做出了很大贡献，她经常被拍到在白天穿着宽松的水手裤（也叫"帆船裤"）。时髦的年轻女性也开始在休闲活动中穿长裤，尤其是在海滩上，或者在晚上回家后，而晚装的长裤样式较为奢侈，如中式印花丝绸睡衣套装。女士裤子剪裁宽松，腰间有松紧带或系带，有别于男士裤装采用扣子。

1926年，香奈儿推出了一代传奇"小黑裙"，她将黑色宣传为优雅与美丽并存的颜色。其中哑光面料，例如绉纱和羊毛织物，适用于日装，真丝缎和天鹅绒则适用于晚装，有时这些面料采用人造宝石加以点缀。美国版《时尚》杂志将"小黑裙"比作批量生产的全黑福特汽车，并预测其拥有巨大的市场。1927年的裙装特点是下摆不规则，背面的方巾角或下摆更长。又窄又长的围巾有时会固定在裙子上，改变了裙摆样式，起到装饰作用。整个20年代，针织开衫套装一直是许多女性衣橱的主角。这类套装有些是由横向条纹织物制成的，但很多是素色或只用对比鲜明的颜色作饰边。

20世纪20年代，"小黑裙"风从金碧辉煌的高定沙龙吹到了欧美的各大商业街道。巴黎的时装区周围遍布各种仿制时装公司，

图82　妮娜·汉姆奈（Nina Hamnett）和温妮费德·吉尔（Winifred Gill）在凡妮莎·贝尔的作品《风景中的沐浴者》（Bathers in a Landscape，创作于1913年底）前为欧米茄（Omega）工坊设计的服装担任模特，其衣服色彩华丽，图案大胆突出。欧米茄工坊的艺术家们认为，艺术应该是自发的，是日常生活的一部分，所以他们创作的服装和室内物品反映了他们绘画作品中的色彩和现代性。

75

其中包括位于圣奥诺雷市郊路的多雷夫人（Madame Doret）时装店，这家店因出售秀款时装的廉价盗版而出名。高级时装公司竭力为自己的设计款式申请版权以防盗版，尽管如此，抄袭之风仍旧盛行，盗版服装交易依然残酷无情地存在。许多手段高明的制造商和零售商会假装成潜在买家，在秀场上画下服装草图并记下细节，"剽窃"设计师的作品。比较谨慎的商家则会通过购买印花布而获得自己想要的图案——"设计师们"专门出售这种印花布。样衣裁缝和裁缝会把这些印花布裁剪成标准尺寸用于服装生产。低端的山寨公司由于不能实地到访巴黎，只能复制在高级商店看到的设计款式。

76

权威的行业平台会报道下一季的设计风格和面料，并预测未来时装趋势。

假小子风的服装采用宽松的直筒式剪裁，便于在家制作，也很容易按标准尺寸批量生产。制作这类服装经济划算，因为一件衣服只需要两三米的布料，而且面料轻薄，所以在家用缝纫机就可以制成。家庭裁缝可以接触到巴黎顶级时装设计师的款式。1925年至

77

1929年，总部位于美国的麦考尔图案公司（McCall Pattern Company）

图 83（左页下） 1937 年 7 月男士服装改革党成员在伦敦。他们都穿着受改革党认可的服装，参加一场服装比赛，比赛结果发布在 1937 年 7 月 14 日的《听众》（*The Listener*）杂志上。左二男士的服装获奖。

图 84（右） 1926 年出品的香奈儿系列黑色晚礼服。1919 年香奈儿公开强调黑色的时尚价值：7 年后，美国版《时尚》杂志（1926 年 10 月 1 日）刊登了一幅插图，画上是一件黑色中国绉纱连衣裙，其前襟别有胸针，宣传语为"香奈儿'福特'——全世界女性都会穿的连衣裙"。这条低调无袖连衣裙于 1926 年设计，曾被《时尚芭莎》专题报道，连衣裙的两条飘带尽显柔美线条，其中一条飘带在裙摆下方。

生产出了香奈儿、维奥内、帕图、莫林诺和朗万等品牌的图案。英国《维尔顿女士周刊》（*Weldon's Ladies Journal*）不仅附有免费的图案样式，还提供需要订购才能获取的样式，并打出标语"伊薇特——巴黎和平街的时尚女性"，为女性提供时尚建议。《维尔顿女士周刊》还发行特别版，专门探讨晚礼服、女士和儿童帽子，以及中码和特大码的女性时装等的穿戴。在整个欧美，时尚媒体如雨后春笋般出现在各个市场层面。通过这些不同的手段，从最优雅的高定晚礼服到最便宜的人造纤维连衣裙，各种款式任君挑选。

人造纤维的发明是两次世界大战之间纺织领域最重要的突破之一。人造纤维的手感和外观与真丝相似，成为大众市场的一大"宝藏"产品。自 19 世纪 80 年代以来，人们曾尝试改良人造纤维，但收效甚微。最初，人们将黏胶长丝织成一种名为人造丝绸的材料。人造*丝绸*这一术语暗示黏胶是丝绸的劣质替代品，1924 年这一材料的通用名称"人造纤维"被正式采用后，人们便不再使用人造丝绸的说法。人造纤维起初仅用于制作低廉的服装、内衣和衬里，后来被大量用于生产长筒袜。尽管人造纤维在价格上具有优势，但总是不如丝绸那样受欢迎，因为人造纤维很容易出现抽丝和光泽发暗的问题。随着生产技术的改进，到了1926年，人造纤维开始被用于制作日装和晚装以及时髦的针织服装等。

1929年，时装的主要特点是冬季系列的裙摆长度明显变短——

图85、图86　巴特里克公司于1928年4月提供的纸质图样。这些时髦图样是为15岁至20岁女士特别设计的春季日装和晚装，其风格为"时尚假小子风"。编号为2001的设计图样（上图左三）以两件套为特色，大衣衬里与连衣裙相配，是香奈儿最喜欢的设计。

人们普遍认为这一变化是帕图的功劳。人们常说，裙子的长度反映了经济形势，当经济形势不好时，裙子就会设计得长些。但读者们应当对这种观点持保留态度。1929 年冬季时装系列的设计和制作早在 1929 年 10 月 24 日华尔街证券交易所崩盘之前便已完成。华尔街证券交易所的崩盘导致了千万富翁和大型国际企业的破产，使"繁荣的 20 年代"戛然而止。

第三章
1930—1938 年：
经济衰退与逃避主义

　　纽约股票市场的崩盘，导致了全球经济衰退和失业人数剧增，对于 20 世纪 30 年代的时装发展而言，这是个不祥之兆。长期以来，法国高级时装产业一直依赖对美国的出口贸易，而经济"崩盘"之后，来自百货公司和私人买家的订单都被取消，自 1929 年 12 月的时装秀之后，便很少有人再下订单。为了在大萧条中仍能确保赢利，设计师们大幅降价，据说香奈儿将服装的价格降到原来的一半。设计师们还扩大了业务范围，推出了价格更为低廉的成衣系列，大牌设计师还通过代言与时尚相关的产品来增加收入。

　　20 世纪 30 年代初期，时装设计师们放弃了成本高昂的劳动密集型装饰工艺，例如刺绣工艺。巴黎刺绣大师勒萨日（Lesage）临时调整设计，采用更廉价的印花纺织品，这才度过了经济危机。20 世纪 20 年代，巴黎服装业没有出现失业潮，但随着市场需求减少和时装公司裁员，大量技艺娴熟的女装和男装裁缝、绣工和配饰生产工人被解雇。尽管时局动荡，但仍有新的时装工作室开张营业，包括 1933 年成立的阿历克斯·巴顿（Alix Barton），1937 年成立的巴黎世家（Balenciaga）、杰奎斯·菲斯（Jacques Fath）和让·德赛（Jean Dessès）。

　　虽然巴黎在国际时装界仍处于主导地位，但来自伦敦和纽约的设计师使行业竞争变得越发激烈。伦敦新一代的设计师逐渐取代了宫廷服装设计师，他们的产品线与巴黎同行相似，只是规模更小罢了。才华横溢的行业新秀们加入莫林诺（在伦敦和巴黎均开设了工作室）和诺曼·哈特内尔的行列，他们中有 1932 年开设工作室、专注于设计浪漫系日装和晚装的维克多·斯蒂贝尔（Victor Stiebel），以及因擅

COLOURS REFLECTING ARTISTRY

Distinguish "Aquascutum" Weatherproofs of Lustrous New Wools

LEAF browns, cinnamon browns, tobacco browns; toneful lovats, verdant greens, soft greys, blues, heather mixtures, etc.— these are the colours which distinguish "Aquascutum" pure new wool weatherproofs, colorings and markings, which can only be identified with "Aquascutum," since they are absolutely exclusive. Of the weatherproof virtues of pure wool "Aquascutum" a customer writes:

September 9th, 1923.   Sweden.
"I beg to inform you that the 'Lockerbie' Coats have arrived in excellent condition, and gave great satisfaction. They have been used at once, and have proved both warm and rainproof."

"Aquascutum" Wool Weatherproofs from   **6 guineas.**

An Autumn and Winter Speciality of Aquascutum Ltd. is the "Eldercutum" Wrap — snug for travel, light for walking, and appropriate for either town or country wear. Prices, 8 & 9 guineas.

In wet, dirty weather, wear the Aquascutum "Field" Coat (waterproof and windproof), adapted from the impenetrable Aquascutum "Trench" Coat.
Field Coats -   -   3½ to 5 guineas.

Men's Aquascutum, Eldercutum, and Field Coats same prices.

¶ Coats sent on approbation against remittance or London trade reference. Mention of "Vogue" will bring booklet of Aquascutum specialities by return of post. Agents in principal towns.

AQUASCUTUM
LIMITED

126 REGENT STREET
LONDON

图 87　20 世纪 30 年代雅格狮丹服装广告。英国裁缝约翰·埃默里（John Emary）于 1851 年创立了这家公司。雅格狮丹的英文名 Aquascutum 由两个拉丁词语组合而成，"aqua" 意为水，而 "scutum" 意为盾。1853 年，埃默里为第一块防水面料申请了专利。到了 20 世纪 30 年代，该公司为军队以及富有的、注重时尚的民用市场消费者提供功能性外衣。

用细腻有质感的羊毛面料制作剪裁完美的定制西装而备受赞誉的迪格比·莫顿（Digby Morton）。莫顿在拉沙斯开始了他的职业生涯，并于 1933 年自立门户，后由赫迪·雅曼（Hardy Amies）继承其衣钵。朱塞佩·马特利（Giuseppe Mattli）和彼得·罗素（Peter Russell）于 20 世纪 30 年代中期开设了自己的时装工作室，罗素专门设计运动和旅行服装。同样专注于运动服装的还有各种专业裁缝和运动用品提供商，其中不仅包括提供顶级定制马术服装的伯纳德·韦瑟里尔（Bernard Weatherill），还包括提供精美针织服装和高尔夫球服的普林格（Pringle），以及设计和销售防水服装的巴伯（Barbour）、雅格狮丹和博柏利。

　　英国在定制和专业运动装市场上更胜一筹，美国则垄断了成衣和休闲运动装的市场。到了 1930 年，美国率先大规模生产标准尺寸的服装。服装批发贸易是美国第四大行业，也是纽约最大的产业。然而，当时大多数美国成衣设计师都不公开姓名，因为他们希望自己的产品能让人们联想到巴黎。波道夫·古德曼（Bergdorf Goodman）公司是个例外，该公司提拔其内部的设计师，其中包括莱斯利·莫里斯（Leslie Morris）。1932 年，罗德与泰勒（Lord & Taylor）百货公司总裁多萝西·谢弗（Dorothy Shaver）在全国报刊上做广告，宣传美国著名运动服装设计师的作品，使其在时装史上得以留名。其他零售商和时尚媒体也开始效仿这一做法。克莱尔·麦卡德尔（Claire McCardell）是该时期的新秀设计师之一，1931 年她被汤利·弗罗克（Townley Frocks）公司任命为首席设计师，20 世纪 30 年代末她在时尚休闲日装和晚装中使用了男装元素，由此名扬四海。

瓦伦蒂诺（Valentino）、穆里尔·金（Muriel King）、杰西·富兰克林（Jessie Franklin）、伊丽莎白·霍斯（Elizabeth Hawes）和海蒂·卡内基皆为纽约时装界的翘楚，还有顶级制帽师莉莉·达奇（Lilly Daché），她们都有自己独立的时装工作室。穆里尔·金设计的单品与日装和晚装皆可搭配，她对色彩的运用炉火纯青，并由此闻名于世。海蒂·卡内基设计的西装剪裁工整精致，颇受顾客喜爱。

图 88（左页下） 左为威尔士亲王，右为无名人士，照片拍摄于 1933 年。威尔士亲王身穿高尔夫球服——高尔夫是他最喜欢的运动，由此可以看出，亲王热衷于尝试穿着不同颜色和图案样式的衣服。他随意将波点图案、格纹元素搭配在一起，常用最鲜艳的颜色——这种穿搭更显出他的沉着自信。

图 89（右） 照片为温莎公爵和公爵夫人在法国坎德城堡举行的婚礼上。公爵夫人选择美国设计师梅因波彻（在巴黎开设时装公司，其设计作品以精致优雅著称）来为自己设计嫁衣。这件礼服下身裙采用斜裁手法，上身为剪裁考究的简洁合体丝绸绉纱外套，这种时装款式后被称为"沃利斯蓝"。搭配的帽子则来自著名巴黎女帽店卡罗琳·瑞邦（Caroline Reboux）。公爵身穿一件黑色羊绒人字纹燕尾服（出自伦敦裁缝斯科尔特）、一件灰色背心、一件蓝白相间的细条纹衬衫，以及一条蓝白格子的真丝领带，搭配美式高腰灰色条纹精纺长裤（由伦敦 Forster & Son 公司生产）。

　　1937 年，沃利斯·辛普森（Wallis Simpson）与温莎公爵结婚时，他们选择了巴黎的美籍时装设计师梅因波彻（Mainbocher）来设计婚纱，这一举动提升了美国在时装界的地位。温莎公爵是前威尔士亲王，1936 年加冕为国王，即爱德华八世，同年退位，但仍被认为是全球男装风格的领导者。20 世纪 30 年代，他仍不改对色彩鲜艳、纹理质感和图案大胆的服装的热爱，且尤爱运动装。他会去伦敦裁缝弗雷德里克·斯科尔特（Frederick Scholte）那里定做外套，去纽约定做长裤——他喜欢使用皮带而非背带的美式穿搭。成年后，他的裤子一直按照相同风格剪裁，采用直筒型裤腰、侧边口袋和压褶装饰。1934 年，他把裤子上的钮扣换成了拉链，尽管萨维尔街上的裁缝们认为皮带和带拉链的前裆设计显得十分低档，会毁掉一条剪裁得体的裤子，但公爵仍我行我素。不过，这两种潮流在战后都流行了起来。

　　到了 1930 年，女性时装的设计师们不再设计 20 年代直线型假小子风造型，转而青睐更柔和且具有雕刻感的服装，以凸显女性的身段。连衣裙上衣变得稍显宽松，腰带要凸显腰部曲线（这时腰带已低

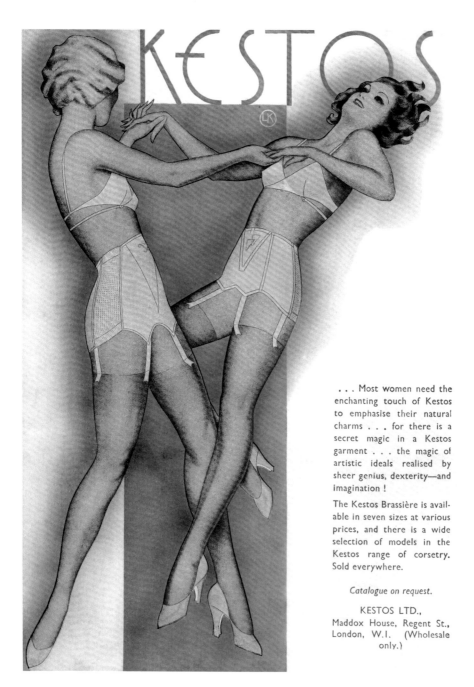

KESTOS

... Most women need the enchanting touch of Kestos to emphasise their natural charms . . . for there is a secret magic in a Kestos garment . . . the magic of artistic ideals realised by sheer genius, dexterity—and imagination !

The Kestos Brassière is available in seven sizes at various prices, and there is a wide selection of models in the Kestos range of corsetry. Sold everywhere.

Catalogue on request.

KESTOS LTD.,
Maddox House, Regent St.,
London, W.I. (Wholesale only.)

图 90（上） 为 1934 年 Kestos 胸罩和紧身胸衣的广告。1925 年，出生于波兰的罗莎琳·克林（Rosalind Klin）创立了 Kestos。她主创了图中这款双罩杯文胸，并于 1926 年申请了专利，广告宣传其非常适合运动时穿着。在整个 20 世纪 30 年代，这款胸罩一直都非常受欢迎。

图 91（右页） 20 世纪 30 年代，女性健康美丽联盟（The Women's League of Health and Beauty）在伦敦为一场演出排练。参赛者身着现代流线型运动服装。

至腰部），裙摆微张。裙摆的长度开始根据一天中不同时段的需求而变化：日装的裙摆离地面约 14 英寸（约 35 厘米），下午穿的衣裙裙摆要短 2 英寸（约 5 厘米），晚礼服则长及脚踝。所有场合都流行穿戴短款绕肩披肩和披肩袖。

平坦的胸型流行多年之后，紧身胸衣被塑形胸罩所取代。女性腰部被轻薄带撑条的蕾丝胸衣或弹力内衣所收束和凸显，这得益于 1930 年美国推出的新型弹性橡胶纱线（Lastex，后来被称为 Latex）。有一种斜裁的连裤紧身内衣非常受欢迎，其面料为颜色柔和的丝绸或价格更低廉的人造纤维，并带有刺绣和蕾丝，这种精致的款式十分漂亮。虽然时髦的廓形讲究匀称，但是苗条纤细的版型仍非常受欢迎。和 20 世纪 20 年代一样，推销减肥泡沫浴和电动塑形疗法，以及各种药丸和药剂的商家，都承诺自己的产品会有奇效。

20 世纪 30 年代，人们认为美丽与健康息息相关。裸体主义者、运动和健康俱乐部纷纷涌现，旨在改善体质、荡涤心灵。1930 年，普鲁内拉·斯塔克（Prunella Stack）在英国创立了女性健康美丽联盟，并在大型公共场所组织大众健身班。人们还针对徒步旅行和户外漫步等活动设立了专门的俱乐部。女性着装也发生了变化，她们可以穿短裤；她们也不再总穿长裤，有时也可以穿短袜。羊毛和棉质泳衣

得以精简，前后裁剪得更短；由于使用了弹性面料，泳衣变得更为贴身，但浸湿后泳衣会变形拉长的问题仍有待解决。人们对阳光的热爱有增无减，山间日光浴是最新潮流。太阳镜是一种非常受欢迎的配饰，尤其是玳瑁边框的太阳镜；许多运动装和休闲服的领部设计成吊带和交叉肩带的款式，以便于女性享受日光浴时穿脱。白色面料因可以最大限度地凸显浅古铜色的皮肤而大受欢迎。

露背晚礼服的背部开衩式设计低至腰部以下，这是 20 世纪 30 年代时装界的一大创新。这种款式雍容典雅地把背部裸露出来，因此晚礼服内只能搭配覆盖面积小的内衣。表面柔软、滑爽的面料颇有垂感，

图92（左页下） 拍摄于1930年的巴黎，照片中是美国模特李·米勒，摄影师为乔治·霍宁根－休内。米勒身穿一件由维奥内设计的白色晚礼服，大方露出美背。米勒后来成为一名著名的记者兼摄影师。

图93（右） 1930年冬季款日装，展示了新款的束腰廓形和更长的裙摆。左侧和中间是两套由帕图设计的套装，一套名为"铂尔曼"（Pullman）的是经纱云纹印花晨装；另一套名为"巡洋舰"（Cruiser）的是剪裁考究的合体套装。右侧这套名为"俏佳人"（Gamine），是由普里梅特设计的羊毛晨装。

如绸缎和（查米尤斯）绉缎，通常为象牙色和桃色，运用斜裁式裁剪法以达到塑形效果。这些服装造型复杂，拼接手法多样，意味着在使用有图案的面料时，图案通常设计得较零碎、抽象或"分散"，并且图案没有明显的重复。其中印花图案尤其受欢迎，风靡了整个30年代。到了1934年，搭配紧身胸衣、衬裙和带裙撑的晚礼服作为19世纪中后期时装的掠影再次登场。

　　丝绸、细羊毛和亚麻布仍是制作彰显穿者典雅时尚气质的高档时装的理想面料，皮草被广泛用于服装的制作和装饰，光面皮革主要用于日装，长毛皮草则主要用于晚装。20世纪30年代最受欢迎的皮毛是阿斯特拉罕羔羊皮、银狐毛和黑猴毛。这一时期的人造纤维的质量有了很大提高，虽然制造商们大胆地将人造纤维宣传为可与真丝媲美甚至优于真丝的面料，但真丝仍是顾客的首选。顶级设计师在使用人造纤维时，总是将其与天然纤维相结合。在晚装面料的选择上，设计师们主张"新型、经济和时尚"。受弗格森兄弟有限公司（Ferguson Brothers Ltd.）邀请，香奈儿来到伦敦宣传该公司的棉质面料，她展示了35件1931年春夏系列的晚礼服，面料有棉质提花、细棉布、平纹细布和蝉翼纱等。

　　追求创新的制造商继续与时装设计师保持密切合作，发明了独

图94　1931年夏季，时髦的巴黎海滩时装，包括裤子、运动夹克和条纹运动衫套装，彰显男性时装元素与女性时装的融合。

特的时装面料。在法国，这种风气尤甚。法国政府会给制造商们提供补贴。1934年法国纺织商科尔孔贝（Colcombet）为夏帕瑞丽生产了一款耐久褶裥缎面织物，这种面料类似树皮；还生产了一些风格独特的印花布，如1937年夏帕瑞丽推出的乐谱图案设计即是采用该面料。20世纪20年代，科尔孔贝公司开发了用赛璐玢和其他合成材料制成的类似玻璃的面料罗多芬，但直到1934年这种面料才流行起来，当时富有冒险精神的哈里森·威廉姆斯夫人（Harrison Williams，夏帕瑞丽的美国客户）在塔夫绸礼服外穿了一件玫瑰色外衣，其面料用的就是罗多芬透明织物。

在城镇和乡村，定制的西装和外套随处可见。英国设计师擅长制作正统西装，无论是传统的还是时尚的羊毛和粗花呢面料，爱尔兰和苏格兰的纺织厂都能够满足国际上的需求。裙子要么纤细修长，要么呈喇叭形；上衣要么短而收腰，要么长而摇曳。晚装款式为搭配拖

图 95 《时尚回声》(*Le Petit Echo de la Mode*) 杂志（1934 年 11 月 11 日）中的插图。这幅时装彩页为家庭式裁缝展示了一些时尚款式。左侧：绿色云纹丝绸晚礼服，饰有蝴蝶结式绿色绸缎胸花，模特穿上这种 V 字领设计比当时许多高级时装模特都要端庄。右侧：光鲜亮丽的晚礼服，面料为柔和的黄色天鹅绒，领口有领结装饰，袖子上有褶皱，上衣下摆和袖边有皮毛装饰。

地长裙的套装。时装设计师发明了最时尚的款式；更为低调的款式
往往由裁缝量身定做，日益壮大的成衣行业则满足了中低端市场的
需求。

　　原本平淡、百搭的服装因配饰而变得与众不同。在户外佩戴帽子
仍随处可见，且样式也应有尽有，包括土耳其毡帽、水手帽、贝雷帽、
船形帽和圆盆帽。到了 1936 年，女帽制造业风光无限，夸张大胆的设
计也反映了超现实主义的影响。随着腰部重新成为时尚焦点，腰带也
成为重要的配饰。腰带通常是为了搭配服装而设计，有时以装饰扣或
扣环（材质为饰有珠宝的金属或表面光滑的塑料）为特色。模压塑料
也被用来制作现代主义风格的手袋，而更传统的包袋设计（带有珠宝
装饰的扣环和短链提手）则使用了饰以斜针绣的精致面料或织物。信
封手袋也十分受欢迎。绑带高跟凉鞋常与晚礼服搭配，其面料和皮革

的颜色往往与礼服相呼应。当时后空凉鞋很流行，在 1931 年前后出

现了露趾凉鞋。20世纪30年代中期，法国鞋履设计师罗杰·维维亚（Roger Vivier）设计了第一双厚底鞋；1936年，意大利鞋履设计师萨尔瓦多·菲拉格慕（Salvatore Ferragamo）设计了第一代楔形鞋底。

在这些时尚流行趋势下，设计师们的设计灵感主要来自好莱坞魅力、新古典主义、维多利亚复兴主义、超现实主义和民族服装传统，这些影响也扩及应用艺术的其他领域，以及沙龙和橱窗展示、时尚摄影和插画。

除了纽约的时尚产业，好莱坞也凭借其得天独厚的优势影响到了20世纪30年代的时装业。服装关乎一部电影的成功，因此女演员的衣服十分"烧钱"（男演员却常常需要自备服装）。制造商和设计师抓住了这个商机，以银幕服装为灵感，设计和生产出穿戴性强的服装，并以此获利。

长期以来，好莱坞电影公司一直在追随并适应巴黎时装潮流，但是出现更长的裙摆时，它们未能及时做出反应——成千上万卷胶卷瞬间成为过去时，设计师们损失惨重。为防止这种惨剧重演，许多造型师被派往巴黎，再将最新的时尚趋势带回美国。塞缪尔·高德温（Samuel Goldwyn）则别出心裁，计划邀请一位世界闻名的巴黎时装设计师来好莱坞。几相权衡，他选择了香奈儿，因为他相信香奈儿的经典设计在历经拍摄电影所需的一年或更长久的时间后，能"历久弥新"。在高达百万年薪的"盛情"邀请下，香奈儿同意为米高梅（Metro Goldwyn Meyer）电影公司的顶级明星设计银幕内外的服装，这些明星包括葛丽泰·嘉宝（Greta Garbo）、格洛丽亚·斯旺森和玛琳·黛德丽（Marlene Dietrich）。然而，香奈儿此次只参与了三部好莱坞电影的服装设计——由格洛丽亚·斯旺森主演的《今夜还

图96（左页图左） 20世纪30年代后期雅克·海姆设计的简洁修身合体套装。这张宣传照片由国际羊毛局（International Wool Secretariat）发布。照片中模特身穿格纹法兰绒长裤及亮蓝色粗花呢夹克，胸部两侧各有三个口袋盖，腰线以下有两个。

图97（左页图右上） 图中这样设计精致的手袋是20世纪30年代时界的巅峰之作。该手袋使用的是鲨革材料制作，鲨革是一种未经鞣制且表面具有卵石纹理的皮革，也指某些类型的鲨鱼皮。

图98（左页图右下） 20世纪30年代的绑带款双色麂皮高跟凉鞋。双色鞋于20世纪20年代问世，在20世纪30年代最受欢迎，是不论男女皆可穿着的款式。露趾鞋最初是在海滩上穿的，但到了20世纪30年代中期已成为最时髦的日常鞋款——虽然人们对其卫生性和安全性有所疑虑。这种鞋款颜色鲜艳，通常为绿色。

是永不》（*Tonight or Never*，1931 年）、夏洛特·格林伍德（Charlotte Greenwood）主演的《棕榈岁月》（*Palmy Days*，1932 年）、艾娜·克莱尔主演的《希腊人有话对他们说》（*The Greeks Had a Word for Them*，1932 年），她设计的其他服装要么被弃之不用，要么被批评过于低调。

许多国际设计师在好莱坞工作时都取得了一定的成就。有一个现象越来越明显，即电影服装的设计和精英时装的设计需要不同的剪裁工艺。因此，从 20 世纪 30 年代初开始，电影公司开始提拔内部的服装设计师，包括米高梅的吉尔伯特·艾德里安（Gilbert Adrian）、派拉蒙（Paramount）的特拉维斯·班顿（Travis Banton）、沃尔特·普伦基特（Walter Plunkett）和伊迪丝·海德（Edith Head），还有华纳兄弟（Warner Brothers）的奥利－凯利（Orry-Kelly）。这些设计师不仅制造了符合故事情节和角色设定的服装，而且还开创了新的趋势，引领了当前的时尚潮流。

20 世纪 30 年代，最著名的电影服装可能还要属艾德里安在 1932年为电影《名媛杀人案》（*Letty Lynton*）中琼·克劳馥设计的褶边袖

图 99、图 100（上）　意大利鞋履设计大师萨尔瓦多·菲拉格慕于 1938 年设计的两款新式鞋。左侧：金色小山羊皮鞋面，多层软木制成的松糕鞋底，设计华丽，鞋面上覆盖着颜色鲜艳的麂皮，这种款式适合去电影院或剧院穿。右侧：鞋面带花边，楔形鞋跟材料为软木，由麂皮覆盖。
图 101（右）　在 1932 年的电影《名媛杀人案》中，琼·克劳馥穿着著名的"莱蒂·林顿"礼服，这种风格在 20 世纪 30 年代引发了全民模仿热潮。电影服装的亮点通常靠近脸部，以便在特写镜头和剧照中能够得到充分展现，这也是这件礼服的大褶边设计在肩部的原因。

白色晚礼服，据说梅西百货（Macy's）售出的同款多达 50 万套。这种设计突出了克劳馥的宽肩膀，被公认为垫肩时尚的先驱。虽然马萨尔·罗莎（Marcel Rochas）和夏帕瑞丽在自己的设计系列中已经突出了垫肩这一特点（后者的灵感来自 1931 年巴黎殖民博览会上展示的中南半岛服装），但直到得到了这位好莱坞顶级明星的青睐，这种风格才真正流行起来。

　　有时，好莱坞的设计领先于时装设计师的设计。1933 年，特拉维斯·班顿为玛琳·黛德丽设计了带宽垫肩的宽松女衫裤套装，其既散发着男性魅力，又体现了女性韵味（裤装在当时备受推崇，不过直到 1966 年巴黎设计师伊夫·圣罗兰 <Yves Saint Laurent> 推出他的第一款"吸烟装"后，裤装才开始广泛流行起来）。电影服装也影响到了运动和休闲服装。1936 年为出演电影《丛林公主》(*The Jungle Princess*)，伊迪丝·海德给多萝西·拉摩尔（Dorothy Lamour）设计了纱笼，在此后的十五年里，类似的设计也出现在了美国的时装系列中。

虽然仿制整套服装不太合适，但模仿电影中角色的服装单品和

图 102（左） 成名前的葛丽泰·嘉宝就已经走在了潮流的前沿。这张照片是在她搬到好莱坞之前拍摄的，当时她的工作是在一家理发店里给男人洗脸。图中的她身穿剪裁合体的双排扣西装，戴着一顶檐帽，正是这一形象让她闻名世界。20 世纪 30 年代，人们普遍认为是她推动了美国女帽业的发展。

图 103（右） 1938 年 6 月，《时尚先生》杂志展示的流行趋势。这本时尚的美国男装杂志创刊于 1933 年，以登载顶级成衣图片为特色，比如图中展示的宽松、色彩缤纷、图案丰富的休闲装。这幅插图体现了好莱坞电影和影迷杂志（常展示富豪和名人在时尚的海滨胜地如纽波特、棕榈泉、棕榈滩和巴哈马首都拿骚游玩）的影响。

配饰并进行大规模生产并非难事。嘉宝对女帽业的影响很大：出演《吻》(The Kiss，1929 年) 之后，她佩戴的贝雷帽引领了时尚潮流；《罗曼史》(Romance，1930 年) 推动了尤涅皇后帽的流行；《魔女玛塔》(Mata Hari，1931 年) 让镶珠宝的无檐便帽流行起来；1934 年，她在电影《面纱》(The Painted Veil) 中戴上面纱后，面纱款圆盆帽开始盛行。电影明星的鞋履也具有影响力：20 世纪 30 年代末流行的双色调布洛克鞋（在英国被称为牛津鞋，在美国则被称为翼纹拼色牛津鞋）无疑受到了弗雷德·阿斯泰尔（Fred Astaire）的影响。卡门·米兰达（Carmen Miranda）为厚底鞋的普及做出了很大贡献。

对于制造商来说，利润丰厚的商业衍生品所附带的价值十分明显。"好莱坞小姐"（Miss Hollywood）和"时尚工作室"（Studio Styles）就是为了生产好莱坞风格的时装而创立的两家公司。这些服装在北美和欧洲的电影院时装部门都有销售。电影时装也可以通过邮

图 104 英国博柏利公司旗下的运动装和雨衣最为著称，不过该公司还出售剪裁精致的服装。该图是 20 世纪 30 年代的一个广告，宣传单排扣和双排扣西装。考虑到大萧条的影响，该公司强调其款式造型经典，材料和工艺质量上乘。

购目录购买。整个 20 世纪 30 年代，美国西尔斯·罗巴克公司（Sears Roebuck）每年两次发出约 700 万份商品目录，其中以好莱坞风格、明星代言的时装最具特色。国际影迷杂志也在帮助宣传这种好莱坞风格，当然，它们的专题报道称国际时尚的中心是好莱坞而非巴黎。许多这样的杂志都在宣传自己的一系列电影时装成衣，以及为家庭裁缝提供的纸质图样。

许多女性仍生活在贫困线以下，买不起新衣服；对于她们而言，模仿自己最喜欢明星的发型和妆容就能心满意足。嘉宝的波波头和克劳黛·考尔白（Claudette Colbert）的刘海儿被人们争相模仿。1930年珍·哈露（Jean Harlow）在电影《地狱天使》（Hell's Angels）中以一头金发出镜，此后染发剂的销量直线飙升。加州在化妆品领域处于世界领先地位，其中许多款式由明星设计或为明星设计，例如玛琳·黛德丽首创的用眉笔描出的纤细弓形眉成为时尚。同样起源于好莱坞的假睫毛和假指甲在 20 世纪 30 年代开始流行。才华横溢的俄罗斯假发制作师兼美容师蜜丝佛陀（Max Factor）受雇于多家电影公司，作为美国蓬勃发展的美容行业中的翘楚，他不仅推出了自己的化妆品系列，而且在欧洲和美国的许多地方建立了美容院，那里有专业的化妆师为女性顾客化妆。

端正的仪容仪表对男性来说也很重要，因此，男装也为那个时代的时尚剪裁提供了点睛之笔。虽然好莱坞更关注女性服装，但电影业在强化和塑造人们对男装的态度方面做了很多努力。就像女性观众会研究女演员的穿衣风格一样，许多男性从罗纳德·科尔曼（Ronald Colman）、加里·格兰特（Cary Grant）和加里·库珀（Gary Cooper）等顶级明星那里学习了不少着装技巧。英伦风和萨维尔街裁缝的剪裁极为精致，美式休闲装则被用来表现更粗犷大气的形象。在美国的影响下，男士夏季服装和度假服装的设计普遍变得更加休闲。时尚人士聚集在棕榈滩、蒙特卡洛、戛纳和其他主要度假胜地，时尚的阳光爱好者则喜欢休闲西装搭配宽松的亚麻长裤或短裤。软领、运动马球衫（Polo衫）的流行也证明了着装变得越来越非正式化。

在正式场合，人们仍普遍选择深色西装，再搭配衬衫和领带。和女性时装一样，男装也夸大了男性的体格，营造出强壮的运动型男这一形象。温莎公爵的裁缝斯科尔特设计的"垂式"和"伦敦式剪裁"西装尤其如此，这一款式主导了20世纪30年代的男装设计，并成为美式风格的代名词。这种款式的西装上衣肩膀很宽（垫肩很薄），胸部有个口袋；腰部收窄，臀部以上相当贴合；既可以是单排扣也可以是双排扣，不过双排扣会更时髦。西装套装的马甲很短，有六颗纽扣，领口呈V字造型。高腰背带裤十分宽松，有叠褶和翻边修饰。虽然人们一开始对这种宽松型西装有些抵触，但后来还是逐渐喜欢了其上身后的舒适感。当时最流行的帽子款式是毡帽和软呢帽。

虽然男装的发展趋势从上述可见一斑，但女性时装的多样化并未对其产生决定性的影响。1930年后，许多时装设计师，尤其是巴黎时装设计师，受到了古典风的启发。丝绸和人造纤维针织品、绉纱、雪纺和柔软的天鹅绒面料质感顺滑，或打褶或悬垂或折叠后，常常直接上身（不需要内衬），被设计成了看似简单实则造型相当复杂的服装款式。顶级摄影师，如曼·雷和乔治·霍宁根－休内将这些精致的时装融入具有科林斯石柱、阿坎瑟斯叶纹饰和古典雕像的场景中进行摄影创作，造就了历久弥新的经典。巴黎设计师阿历克斯、维奥内、玛姬·鲁夫（Maggy Rouff）、卢西恩·勒隆、罗伯特·贝格

（Robert Piguet）、让·帕图和奥古斯塔博纳德（Augustabernard）等推
动了新古典主义风格的流行。

阿历克斯和维奥内是新古典主义的先锋。阿历克斯原名热尔曼·
克雷布斯（Germaine Krebs），早年立志成为一名雕塑家，但父母的
反对令她受挫，于是她将自己的创造力投入服装制作。她最初制作
样服，后来在巴黎的普里梅特（Premet）时装公司当学徒。1933 年，
她与朱莉·巴顿（Julie Barton）共同成立了阿历克斯·巴顿时装工
作室，后来在合作伙伴离开一年后，这家工作室就更名为阿历克斯
时装工作室（1941 年，克雷布斯将自己的名字再次更改为格雷夫人
<Madame Grès>）。为了捕捉到古典雕塑永恒的优雅，她制作了许多
白色礼服，这些礼服贴合身体轮廓，并堆叠出宛若雕塑线条的垂褶。
她直接在模特身上设计服装，经常把自己的服装设计工作喻为雕塑家
在游刃有余地利用材料进行雕刻。

在维奥内的品牌标签上，一名古典风格的女性优雅地站在台柱
上，并将其长袍的肩带举过头顶。1924 年后，维奥内从希腊花瓶和

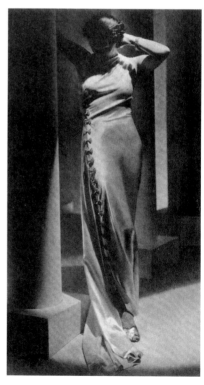

图 105（左页下图左） 这张照片拍摄于 1936 年的巴黎，路易·雅宝夫人（Madame Louis Arpels）身穿玛德·鲁夫设计的一款素雅连衣裙，领口有两个别针，袖子上饰有纽扣，还有束腰的细节设计。优雅的配饰为整个造型锦上添花：她穿着高跟鞋，戴着长手套，头上一顶卡罗琳·瑞邦设计的宽檐帽。

图 106（左页下图右） 乔治·霍宁根-休内于 1936 年为《时尚芭莎》杂志拍摄的图片，晚礼服的设计师为维奥内。这件不对称连衣裙由白色人造丝缎制成，它的特色是左肩有披肩领，右边是从上至下镶有人造宝石的蝴蝶结。

图 107（右） 维奥内设计的晚礼服，插图由雷内·格茹（René Gruau）为《费米娜周刊》（Femina，1938 年 12 月）绘制。到了 20 世纪 30 年代，摄影已经成为展现时尚的主要形式，但格茹直观又优雅的插图延续了装饰派艺术时尚插画家（例如乔治·莱佩）的传统画风。

埃及壁画中汲取灵感，设计出刺绣纹样；到了 20 世纪 30 年代初，她基本放弃了引以为傲的斜裁式剪裁法，转而运用古典风格的立体裁剪和折叠手法。她设计的许多服装款式都巧妙地连成一体，没有任何系扣。维奥内的与众不同之处在于，她没有将布料规矩且完整地缝合在一起，而是希望客户自行"操作"，以达到预期的效果。她的作品通常使用中性化的颜色，但也不乏赤土色、深绿色和黑色。

　　1936 年，法国总工会为了给工人争取更好的工作条件而发起罢工运动，巴黎的高级时装公司也由此受到了罢工浪潮的冲击。然而，人们对奢华化装舞会的狂热，以及对新维多利亚时期服装的需求有增无减，这极大地增加了高级时装公司及其附属行业的收入。1934 年，人们开始追逐 19 世纪 50 年代至 19 世纪末的风格；1938 年，这种浪潮达到顶峰，尤其体现在室内设计和时装领域。新维多利亚主义的狂热追随者对简约纯粹的新现代主义不屑一顾，相较之下，他们更喜

97

图 108 罗斯夫人（Lady Rosse）为诺曼·哈特内尔设计的"新乔治时代舞会礼服"担任模特，图片拍摄于 1939 年。在伦敦奥斯特利宫举办的一场以 18 世纪为主题的化装舞会给了哈特内尔灵感，使其设计了这件低领露肩的黑色天鹅绒礼服，缎面裙摆上绣以镶嵌着珍珠和钻石的蕾丝。

欢夸张和缛丽的服饰。好莱坞时代剧《小妇人》（*Little Women*，1933年）和史诗片《乱世佳人》（*Gone with the Wind*，1939 年）等好莱坞年代电影，以及舞台剧《红楼春怨》（*The Barretts of Wimpole Street*，1934 年，演出服装由勒隆设计）都为这一潮流推波助澜。维多利亚时期的家具通常用于室内装饰，而时装设计师们利用这一时期的风格特点，设计出适用于特殊场合的浪漫晚礼服和婚纱，他们使用了大量的丝绸和蕾丝，把女性的身材凸显得更为优雅性感。

露肩紧身礼服搭配有裙衬和裙撑的裙子，由透明丝绸、沙沙作响的塔夫绸、天鹅绒、薄纱和精致的蕾丝花边制成，有时还会使用闪闪发光的玻璃纸线；通过巧妙的裁剪、衬垫和轻便的裙撑来达到丰盈、蓬松的效果，而不是像许多 19 世纪的裙子那样，用僵硬复杂的马鬃衬裙层层支撑。设计师们还在礼服的臀部缝上巨大的蝴蝶结，以达到使用裙撑的效果；他们还用面纱和长及肩部的无指蕾丝手套加以装饰。设计师们还重新使扇子成为配饰。香奈儿在其职业生涯早期曾坚决反对过分装饰服装，但后来还是痴迷上了新浪漫主义。虽然新浪漫主义潮流在日装上表现并不明显，但它也催生了适用于定制夹克的羊腿袖，就配饰而言，则衍生出了 19 世纪 60 年代风格的皮手筒和用钩针编织的发网。

诺曼·哈特内尔是新维多利亚主义潮流的关键人物。自 1937 年乔治六世即位后，哈特内尔便成为英国皇室御用女装设计师，并受邀为女王设计次年访问巴黎时的一系列服装。受到了皇家藏画（其中包括温特哈尔特 <Winterhalter> 的肖像画）的启发，哈特内尔决定为女王的裙子加上裙撑。然而，就在制作礼服的时候，斯特拉思莫尔伯爵夫人（Countess of Strathmore）去世，整个宫廷陷入哀痛，这意味着女王所选择的色彩鲜艳的面料已经不合时宜。哈特内尔不愿使用出席葬礼时惯用的黑色和紫色，而是设计了一套鲜少用于丧服的白色系列礼服，该系列广受好评。

为了符合新浪漫主义的氛围，人们大量使用鲜花和仿真花来制作花束、胸花、项链和手环，以及装饰手包和帽子。在盛大的晚宴上，人们会将头发盘起，使芬芳四溢的花朵点缀其上，或者把头发堆成一个发髻，再将花朵装饰到发髻上。花卉颈圈也很流行，珠宝也大量使用花卉图案和形状。

从 20 世纪 30 年代中后期开始，在时装摄影和广告，以及商店橱窗展示和沙龙中，人们可见到超现实主义的影响。虽然超现实主义运动可以追溯到 1924 年安德烈·布勒东（André Breton）首部《超现实主义宣言》出版之时，但直到 1936 年至 1938 年在伦敦、巴黎和纽约举行的大型展览上，人们才对何谓超现实主义有所了解。夏帕瑞丽在 30 年代的后五年中的设计堪称无与伦比，这些设计采用超现实主义手法，既令人心潮澎湃，又具有创新性。

夏帕瑞丽与许多艺术家都有过合作，其中包括克里斯蒂安·贝拉尔（Christian Bérard）和让·科克托（Jean Cocteau），但她最惊艳的作品是与萨尔瓦多·达利（Salvador Dali）携手创作的。达利的超现实主义艺术作品大多与夏帕瑞丽独具匠心、惊艳四座的设计有着直接联系。1936 年，达利完成了雕塑作品《带抽屉的米洛的维纳斯》（*Venus de Milo with Drawers*），同年，他在夏帕瑞丽的精品店橱窗里

图 109、图 110（左页） 萨尔瓦多·达利的思想常常影响着夏帕瑞丽的设计。1936年，他创作了《带抽屉的米洛的维纳斯》和《拟人化的柜子》（*The Anthropomorphic Cabinet*）（铸造于 1982年，如左页下图所示）。抽屉系列是夏帕瑞丽同年办公套装的灵感来源（如左页上图所示）。在夏帕瑞丽设计的西装中，抽屉充当了口袋（有一些是假口袋）。

图 111（右） 夏帕瑞丽设计的帽子草图，包括家喻户晓的"鞋形帽"（右图左下），这也是夏帕瑞丽和萨尔瓦多·达利于 1937年合作的作品。

摆放了一只毛绒熊，这只熊通体被染成粉红色（夏帕瑞丽的标志性颜色），可谓摄人心魄，并且身上还装有抽屉。这一形象激发了夏帕瑞丽设计"抽屉套装"的灵感。"抽屉套装"款式时尚，剪裁讲究，真假口袋交错。勒萨日巧妙地运用错视画的手法进行精心绣制，使其看上去与抽屉无异。

1937 年至 1938 年的"撕裂裙"（Tear Dress）将暴力、破碎与精英的奢华糅合在一起。"撕裂裙"用真丝绉制成，裙面为灰色，印着淤紫和粉红色的图案，描绘出了血肉撕裂的景象；模特头上搭配的是欧根纱披肩（饰以粉色丝绸贴花）。该作品的灵感来自达利 1936 年的画作《三名超现实主义年轻女性怀抱着乐器》（*Three Young Surrealist Women Holding in Their Arms the Skins of an Orchestra*）。在这幅画中，一位女性身穿破碎紧身裙，露出肌肤。

超现实主义影响了夏帕瑞丽服装的表面装饰而非剪裁，这符合 20 世纪 30 年代的流行趋势。女帽为夏帕瑞丽提供了探索新形式的机会。1936 年，夏帕瑞丽展示了自己的鞋形帽，这是一顶反向设计的宫廷高跟鞋形状的帽子，颜色为纯黑色或黑色与艳粉色搭配。这一非凡设计既象征拜物主义，也被视为超现实主义的代表。关于达利有一张著名的照片：他的头上平放着一只鞋子。夏帕瑞丽为鞋形帽搭配了

101

一套剪裁考究的黑色鸡尾酒礼服，其特点是在口袋开口处有一圈性感的唇形贴花。1937 年她还设计了一顶"羊排帽"，这反映了达利对肉类的痴迷。1938 年，她又设计了一顶怪异的"墨水瓶帽"。

夏帕瑞丽被认为是第一个推出主题系列的设计师。最先推出的是 1937 年秋季系列，该系列以音乐图像为主题。随后的系列则从马戏团、宗教文化和占星术中汲取灵感。她所有的系列都以惊艳世人的刺绣工艺为特色，这些刺绣全部是由勒萨日构思和绣制的，并通过新式纽扣升华了主题。夏帕瑞丽对拉链的使用也独具创意。虽然拉链的使用早在 1893 年就获得了专利，但仅用于内衣、功能性服装和行李箱上。传统上，精致的时装使用的是隐藏式手工扣带，所以在高级定制服装中使用拉链实属罕见。此外，她还善于使用亮色和对比色来凸显拉链。拉链元素最早出现在夏帕瑞丽于 1930 年设计的毛巾布沙滩夹克的口袋上，随后被用于正式的日装和晚装系列。

英裔美国设计师查尔斯·詹姆斯（Charles James）也是使用拉链的早期拥护者。1924 年至 1928 年，出生于英国的詹姆斯在纽约从事

图 112（左页下） 1938 年，夏帕瑞丽设计的马戏团系列的夹克细节。金属彩绘杂技演员像似乎在这件粉红色丝绸斜纹夹克上跃动，与编织的跳跳马设计交相辉映。杂技演员身上缠着黄铜丝，铜丝再用滑钩加固。

图 113（右） 1935 年"闪电牌"（Lightning）拉链广告，由夏帕瑞丽赞助。

女帽制作和服装定制的工作，并于 1929 年在伦敦开设门店。20 世纪 30 年代早期，他在伦敦和巴黎之间奔波，并于 1934 年在巴黎成立了分公司。和夏帕瑞丽一样，他也是达利的朋友，并将超现实主义元素融入自己设计的作品。

詹姆斯对历史服装的剪裁十分着迷，而且他还探索了服装结构的创新形式，如采用螺旋式立体裁剪的服装结构。他最重要的作品是的士裙、充气加棉外套和仙女长裙。1933 年至 1934 年，他改良了 1929 年的第一版"的士裙"（之所以这样命名是因为穿脱像坐出租车一样方便）设计，采用环绕裙身设计旋转式拉链。这款裙子被预先包装成两种尺寸出售，以彰显詹姆斯的设计理念：一件剪裁精良的衣服是能够完美贴合身材的成衣。1937 年，他设计的那件家喻户晓的白色棉质缎面晚装上衣，使他凭着雕塑轮廓般的剪裁享誉世界。这件衣服的设计与羽绒服结构相同，被奉为 20 世纪 70 年代流行的棉外套的前身。

詹姆斯的专长是设计豪华的大裙摆晚礼服。1937 年的"胸衣式"（或"仙女式"）晚礼服就是一个很好的例子。这款裙子由淡黄色欧根纱制成，配以淡粉色细吊带挂脖，上身则为一件紧身胸衣，其背部有

103

蕾丝花边，用黄线绗缝。1938 年，类似的紧身胸衣款裙子也出现在巴黎世家、玛姬·鲁夫、勒隆、雅克·海姆、莫林诺和梅因波彻等品牌的系列中。

20 世纪 30 年代末，克里斯托巴尔·巴伦西亚加（Cristobal Balenciaga，创立同名品牌巴黎世家）初露才华，预示着其将成为战后国际上领先的设计师。1937 年搬到巴黎之前，巴伦西亚加在西班牙就已小有名气。很快，他便以设计风格低调、剪裁精致以及装饰精巧的晚礼服而名声大噪。

20 世纪 30 年代，民族服装文化开始盛行。1934 年后，中国风在瓦伦蒂娜（Valentina）、梅因波彻和莫林诺的作品中体现得淋漓尽致，他们的灵感来自色彩鲜艳的中国瓷器和日本印花。这三位设计师

图 114、图 115、图 116　查尔斯·詹姆斯和克里斯托巴尔·巴伦西亚加的设计。左页上图：1937 年，查尔斯·詹姆斯设计的"胸衣式"（或"仙女式"）晚礼服。这件礼服的胸衣式上衣是内衣外穿的早期案例，自 20 世纪 80 年代以来，许多时装设计师都运用了这一设计。上图左：1937 年，詹姆斯设计的白色缎面晚礼服外套搭配斜裁式晚礼服，成为一代传奇。这件立体雕塑式夹克上逐渐变窄的立体阿拉伯花饰，其厚度达约 3 英寸。为了便于移动，颈部和袖孔周围的衬垫较轻。上图右：20 世纪 30 年代初，巴黎世家的晚宴礼服，淡粉色丝绸绉纱搭配黑色蕾丝边。粉色和黑色是巴伦西亚加最喜欢的配色。这位设计师出生在西班牙，1919 年在圣塞瓦斯蒂安成立了自己的第一家时装公司，其设计作品的灵感来源于家乡，例如从他对华丽色彩的运用，以及对喷饰状镶边的热爱中，可以看出他受到了斗牛场的影响。他以低调典雅的日装和夸张时尚的晚装（如图中所示的这款礼服）闻名。

都使用山东绸面料设计裙装和套装，中式立领、腰封、日本和服或蝙蝠袖，以及带有缝缝或开衩的窄筒裙是其典型元素。再加上竹制纽扣和苦力帽，便构成了整套造型。阿历克斯从多元文化中汲取灵感，使用了和服、长衫、纱丽和腰布等剪裁元素。

20世纪30年代中后期奥地利和德国农民风格也开始盛行，如提洛尔帽、巴伐利亚Dirndl裙、刺绣农民衬衫以及系脖方头巾。虽然在当时看来这种搭配非常淳朴，但后来有人认为这种"时尚搭配"带有邪恶的意味，因为它与希特勒的崛起有着或多或少的联系。然而到了20世纪30年代末，这种穿搭成为一种时尚。时尚杂志推荐读者穿希腊柱似的套头衫，或像维多利亚时代的人们那样穿缎面或薄纱面料的服装。混搭风将不同潮流的元素融合在一起，例如将古典主义的立体雕塑式褶皱与维多利亚时期风情万种的紧身胸衣结合在一起。有些设计师甚至追溯至更早的历史时期：巴伦西亚加采用19世纪80年代的裙撑改进了委拉斯开兹（Velazquez）的撑裙；勒隆以华托服为原型，设计了18世纪的背部后袋式风格；玛姬·鲁夫受到布鲁彻（Broucher）的影响，维奥内的灵感来自雷卡米埃夫人。

从流苏到海军上将的金色穗带，大量军装风格的珠缀饰带出现在1939年的时装系列中，流行色也呈现出阴沉灰暗的色调——时尚杂志报道称，服装色调的阴沉化，如采用阴郁的蓝色、雾灰色、海绿色和紫色等，也许反映了政治环境的纷乱，预示着战争的即将到来。1939年9月3日，希特勒入侵波兰后，英法两国对德宣战。

第四章
1939—1945 年：
按量配给与家庭自制

和平时期的时尚花费常常受炫耀性消费的驱动，但战争时期的时尚花费由基本需求决定。例如二战期间，女性需要的是简约且百搭的服装。尽管受战争时期诸多因素的限制，但服装风格并不沉闷；事实上，时尚媒体强调，在战争时期，有内涵的服装才会具有吸引力。

在战争期间，生产的面料主要用于军事目的。羊毛被征用生产军装，丝绸被征用制造降落伞、地图和火药袋等军用物资。为保证最基本的军需供应，平民服装的布料通常由黏胶和人造纤维制成。在整个 20 世纪 30 年代，美国纺织巨头杜邦（Du Pont）公司研制了一种完全由矿物制成的新型合成纤维并将其投入生产。1938 年 10 月，该公司在《纽约先驱论坛报》(New York Herald Tribune) 上刊登了整版广告，宣传其引进的尼龙面料。这种纤维最初主要用于生产袜子——1940 年 5 月尼龙丝袜进入美国市场。在满足战时需求（主要用作降落伞材料）后，这种材料经过改进用于制作易于护理的内衣和裙装。

战争开始后的几周内，巴黎和伦敦的设计师们推出了注重实用性的样衣。莫林诺和贝格设计了带舒适兜帽的外套，并搭配缎面或羊毛面料的睡衣来形成"庇护装"。夏帕瑞丽设计的西装带有宽大舒适的口袋，套在灯芯绒灯笼裤外以增强保暖效果。迪格比·莫顿则展示了一套带拉链和兜帽、由花格维耶勒法兰绒制成的"警笛套装"，在遭遇空袭时，穿者可以迅速将其套在睡衣外面。巴黎女帽商艾格尼丝（Agnès）发明了"睡帽"针织头巾。此时的包袋都设计得很宽

图 117　1942 年 10 月，《时尚》杂志称赞了伦敦时装设计师协会设计的这些非凡、实用、简洁的多功能样衣。图中左边是一件剪裁考究的栗色羊毛外套，搭配三颗扣子和形状各异的口袋；中间是圆角上衣搭配多褶裙的格子套装；右边是一件红色双排扣骑兵羊毛斜纹大衣，背部为半腰带设计。该照片由李·米勒拍摄。

大，可以装下防毒面具；鞋履也很实用厚实，脚趾部位短而上翘，鞋跟较低。

在"假战争"初期，法国政府给从事战争工作的设计师们两周假期，以便他们筹备 1940 年秋季服装系列。英国和法国的高级时装设计师设计了用于出口的奢华服装系列，特别是出口到美国以增加美元外汇。针对战时市场所设计的服装包括方便骑行的裤裙、结实的花呢西装，以及采用羊毛和针织面料制成的各式长袖和高领晚礼服等。设计师们展出了更为精致的样衣，包括面料为丝绸的低领露肩的波兰风格礼服，走路时面料会被摩擦得窸窣作响。这些服装都主要用于出口。

1940 年 6 月，德军占领了巴黎，巴黎在国际时尚界的主导地位不复存在。虽然巴黎的服装款式不断更新，但最新资讯却不能立即发布。因此，许多外籍设计师离开了巴黎：夏帕瑞丽开始在美国巡回演讲，但她的时装工作室仍在巴黎营业；克雷德和莫林诺回到了伦敦；梅因波彻和查尔斯·詹姆斯则在纽约重整旗鼓；香奈儿关闭了时尚沙龙，转而和她的纳粹情人在丽兹酒店度日；犹太人雅克·海姆则躲了起来。

希特勒计划将巴黎引以为傲的时尚产业迁至德国首都，这是其让柏林成为世界文化之都"大业"中的一步。在同法国高级时装协会主席卢西恩·勒隆进行了长时间的讨论之后，希特勒才认识到这一计划是不切实际的。经过双方协商，希特勒同意将高级定制时装留在巴黎，为纳粹认可的法德客户服务。彼时，包括帕昆、珍妮·朗万、沃斯、皮埃尔·巴尔曼（Pierre Balmain）、马萨尔·罗莎、莲娜·丽姿（Nina Ricci）、勒隆、杰奎斯·菲斯和巴黎世家在内的 100 多家时装工作室仍在营业，大约 1.2 万名雇员仍能维持生计。当格雷夫人展示其法国国旗颜色的设计系列以示反抗时，德国人勒令其暂停营业。

大量奢侈品从法国出口到德国，顶级面料及配饰受到了高度重视，巴黎高级时装的价格飙升。尽管物资短缺，服装款式却依旧奢华。装饰华丽的服装都是全裁剪式，而且垂褶宽大，肩膀为圆边；超宽的主教袖或蝙蝠袖的袖口收紧成护腕式；紧身上衣被裁剪成腰身纤细的塑形样式，裙摆也很蓬松。一些时装和纺织品设计的灵感来自农民服装和中世纪服装的浪漫主义理念，这反映出纳粹占领者的文化偏好。

纳粹反对巴黎纤细廓形的优雅，认为这象征着颓废。相反，他们描绘了一种丰满且健壮的体型——代表着适合耕种土地、生育孩子的理想女性形象。从 20 世纪 30 年代中期到战争年代，朴素的"农民"风格通过纳粹批准的艺术品得以推广，受到了人们的青睐。我们可以在高级时装上看到这种风格的影响——该时期的高级时装流行刺绣衬衫和围巾、带有刺绣背带的射击服和洛登毛呢披肩，也可以在面料饰以草地和花朵或麦穗等图案的风情万种的晚礼服上看到其影响。

1941 年，法国用来制作军靴的皮革库存几乎耗尽，黑市上的非法交易泛滥，平民鞋成为这里的珍品。为了节省皮革，大量的女鞋采用厚实的木制楔形鞋底，设计师们选用了装饰华丽的高帽去中和这种十分男性化且笨重的鞋履。毛毡、羽毛和薄纱也消耗殆尽，女帽制造商转而使用玻璃纸、木屑和编织纸等非常规材料来制作和装饰帽子。

虽然当时的时装规模颇大，但纳粹政府规定，设计师必须将时装系列的服装式样限制在 100 种以内；1944 年，因材料短缺达到危机的临界点，服装式样被缩减到 60 种。此时，潜在的高级定制客户必须申请特许证。占领法国的四年里，纳粹政府给富有的法国妇女、法国叛国者以及德国军官的妻子和情妇发放了两万张特许证，数量惊人。

由于食物和包括衣服在内的其他重要商品陷入了短缺，大多数人过着朝不保夕的悲惨生活。许多犹太人经营的服装厂被迫关闭，工厂主则被送到集中营，他们面临的是必死无疑的命运。男装尤其难买，因为大部分交易转向了为德国人提供军装和平民服装。对法国人而言，去二手服装市场购买衣服成为充实衣柜的重要方式。机智且注重款式的女性将旧衣服改造成新的风格：1942 年流行的"旧衣改造"，即是从几件旧衣服上裁下不同颜色的部分，再拼接成一件五彩斑斓的连衣裙。

1941 年 2 月后，法国的服装消费受到各种配给措施的严格控制，从同年 7 月开始，政府发放优惠券。所有衣服都可使用优惠券，当人们购买新衣时必须同时支付现金及优惠券。最初每人发放了 100 张优惠券，其中 30 张可直接使用。但这种优惠简直是杯水车薪，能买得起新衣服的人每年只能买一件外套或一套西装，或者一些小单品。针织纱的规定尤其令人愤愤不平：只向孕妇和育有三岁以下儿童的妇女

图 118、图 119　20 世纪 30 年代，德国时装强调女性身体的健康、丰满之美，因此广告背景中经常呈现出乡野田园的风光。左图：1937 年，《时尚与家居》（Fashion and Home）杂志封面上，模特拿着一束雏菊，穿着碎花太阳裙，系着腰带；她身边有一顶装饰着蝴蝶结和鲜花的草帽，右图：1940 年前后的服装广告，展示了一名手捧鲜花的年轻女子，广告背景同样是乡村主题。

发放特别优惠券。到了 1942 年 4 月，服装的设计款式也有所规范，特定的服装有严格的码数限制，而且服装上不允许出现任何无关紧要的细节。男士服装的设计也因此受到影响，夹克不允许使用双排扣设计，大衣和夹克上禁止有打褶或缝褶口袋，裤子只能有一个臀部口袋，裤脚收窄且不允许翻边。

　　由于与外界隔绝，巴黎失去了世界时尚中心的地位。伦敦和纽约的设计师们在最初焦虑了一阵之后才意识到，这为他们提供了施展设计才能的机会，即便物资短缺和政策限制等问题仍待解决。在英国，随着战争的爆发，人们不能再依赖进口原材料和食品。保留现有的库存，同时释放劳动力、原材料和工厂空间用于军需供给便异常重要。为确保服装资源能得到最充分的利用，英国贸易委员会控制供应和限制需求，并针对服装设计制定了相关的法规。最初的措施包括 1940 年 4 月颁布《棉花、亚麻和人造纤维令》以及 1940 年 6 月颁布

112

《限制供应（杂项）令》，这些措施使零售面料库存得以减少。1942年7月，"精简计划"扩大了实施范围以减少服装厂的数量，并禁止服装业设立新厂。

为减少需求和确保商品的公平分配，英国政府于1941年6月1日颁布了第一个消费者配给令，该配给令一直到1949年3月才废止。在配给的第一年，政府向每个人发放了66张优惠券。据估计，优惠券发放导致服装购买力下降至和平时期的一半。

男人们用这66张优惠券仅能购买装备全身的一套衣服：一件大衣需要16张优惠券；一件夹克需要13张优惠券；一件普通背心或毛衣需要5张优惠券；一条长裤需要8张优惠券（粗布或灯芯绒长裤则需要5张优惠券）；一件衬衫需要5张优惠券；一条领带需要1张优惠券；一件羊毛背心和内裤需要8张优惠券；一双袜子需要3张优惠券；一双鞋子需要7张优惠券。女人们可以选购以下服装：一件大衣需要14张优惠券；一条长袖羊毛连衣裙需要11张优惠券；一件衬衫加一件开衫或套头衫（毛衣），每件需要5张优惠券；一条裙子需要7张优惠券；一双鞋子需要5张优惠券；两件胸罩及一件吊带每件各需要1张优惠券；4张优惠券可换一件衬裙、连衫裤或连裤内衣。剩下的12张优惠券就只能购买6双长筒袜了。

按战争前的购买频率来讲，许多女性习惯每周买一双新丝袜，女性单是一年的丝袜消费就需要104张优惠券。透明丝袜弥足珍贵，所以为了节省起见，许多妇女在冬天会穿羊毛袜，等到天气暖和或者居家时都光着腿。1941年，丝绸被禁止用于制作民用服装，于是人造纤维成为替代品，尽管没有丝绸那么受欢迎。1942年后，驻扎在英国的美国军人带来了非常受欢迎的尼龙长裤。尼龙作为一种神奇的新型纤维被投入市场，它看起来与丝绸十分相似，但更为耐用，英国直到1946年才开始生产尼龙。人们还生产出一种特殊的化妆品，可以将双腿涂成晒过以后的棕色；褐色肉汁和可可粉是更廉价的替代品。一旦将腿部染色，小腿后部也得一同修饰，以便伪装成"长筒袜"的"假缝"，人们可谓煞费苦心。因此为了省事，许多女性宁可选择穿着短袜。

在实行定量配给政策的第二年，政府发放的券额暂时减至48张，某些服装单品的价格也得到调整。为节省皮革，政府将木制鞋底的鞋子重新评定为须用2张优惠券。这种配给方式最初的漏洞也被消除了：当非定量配给的工装服和装饰织物明显被用来补充服装限额时，它们便被分配给1张优惠券的价值。然而，管制物资在战争期间未被定量配给，故常被非法用于制作衣服。家庭服装制作和编织一如既往地宣扬个性且经济实惠，同时也可以节省优惠券。如果在家制作一条裙子，需要使用四分之三码（约69厘米）的布料，只需要三个半优惠券；购买成品裙子则需要增加一倍的优惠券。

帽类没有被限量供应，这样至少能让女性有一件时尚单品，但帽子的尺寸通常都设计得很小。戴着面纱的圆盆帽很受欢迎，同样受欢迎的还有紧贴头部的贝雷帽，以及带小帽檐的迷你帽，这些款式的

图120 1940年，为应对战时物资短缺，蜜丝佛陀公司推出了一种用于腿部的染色剂，使用后如同穿了长筒袜。其点睛之笔是在腿的背部绘出一条模拟长筒袜的接缝——这不仅需要手法稳健，而且自己给自己绘制时的难度较大。

帽子可以歪戴着，从而增添一丝活泼的气氛。帽子流行羽饰——有单支羽毛，也有整只鸟的造型；有些帽子装饰着裁剪精巧的丝带。夏天，人们会在光亮的草帽上装饰织物花朵。尽管在战争期间帽类不受管控，但帽子销量并没有明显的增长。一方面，价格让许多女性望而却步；另一方面，在战争时期，帽子既显轻浮又无关紧要，女性倾向于选择更实用的网纱、头巾、束发带等，这些东西不仅可以遮住头发，确保在工厂工作时的安全，而且在室内和室外都适合佩戴。

　　具有创新精神的布商与才华横溢的艺术家之间的联盟，催生了在战争时期体现人们爱国情怀的纺织品设计，以及由美术所激发的创新设计。头巾的设计振奋人心，贾可玛（Jacqmar）使用了图案和口号的组合，比如由 *Punch* 漫画师富加斯（Fougasse）设计的名为"祸从口出"（Careless Talk Costs Lives）的宣传画。总部位于曼彻斯特的棉花委员会下属设计与风格中心和伦敦纺织公司阿舍尔（Ascher）委托著名艺术家和设计师，包括亨利·摩尔（Henry Moore）和格雷厄姆·萨瑟兰（Graham Sutherland），设计了独特的现代纺织印花。为了避免裁剪过程中出现浪费，设计师尽量减少了编织图案和印刷图案的重复次数。

1941 年，英国贸易委员会推行"实用计划"，以确保中低档日用消费品物美价廉，并符合对原材料和劳动力的限制政策。"实用"一词适用于由"实用"布料制成的服装，这种布料基于最低质量水平（每平方码重量和纤维含量）和最高允许零售价格生产。实用服装带有独特的双新月 CC41（《民用服装 1941》标准）标签。制造商达到"实用"配额（约占总产量的 85%）后，才可以使用"非实用"布料来制作服装，但必须遵守同样的款式规定。为进一步节约日益减少的资源，1942 年政府通过了《民用服装制作限制令》。该限制令禁止裁

图 121、图 122　战争时期，英国设计师设计的毛衣图案（左页上）、手套和扣眼图案（右）。虽然羊毛定量配给（在英国，购买两盎司纱线需要一张优惠券），但购买羊毛所需的优惠券要少于购买成衣所需的优惠券。毛衣必须为短款且要合身，图案、质地、颜色等都会让毛衣更生动活泼。

剪浪费，并列出了一系列限制措施，明令裁缝和制造商执行，例如，一件衣服最多只能有两个口袋、五个纽扣，裙子上的接缝不能超过六条，衣服上的褶裥不能超过两个倒褶或盒褶或四个剑褶，针脚总长不能超过 160 英寸（约 4 米），不允许有多余的装饰，等等。

　　为证明实用计划的限制性政策并不会导致服装丧失风格或千篇一律，英国贸易委员会招募了伦敦顶尖时装设计师推出一个范例系列。赫迪·雅曼、迪格比·莫顿、比安卡·莫斯卡（Bianca Mosca）、彼得·罗素、沃斯（伦敦）有限公司、维克多·斯蒂贝尔、克雷德和爱德华·莫林诺（Edward Molyneux）等一众设计师或设计公司，由新成立的伦敦时装设计师协会（ISLFD）赞助，被委托设计一系列全年服饰，包括大衣、带衬衫或短上衣的套装和日装。样衣按尺码划分

共 32 款。从 1942 年 10 月起，制造商只需支付少量费用即可获得这些样衣。于是，大众可以购买由顶级设计师设计的服装，消极的风格限制已经转化为积极的效果，当时的《时尚》杂志盛赞了此事。

　　"实用计划"系列注重剪裁和线条，以优雅简洁著称。虽然很少有女性的穿着能像《时尚》杂志中描述的那样精致，但这些设计确立了英国战时服装的风格：这种风格廓形纤细、剪裁合体、肩部突出，腰部收紧；夹克要么裁剪得短而方，要么长而瘦；在收腰外衣的线条、垂褶和斜袋与贴袋的衬托下，臀部显得十分挺翘；裙子呈直筒

图 123（下）　1943 年 10 月推出的英国纺织品设计。该系列设计名为"和平与富足"，款式分别为：红色背景配黑白图案，正反向条纹相间以及错位印花。
图 124（右页）　1942 年的英国克罗伊登，一群年轻的军需品女工穿着工装裤参加一场实用服装展览会。

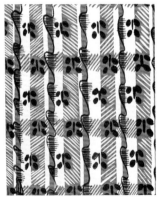

图 125（上图左） 带有细红色条纹、罗缎丝带和三颗 CC41 纽扣的灰色人字花呢实用套装。虽然人们一致认为设计师无须留名，但在 1942 年，当这些服装被捐赠给维多利亚和阿尔伯特博物馆时，人们在一些衣服上发现了标有设计师姓名首字母的吊牌，而图中这套衣服被证实是由迪格比·莫顿设计的。这种百搭的三件套用相同的面料制作，既可以作为套装穿着，也可以作为裙子单独穿着。这种款式有不同的质量等级供选择。

图 126（上图右） 淡蓝色斑点夹克搭配海军蓝羊毛裙的实用套装，出自维克多·斯蒂贝尔之手。这种带有皮带搭扣的单排扣夹克设计，包含了方垫肩、深翻领和两个翻盖式口袋，与军队的作战服十分相似，与之搭配的是高腰修身裙，其裙面稍稍外展。

状，有倒褶，或稍稍向外展开，以便于行动；裙摆距离地面有 18 英寸，一般长至膝盖以下。富有想象力的设计和别出心裁的纽扣设置增添了服装表面的趣味性，例如纽扣上采用具有爱国主义特色的 CC41 图案。军装细节元素的运用在腰带、胸前口袋、高领和窄领的设计中得以体现，明亮的对比色令人赏心悦目。

女士鞋款设计得厚重结实，采用坡跟或鞋跟高度很少超过 2 英寸。为确保安全和实用，鞋款通常设计得不露脚趾。尽管皮革短缺，但鞋面通常仍由小牛皮或麂皮制成，不过拉菲亚树叶纤维和毛毡经济实惠且材料新颖，被证明是极好的新型替代品。男鞋款式仍循旧例，

图127　1942年前后，一名身穿标准实用型西装的年轻人给一位身穿辛普森百货公司（伦敦一家高档百货公司）西装的年长者递烟。这张照片可能是为了记录这两套服装外观上的相似之处。

即以保守、耐穿的牛津鞋和布洛克系带鞋为主。

　　由于许多男性在战争年代都身穿军装，因此平民风格就变得没那么正式了——开领衬衫和套头衫搭配法兰绒或灯芯绒长裤，通常比西装革履更受欢迎。根据"实用计划"，服装款式也有所削减，主要的节约措施有取消马甲——规定所有的西装都为两件套，以及取消口袋盖、裤脚翻边和背带等。有些人对这些措施持批评态度，并指出马甲取消后套头衫的需求量会增加，以弥补马甲的缺失；口袋因长时间使用会变得宽松，而口袋盖可以起到遮挡的作用，因此十分重要；如果裤脚有翻边，那么缝补起来会更容易；对于不十分合身的西装而言，背带不可或缺。但英国贸易委员会的规定已成板上钉钉，不容更改。因此，对于男性来说，配饰可以为简单的衣橱增光添彩，例如通过选择搭配保守的黑色小礼帽或更休闲的翻檐帽，男士们可以穿着同一套西装分别参加商务活动和休闲活动。

　　配给政策限制了民用服装的消费；在整个战争期间，英国男装

120

制造商，如赫普沃斯（Hepworths）和伯顿（Burton），都忙于生产政府所需的军装。萨维尔街的生意也很稳定，因为军装订单和海外订单带动了其销量。许多在英国服役的美国军官回国前会定制西装，因此在战争结束时萨维尔街的裁缝手握长长的等候名单，顾客们皆为一件独家手工定制的西装而来。

1943 年，一项由政府组织的名为"修修补补凑合用"的运动开始展开，旨在确保人们现有的衣服能够长久穿着，且能回收再利用。对于穷人来说他们自有办法，但如今富人们也被鼓励效仿此举。媒体为支持这一运动，向人们提供了一些建议，比如怎样用很少的钱就能让自己变漂亮，以及如何利用旧衣制新衣。人们甚至建议女性利用旧丝袜的丝线来编织茶杯套和拖鞋鞋面，还向那些需要泳衣的人展示如何用五块抹布来制作。其中最有创意的是用瓶盖、软木塞和胶卷轴设计精巧的首饰。

整个战争期间女性都承受着巨大的压力，因为她们要时刻保持良好的形象，尤其为了迎合从前线回家的男性，与此同时她们还要照顾家庭，并从事往往艰巨而又暗藏危险的与战争有关的工作。女性们在工厂工作时，任何可能被卷入机器的物品都不能携带或不能外露：长发要包起来，衣服上不能有带子、蕾丝花边或环状饰物；扣件系在背部下方或肩膀上，口袋通常设置在座椅上，腰带从身体后面系好，鞋子也不能有带子。

由于服装和配饰供应不足，女士们会特别重视发型和妆容，不过化妆品产量也被严重削减。蓖麻油、甘油、滑石粉和酒精等制造化妆品的主要原料，以及塑料等包装材料首先要满足战争需求。化妆品生产线也转到用来满足特殊的非时尚需求，例如生产面霜用来防止军需工人吸收有毒物质。尽管如此，好莱坞明星丽塔·海华斯（Rita Hayworth）、贝蒂·格莱布尔（Betty Grable）、贝蒂·戴维斯（Bette Davis）、琼·克劳馥和芭芭拉·斯坦威克（Barbara Stanwyck）所展现的女神形象依然被女性粉丝们争相模仿。

美容杂志编辑建议女性打磨指甲而非涂指甲油，因为指甲油属稀缺物品，而且在战争时期涂指甲油并不实用。同样，要想使头发光亮，美容杂志编辑还鼓励女性梳头而非使用发蜡。因此战争初期短发很流行，但从 1942 年开始齐肩发型开始流行起来，受好莱坞明星

图 128 和图 129（上） 英国和美国也发起了类似的运动，鼓励人们修补衣服或回收旧衣制成得体美观的新衣。

图 130（下） 一份战时杂志上的插图，展示了两件旧连衣裙的三种组合方式。裙子的领口和袖口通常最先磨损，因此这些部位可以使用另一件衣服上的面料替代。

维罗妮卡·莱克（Veronica Lake）的影响，无数女性把头发从侧面分开，梳成娃娃头——也称童仆式发型。在特殊场合，女士们根据需要将长发披下，或卷成卷发，或将头发盘起。

与其他地区一样，意大利也面临严重的服装短缺问题，意大利当时流行的女装廓形与英国十分相似，都是方肩、紧身，衣长至膝盖以下。然而，意大利崇尚的风格往往更"精致讲究"，而非颇具男子气概的"实用性"剪裁。玛丽亚·安东内利（Maria Antonelli）、索芮拉·方塔那（Sorelle Fontana）、舒伯特（Schuberth）和皮草制造商若·韦内齐亚尼（Jole Veneziani）等设计师仍为贵族、身家百万的工业家和当红女演员服务。皮革短缺的现象尤其严重，受影响最大的可能要属意大利的国际知名配饰制造商。面对严格的皮革限制，佛罗伦萨制鞋商萨尔瓦多·菲拉格慕凭借其影响力和独创性，设计出创新型的鞋款。他采用合成树脂和软木制作出了非常时尚的楔形鞋底，但其最独特的设计是充满未来主义感的鞋底——由人造琥珀（看上去像玻璃）和胶木材料制成。1940 年后，皮革只能用于制造士兵的靴子，因此

图 131 伊丽莎白·雅顿 1941 年的香皂广告。战争时期，和许多其他公司一样，1909 年由雅顿创立的这家顶级美容用品公司身负宣扬爱国主义的责任，并将其产品宣传为对战时女工的奖励。

菲拉格慕设计的鞋子采用麻、毛毡、拉菲亚树叶纤维以及玻璃纸等材料制成，其色彩鲜艳，通常以东方元素中上翘的脚尖为特色。

1940 年 6 月至 1941 年 12 月，美国设计师推出的时尚系列没有遵循战时的限制政策。在纽约高级时装市场，瓦伦蒂娜推出褶皱丝绸晚礼服（有的款式有中世纪风格），以及芭蕾舞裙风格的伞裙；查尔斯·詹姆斯用奇异的颜色搭配设计了立体雕塑式外套和长袍；海蒂·卡内基的定制款塑身套装则呈现出鲜艳的色彩。1941 年冬季，卡内基推出了时髦的番茄红羊毛套装，他用芥末色夹克搭配紫红色裙子，观者可以从服装肩膀处和口袋的缝隙处瞥见蓝色衬里。

美国于 1941 年 12 月参战。尽管美国的物资短缺问题没有欧洲严重，但在 1942 年，美国战时生产委员会还是发布了《L-85 号一般限制令》，禁止服装上出现非必要的细节设计，禁止生产某些特定款式的服装（该限制令实施至 1946 年）。设计师和制造商禁止制作羊毛披肩或全礼服，也不得使用斜裁式裁剪法或设计蝙蝠袖。夹克长度不得超过 25 英寸（约 63 厘米），不得使用裤子翻边和罩裙，腰带宽度不得超过 2 英寸（约 5 厘米）。像在英国一样，美国制造商被迫生产一定数量的低价产品，以减缓战时生产高利润、高价格产品的趋势。

战争期间，好莱坞走出了 20 世纪 30 年代特有的浮华风格。艾德里安意识到自己作为电影服装设计师的全盛时期已成过去，于是重新确立了自己作为定制服装设计师的地位，并在 1942 年 1 月推出首个时装系列。他的西装设计特立独行，喜用宽大的垫肩和醒目的衬里。因为不缺乏技艺娴熟的劳动力，美国设计师可以采用复杂的工艺技术设计出令人满意的高级服装，同时不违反节约布料的政策。

纽约的定制设计师们广受好评，正因如此美国在低调单品和运动服装领域才有了一席之地。顶级成衣设计师有宝丽娜·特里格尔（Pauline Trigère）、诺曼·诺瑞尔（Norman Norell）、菲利普·曼戈尼（Philip Mangone）、耐蒂·罗森斯坦（Nettie Rosenstein），他们设计的产品销往美国各地。其中的衬衫裙当属经典，且经历了不断改良，日装衬衫裙所用的面料颇为实用，而晚装衬衫裙面料和装饰配件更为豪华。《L-85 号一般限制令》禁止生产大圆摆巴伐利亚 Dirndl 裙，因此出现了条纹或素色修身裙，这些裙装采用贴袋、灯笼袖和方领或露背的绕颈系带等设计。在饱受战争摧残的欧洲、在美国，无论女性身

处乡间还是漫步沙滩，人们对于女性出于实用目的穿着时髦的晚装休闲裤有着较高的接受度；对于其他场合着装的一条经验法则就是：如果犹豫不决，就选择裙装。

战争期间，加州设计师们的才华也得到了认可。他们专门设计单品或轻便的游乐装，其作品色彩明艳动人，民族服饰元素运用巧妙，因而备受赞誉。圣达菲的爱丽丝·埃文斯（Alice Evans）将美洲原住民手工制作的银色纽扣运用到了蓝色牛仔套装上。

设计师和面料生产商们大量使用美国产的棉花，其中许多人仍在使用极为精致的进口法国面料。休闲裤、裙裤、短裤、连衣裙、短裙、衬衫全部采用挺括的棉质面料制成；楔形底鞋子的鞋面为彩色格子布；腰带由结实的带状织物制成；衣服采用有褶皱的提花织物做装饰；贝雷帽由帆布制成；沙滩装则采用经过预缩处理的棉质和人造纤维面料，印有色彩鲜艳的热带花朵、遮阳篷条纹或圆点图案，并设计为改良版的芭蕾舞裙样式。

自 1942 年夏天开始，设计师对危地马拉、秘鲁和智利服装的风格、图案和配色进行了重新解读和诠释而用于北美市场。裙摆被设计成大荷叶边，袖子蓬松、深圆领的"农民"风格刺绣衫十分受大众欢迎。当时的时尚焦点是露脐装，无论是白天穿的连衣裙还是沙滩装，都要露脐。时尚杂志建议女性买一条简单的连衣裙、一套沙滩衬衫和短裙、一件游泳衣，以便充分暴露在"无限量的"日光下。沙滩衬衫的背部领口通常裁剪得很低，纱笼式泳裤或短裤则会搭配胸罩式上衣，外穿一件带有印花的人造纤维运动衫。配饰包括天鹅绒麂皮人字凉鞋、多圈项链、耳坠、上臂手镯和戴在脚踝处的镀金脚链。

纽约运动时装设计行业内人才济济，如蒂娜·莱瑟（Tina Leser）、维拉·马克斯韦尔（Vera Maxwell）、邦妮·卡欣（Bonnie Cashin）和克莱尔·波特（Clare Potter），最著名的是克莱尔·麦卡

图 132（左页上） 1945 年的美国定制时装：前面的这位模特穿着克劳斯（Kraus）设计的双排扣粗花呢箱型西服，手拿雨伞的模特则穿着海蒂·卡内基设计的羊毛收腰西装。

图 133（右） 这张照片的原标题是："如果不确定，那就穿裙子吧。"尽管女性在工作场合普遍穿长裤，但因其是休闲服装，所以仍不为世人所接受。帽子不限量配给，因此可以设计得很宽大，于是便有了图中这种大宽边帽。

德尔。1927 年至 1929 年，麦卡德尔在纽约和巴黎的帕森斯设计学院学习，随后便正式入行。战争期间，她的才能得到充分的施展并广受认可。她用斜纹粗棉布、格子布、褥子棉布、亚麻布、泡泡纱、佳积布等耐用的面料，设计出可互相搭配的衬衫、裤子和裙子，打造了一个百搭的多功能胶囊衣橱。麦卡德尔打破了传统，将金属紧固件暴露在外，并通过使用对比色来凸显她那标志性的双锁边工艺——这是一种传统的工装加固技术。

1944 年，麦卡德尔说服制鞋商卡培娇（Capezio）为她生产非限量版低跟鞋，鞋子的面料与她设计的衣服相配，但鞋底更厚实，适合户外行走。她还推出了一款可套在裙子里的羊毛针织长款紧身连衣裤，既保暖又尽显优雅。虽然这些运动服装在战争年代没引起多大反响，但类似的风格在 20 世纪 70 年代引领了一场时尚革命。

美国女兵拥有非常漂亮的制服，这些制服中有许多款式是由顶级时尚设计师设计。特别是梅因波彻，他的作品因凸显女性气质且实用耐穿而备受赞许。1942 年，他为 WAVES（志愿紧急服役妇女队）设计的时尚制服为 SPARS（海岸警卫队女子后备役组织）采用。妇女辅助军团（Women's Auxiliary Corps）的制服由菲利普·曼戈尼（后来他在自己的定制款日装中大量运用军装元素）设计。虽然伊丽莎白·霍斯已经退出了时尚界，专注于写作（最著名的作品《时尚是菠菜》<Fashion Is Spinach> 于 1938 年出版），但 1942 年她仍同意为红十字会志愿者设计制服。

对于男性而言，阻特装（Zoot Suits）可以替代制服和战时时装，不过这种款式风格较为激进且带有叛逆性，因此饱受争议。阻特装在 20 世纪 30 年代中期就已出现，在战争期间大放异彩，当时非裔和墨西哥裔美国青年穿着阻特装以表现出他们的民族自豪感和不遵从主流社会的意愿。阻特装以其夸张的造型著称：超长版收腰上衣（以超宽的垫肩为特色）；自上而下呈锥形、鼓胀的超高腰长裤，裤腿逐渐收窄，裤脚翻边。阻特装面料颜色鲜艳，有大胆的条纹或醒目的格子；领带花哨；双色拼皮的全布洛克鞋也很受欢迎；脖子上一条长长的链子则是点睛之笔。年轻女性也会穿着夹克，戴着链条，搭配紧身裙、渔网袜和高跟鞋。高调的"阻特人"（爱穿阻特装的人）包括爵士音乐人迪兹·吉莱斯皮（Dizzy Gillespie）和路易

图 134　三名妇女辅助军团女兵试穿新制服。从左至右依次是军官的冬季制服、夏季制服以及基本款制服。值得注意的是，这些制服与普通人下班后穿的定制套装有些相似。

斯·阿姆斯特朗（Louis Armstrong），以及年轻的马尔科姆·艾克斯（Malcolm X）。

在爱国主义经济盛行的年代，相当夸张的阻特装的穿着招致了人们的强烈敌意，这一敌意在 1943 年著名的"阻特装暴乱"中达到了高潮，当时的"阻特人"被军人和警察殴打并被脱光衣服。阻特装在整个战争期间热度不减，而且在纳粹占领巴黎后，摇摆乐迷的着装很大程度上也受此影响，他们叛逆又自恋，被称为 Zazous；这种着装风格同样也受到黑市上游手好闲之人的青睐。

1944 年 8 月法国解放后，有关巴黎所经受的磨难和大行其道的享乐主义同时被外界所知晓。法国解放后，最早抵达巴黎的摄影师之一李·米勒（Lee Miller）为《时尚》杂志拍摄当时的流行时装。被占领时期的风格也出现在《时尚专辑》（*Album de la Mode*）上，《时尚专辑》由法国版《时尚》杂志前主编米歇尔·德·布伦霍夫（Michel

128

129

de Brunhoff）编写，该杂志在纳粹入侵后于 1940 年夏天停刊。

　　人们对德军占领巴黎期间的高定行业市场定位进行了调研，设计师的爱国主义难免受到质疑。一些人解释称，设计师故意大量使用面料来浪费敌军资源，而那些荒唐的战时风格服装是对"客户"的讥讽；另一些人则称，女性精致的装扮是为了维持一种看似常态的假象，这样做实则是一种蔑视纳粹的行为。

　　二战结束后，巴黎的设计师们开始效仿其他地区节省材料。服装系列中的款式减少到 40 款，风格也变得十分低调以倡导节约。到了 1945 年，时尚杂志开始报道时尚界的"新女性气质"：剪裁巧妙的服装给人一种更丰满的印象；肩膀处的设计不再硬挺，深椭圆形和心形领口很受欢迎；日式风格和中国风——以和服袖、盘花扣

图 135、图 136（上）　这两位非裔美国年轻人（左图）穿着夸张的阻特装，搭以各种配饰；这位墨西哥裔美国青年（右图）穿着格子夹克和锥形裤，配以独具特色的裤链。照片摄于 1943 年。
图 137（右页下）　照片名为"带着湿卷发走出皮埃尔和勒内美发沙龙"，由李·米勒拍摄于 1944 年的巴黎。法国首都巴黎解放后，李·米勒（还在前线记录了战争的可怖）为《时尚》杂志拍摄了许多时装系列。她的作品以真实和平易近人而闻名，她还捕捉到了模特"拍摄幕后"以及在街头巷尾的时尚镜头。

和明艳色彩搭配为特点——也为服装设计提供了灵感。时尚新闻关注国际动态，巴黎能否回归昔日的时尚霸主地位，短时间内尚不能确定。

第五章
1946—1956 年：
女性气质与墨守成规

经历了战争的摧残，所有参战的欧洲国家经济一落千丈，许多国家甚至到了破产的地步。随着人们逐渐适应和平的氛围，军人们也复员回家过上普通人的生活，社会经济缓慢复苏。在英国，战后的一段时间被称为"紧缩年代"——由于货币和商品短缺，政府仍在实施定量配给政策，时尚产业的发展速度由此减缓。相比之下，美国没有受到战争的太大影响，日子过得相当富足。1947 年马歇尔计划推出，体现了美国的经济实力和政治影响力，该计划为支持欧洲复苏提供财政援助。时尚的发展反映了经济的逐渐繁荣。欧洲各国时尚产业复苏的速度各不相同，而美国成衣制造业的实力越来越强。对于退伍军人而言，脱掉军装是件让人高兴的事；对于英国退伍军人来说，战争结束时发放的复员西装不够合身，他们渴望找到合适的替代品。许多从事服务前线工作的女性回家后便成了家庭主妇和全职太太。

战争结束后，周末和假日活动逐渐恢复。欧洲国家花费了一些时日才重振休闲服装行业，拥有运动服装生产经验的美国制造商们则迅速设立了新的生产线。1946 年，美国在太平洋的比基尼环礁进行原子弹试验。不久之后，法国设计师路易斯·里尔德（Louis Réard）推出了比基尼泳衣，这是战后最具新闻价值的泳装之一。两件套泳衣早已不再新鲜，不过里尔德设计的这款用料极少的泳衣还是引发了争

图 138　1947 年 2 月战争结束两年后，克里斯汀·迪奥展示了首个"新风貌"系列。该系列具有革命性意义，因其重新确立了巴黎世界时尚中心的地位。这一系列主打"Bar"套装，包括一件收身的天然山东绸外套和一条精致的刀褶细羊毛裙。纤细的腰身（通过穿短款紧身胸衣达到收腰的效果）下方，往夹克内稍稍填充衬垫，以凸显臀型。这条裙子极其厚重，裙摆下有一层丝绸和薄纱衬裙，起到支撑和定型的作用。

图 139　20 世纪 40 年代中期，在开罗驻军剧院举行的全国军人娱乐服务协会（ENSA）演出上，政府配发的复员西装得以向驻埃及的英国士兵展示。士兵们胸前口袋里放着时髦的手帕，高高兴兴地举起帽子以示和平，充分展现了这款宽翻领配发西装系列。

议。这款比基尼的设计相当大胆，它标志着休闲装和运动装革命的开始——随着时代的发展，人们最终将利用具有强大潜力的合成纤维生产出更实用、更时尚、更精致的运动服装。

　　巴黎从被德军占领的阴霾中走出来后，迅速恢复了其世界时尚中心的地位。1945 年，法国高级时装协会组织了"时装剧院"（Théâtre de la Mode）巡回展览，展出了穿着高级定制服装的微型线框玩偶，这预示着巴黎时尚正东山再起。有几套服装恢复了 1938 年至 1939 年系列的浪漫风格，说明设计师们了解了人们倾向改变的心理需求，开始从战时四四方方的服装廓形转为更柔和、更纤长的轮廓线条。在这一时期，克里斯汀·迪奥（Christian Dior）和克里斯托巴尔·巴伦西亚加占据着女装设计师霸主的地位。

　　百万富翁马塞尔·布萨克（Marcel Boussac）是位纺织制造商，在其资金支持下，迪奥于 1946 年底创立了自己的高级时装定制公司。1947 年 2 月 12 日，迪奥推出了首个春季系列，该系列如今已成为一代传奇，其主要包含两个子系列："花冠"（Corolle）系列和"8"系列。

133

《时尚芭莎》（*Harper's Bazaar*）的编辑卡梅尔·斯诺（Carmel Snow）给该系列起了个绰号"新风貌"（New Look）。此绰号一出，立即确立了迪奥在时装界的领导者地位。这个系列的独特之处在于它没有向战时四四方方的廓形妥协，而是肩膀收窄，侧面曲线优雅，肩线平缓；腰身纤细，穿者内穿一件紧身胸衣或紧身带以收腰；裙摆非常大，长及小腿。大多数时尚评论员对这样奢华、浪漫风格的服装表示热烈欢迎。尽管名字是"新风貌"，但其造型并不新颖。该系列尤其重现了 19 世纪中期历史服装的细腰和大裙摆，也有点类似芭蕾舞服，但它敢于向战时风格说"不"并挑战定量配给政策的举动确实非常值

图 140、图 141　这是两个来自"时装剧院"展览的微型人体模型，该展览由法国高级时装协会组织，"时装剧院"于 1945 年和 1946 年分别在欧洲和美国进行巡回展览，旨在提升法国时装的知名度。展览包括 150 多个穿着高级定制服装的线框玩偶（高 68.5 厘米，约 27.0 英寸）。50 多家法国时装公司参与了此次活动。除了精心制作的服装外，每个玩偶的迷你假发和配饰亦是量身定做。左图为法国高级时装协会主席卢西恩·勒隆设计的一件蓝绿色和白色波点夏季雪纺连衣裙，草帽由雷格洛（Legroux）设计；右图为巴伦西亚加设计的黑色羊毛套装，腰部搭配大流苏饰带。

得报道，故而受到人们的追捧。关于这种昂贵华丽的服装，媒体讨论了其优缺点，并指出其缺点在于制作时需要大量布料，而当时市场面临材料短缺的问题。以当时的英国贸易委员会主席斯塔福德·克里普斯爵士（Sir Stafford Cripps）为首的英国官场还假惺惺地谴责了这一系列。"新风貌"极尽奢华，有些人批评其限制了女性自由且不合时宜。时尚先锋们很快就拥有了"新风貌"款式的服装，但一年之后这种款式才进入大众市场。在美国，零星的抵抗"新风貌"的活动也上了新闻。这些抵抗活动平息之前，反对"新风貌"的"膝盖以下一点点"俱乐部在全美吸引了 3000 名会员。"新风貌"的商业潜力在美国得到了认可，设计师们也热衷于对其进行改进。这种款式不仅推动了纺织业的发展，也促进了与之配套的众多配饰制造商的发展。1947年，克里斯汀·迪奥在达拉斯被授予业内著名的内曼·马库斯时尚奖（Neiman Marcus Fashion Award），其成就得到业界认可。

135 　　20 世纪 40 年代末的时尚设计以疯狂的创造力为标志，但在 H 形线条和袋式直筒连衣裙于 20 世纪 50 年代中期出现以前，有两种廓形一直占据着主导地位。一种是用修身的紧身上衣清晰地勾勒出胸部

图 142　战后的时装系列在设计师的时尚沙龙里展出，与 20 世纪 50 年代末喧哗的时装秀相比场面更为庄重。1948 年，迪奥时装发布会上没有设置高台走秀，照片中模特在前排观众面前旋转以展示晚礼服长裙，其飞扬的裙摆几乎碰到一旁"优雅"直立的柱型烟灰缸，颇为危险。

图 143、图 144　1951 年克里斯汀·迪奥设计的晚宴礼服，这是 20 世纪 50 年代两种流行的服装款式，即左图中的大裙摆和右图中的瘦身裙，两者皆为紧身且带有褶皱的上身款式。左图中的裙子搭配了一条披肩，为时装照片增添了活力，成为最受欢迎的晚装款式。

轮廓，肩线自然，腰部收紧（常采用腰带），裙长到小腿中部至脚踝，由多层衬裙支撑的裙摆极宽。另一种的不同之处在于裙子像铅笔一样修长，背部有一条长开衩或褶裥，以便于穿者活动。十年来，迪奥推陈出新，每季都会向其精英客户们展示 200 种式样。尽管迪奥私下里是个腼腆的人，但他了解媒体报道的价值以及出口交易和许可合同所产生的经济回报，于是对其大加利用。为时装系列和单个设计作品命名并不新鲜，但迪奥的命名像其所描述的作品一样受到万众期待，于是也成了新闻头条和山寨者的素材。迪奥的系列包括曲折系列（Zig-Zag，1948 年）、垂直系列（Vertical，1950 年）、郁金香系列（Tulip，1953 年），以及 1954 年至 1955 年名扬四海的 H 形、A 形和 Y 形系列。1957 年 10 月，迪奥英年早逝，在此之前他推出了收官之作——纺锤系列（Spindle Line）。迪奥设计的定制款服装皆由能工巧匠精心制作。经过复杂的工序，有时甚至是过于精心的设计雕饰，一系列备

136

受瞩目的廓形呈现在世人面前。服装造型的基础支撑了服装的外层，华丽的无肩带晚礼服依赖坚硬的底层结构（带有分层薄纱衬裙）。有了赞助者的财力支持做后盾，加上"新风貌"的一炮而红，迪奥得以抢占先机，他的名字成为20世纪50年代时尚的代名词。

迪奥的设计让女性对浪漫的向往之情、对现实的逃避之心变得更为强烈，而克里斯托巴尔·巴伦西亚加的作品更现代化，同样极具吸引力。巴伦西亚加常被称为"设计师的设计师"。1937年，巴黎世家在巴黎开业，其设计理念非常具有前瞻性，也因此奠定了战后巴伦西亚加在法国高级时装定制领域的卓越地位。作为一名擅长精致剪裁的定制服装大师，巴伦西亚加以对高定服装每个细节的严格把控而著称。他要求面料质地、颜色、裁剪、结构和修整等工作必须完美融合。他设计的服装优雅而又具有戏剧性，尽管剪裁结构复杂却使服装呈现出简洁的外观。作为一位才华横溢的配色师，他将黑色、白色、灰色和充满活力的粉色运用得淋漓尽致。据说，巴伦西亚加对色彩和戏剧性手法的运用源于他骨子里的西班牙特质。毫无疑问，他的灵感源自委拉斯开兹和戈雅（Goya）的画作，以及壮观的斗牛场景、弗拉明戈舞和罗马天主教会的仪式。

其他时装设计师雇用的模特身材纤细似铅笔，但巴伦西亚加并未受此局限，而是选择了相貌更为普通的模特，他的设计能满足不同体形的女性的需要。巴伦西亚加为卡梅尔·斯诺设计的套装被斯诺称为"我们这个时代最伟大的套装"。该套装包括一件衣领张开的半紧身上衣，以及一条直筒形或是由两个或四个略微呈喇叭形的裙片组成的简约款裙子。这款套装后来成为巴黎世家的经典之作，巴黎世家大多数系列中都有以其为蓝本进行改进的服装。巴伦西亚加这位错觉大师还设计了无领领口以便露出锁骨，使脖子显得修长。他偏爱插肩袖，因其便于活动，将其稍稍卷成八分袖可以露出纤细的手腕。他将腰线略微提升，这样可以使穿者显得个子高挑。巴伦西亚加还常把裙子设计得很精巧，裙摆呈喇叭形微微张开。口袋、扣眼和扣件都采用了流线型设计，纯手工精制，以满足巴伦西亚加的严格要求。巴伦西亚加用最精美的中国丝绸做服装衬里以方便穿脱，其设计作品大多包含了奢华的细节，这些细节起到了画龙点睛的作用，例如小巧的摁扣上也会覆以丝绸。巴伦西亚加设计的冬天日装运用了其特别喜爱的海军蓝、灰色或黑色，面料是素色或格子羊毛以及花呢。夏季系列则常采用亚麻面料，颜色通常为蓝色、沙色和橙色。巴伦西亚加设计的引人注目的晚装则大胆运用了非常厚实的纯色重磅丝绸，有时他也会使用厚重的镶饰刺绣制作华丽的晚礼服，其中许多作品的刺绣是委托勒萨日制作的。特殊场合穿的礼服则通常采用黑色或白色蕾丝与素色丝绸结合进行制作。巴伦西亚加不太擅长处理柔垂面料，但他对其他面料的特点都了然于心，能基于其设计理念选出合适的面料并将二者完美结合。

战后的巴黎是时尚圣地。在 20 世纪 30 年代声名鹊起的设计师，包括夏帕瑞丽和莫林诺，都保持住了自己在时尚界的地位。同时，一些有天赋的新人也加入了时尚大家庭。富裕的女性可以从众多才华横溢的时装设计师中进行选择，其中许多设计师是法国高级时装协会的成员，该协会影响力大且是专业的时装组织。1956 年，有 54 家巴黎高级时装公司在该协会注册。整个 20 世纪 50 年代，客户们资金宽裕，这些时装公司为其提供的服装亦无可挑剔。战后，杰奎斯·菲斯成为时尚界的领军人物。菲斯擅长为身材高挑的女性设计服装，其作品大多为纤细修身款：翩翩衣袂，尖尖衣领，只有气质出众的女性才能驾

图 145　巴黎世家于 1960 年推出的一套剪裁考究的单排扣服装，模特左侧臀部系着一条硕大的饰带。模特打扮得精致完美，其摆拍动作是这一时期时尚报道中的典型姿势。

1946—1956 年：女性气质与墨守成规

驭这样的服装。菲斯的作品总是很有力度，他采用超高衣领，大胆运
用斜置的硕大蝴蝶结等不对称元素，达到吸引人眼球的效果。就像全
盛时期的波烈一样，菲斯喜欢化装舞会，并在自己的科贝维尔城堡
举办主题派对，例如"方块舞"、"真人画"和"里约热内卢狂欢节"
等。不幸的是，菲斯在事业巅峰之时被查出患有白血病，于 1954 年
11 月去世。

　　1945 年，皮埃尔·巴尔曼成立了自己的时装工作室，他的设计
以极端女性化、精致繁复而闻名。1952 年至 1957 年间，巴尔曼将自
己的时装系列称为"朱莉夫人"（Jolie Madame，出自《风月俏佳人》
<Pretty Woman>），从而强化了自己的设计风格。与其他顶级时装设
计师一样，巴尔曼拥有一批忠实的客户群体，其中包括皇室成员和电
影明星，例如泰国王后、戴安娜·库珀夫人（Lady Diana Cooper）、
费雯丽和玛琳·黛德丽等。巴尔曼最为擅长的莫过于设计剪裁考究、
细节清晰、棱角分明的日装，但其最出彩的作品仍属光彩夺目的晚
礼服，其中包括常带刺绣的缎面或天鹅绒短款鸡尾酒会礼服，以及
在晚会上穿的紧身上衣搭配刺绣（由赫贝 <Rébé>、勒萨日或杜福尔
<Dufour> 绣制）欧根纱或缎面长裙，这些礼服让人联想起 18 世纪
和 19 世纪最奢华的服装。紧身、垂褶和细褶雪纺连衣裙也很受欢迎。
像许多时装设计师一样，巴尔曼也为电影角色设计服装——1947 年
至 1969 年间，其名下工作室参与了 70 多部电影服装的设计。

　　1954 年，香奈儿重新启动了时装业务，丝毫没有掩饰自己对当时
流行的高度结构化、紧身化衣着品位的厌恶。她对自己的经典款服装
进行重新设计，比如把柔软的开衫套装设计得更现代，然而只有美国
版《时尚》杂志对她的作品青眼有加。几年后，世人才认可其时尚设
计经得住时间的考验，香奈儿得以重返高级时装界。

图 146、图 147（右页左上和左下）　时装照片经常以豪华轿车作背景，以强调高级时装的
奢华特质。左上图：杰奎斯·菲斯于 1954 年设计的一件晚礼服，即深倒褶拖地长裙，巨大
的双色装饰腰带使礼服看起来更具戏剧性。左下图：菲斯于 1953 年设计的高领日装，其款
式格外精致，通过气质超然脱俗的模特进行展示，最大限度地体现了菲斯作品的特点。这
种略显傲慢的姿态是 20 世纪 50 年代模特拍照时的一大特色。
图 148（右页右上）　巴尔曼喜欢用昂贵的毛皮（比如豹皮）来制作配饰（尤其是皮手筒和
帽子），也喜欢用它来做剪裁精致的套装。这张照片拍摄于 1954 年，模特身穿巴尔曼设计的
服装在巴黎一家小酒馆摆出些傲慢的姿势，照片中的路人显得十分好奇。
图 149（右页右下）　巴尔曼设计的大裙摆晚礼服结构复杂，堪称杰作，该款式上身通常为
无比紧身、撑条坚硬的无肩带紧身胸衣，尽可能地把昂贵珠宝展现给世人。这张照片拍摄于
1955 年，那把精致的折扇烘托出巴尔曼专属的浪漫氛围。

图 150　1954 年 2 月，香奈儿复出前夕站在位于巴黎康邦街 31 号的总部的镜面楼梯上，罗伯特·杜瓦诺（Robert Doisneau）为其拍摄了这张照片。香奈儿衣着考究，上身为黑色短外套，有胸针点缀，内搭白色衬衫，下裙裙摆微微展开，而她本人设计的人造珠宝为这身造型添彩不少。

　　虽然只有富豪精英才可拥有巴黎品牌的高定时装，但是巴黎每季的设计都传播甚广，传播速度很快。质量上乘的巴黎仿品仅次于正品定制。买家若同意购买印花棉布并预先支付费用，便可以获得入场券参加高定系列发布会，有权选择设计款式并将其投入生产。美国人是主要的客户群体。在美国，人们可以从亨利·班德尔和马歇尔·菲尔德（Marshall Field）那里买到高质量仿品，英国则有伦勃朗销售精美的巴黎仿品。法国高级时装协会负责制定时装秀的时间表，并通过严格的规定对秀场款服装的宣传和仿制进行管理。与会人员不得以摄影和速写的方式进行记录。设计师和时尚杂志记者在回忆录中都提到对这一时代时尚界的独到见解，他们都表示服装业的间谍技术没有改变。与过去一样，高级时装发布会被秘密记录且时装草图被秘密绘制出来，间谍们过目不忘的本领是他们天大的财富，盗版及仿品在所难免。与会人员离场后，官方媒体可以公布选定服装的照片和图纸，但要附上使用说明和发布日期（通常在时装秀后一个月内）。若与会人员无视这些规定，就意味着他们要被逐出新品系列发布会。在较低端市场，大众服装制造商则依靠各种资料来源，包括越来越多的预测流行风向的时尚杂志。时尚杂志向国际读者转播巴黎时装系列的亮点，即使是最普通的英国家庭主妇杂志也有自己的时尚专栏。编辑们鼓动读者要拥有最新款的巴黎时装，这成功激发了读者对时装的兴趣，即便新品系列半年才出一次。手工缝制服装的传统依然盛行，麦考尔、巴特克里克（Buttcrick）和简易（Simplicity）等图样制造商每年都要更新两次产品系列。《时尚》杂志的图样专栏提供最前卫的设计，并继续出品昂贵的巴黎时装系列图样。

　　二战后，英国的形势不利于时尚业的大规模发展。配给制的限制政策一直实施到 1949 年，"实用服装计划"直至 1952 年才退出历史舞台。1946 年 9 月，为了改善出口贸易，鼓励士气和"优秀的"设计，英国工业设计委员会（Council for Industrial Design）在维多利亚和阿尔伯特博物馆组织了名为"英国能行！"（Britain Can Make It）的英国产品展览会。展会吸引了大批渴望购买新商品的潜在消费者，但由于展出的大多数产品是样品或标明"仅供出口"，很快这场展会就被人们戏谑为"英国不行！"（Britain Can't Have It）。著名时尚记者欧内斯廷·卡特（Ernestine Carter）、安妮·斯科特·詹姆斯

图 151　香奈儿仍然忠实于自己设计的开衫套装，这一款式在 20 世纪 20 年代大获成功。20 世纪 50 年代末的这一版本以简洁为特色，将无领直线型对襟系扣外套和修身裙完美结合在一起。

（Anne Scott James）和奥黛丽·威瑟斯（Audrey Withers）都是时尚与配饰委员会的成员。时装展会的大厅是一个白色的展示塔，展示了15 位伦敦顶级设计师的作品。这 15 位设计师主要是成立于 1942 年的伦敦时装设计师协会的成员，他们鼓励投资，并努力为时装设计师创设一个官方机构。该协会希望维护设计师的共同利益，让英国的高质量产品受到国际关注。尽管伦敦时装设计师协会无法与久负盛名且受到政府支持的法国时装组织匹敌，但它在 20 世纪 50 年代表现出了强劲势头。伦敦时装设计师协会的成员都是来自英格兰和爱尔兰的设计师中的精英，包括赫迪·雅曼、诺曼·哈特内尔、爱德华·莫林诺、迪格比·莫顿、维克多·斯蒂贝尔、彼得·罗素、比安卡·莫斯卡、约翰·卡瓦纳（John Cavanagh）和迈克尔·谢拉德（Michael Sherard）等。他们共同努力，重新激发了人们对英国时尚的兴趣，并吸引买家前来参加在巴黎时装秀之前举行的伦敦时装秀。

143 　　英国王室时尚意识虽不够强烈，但只要王室成员现身时尚活动，对于品牌方来说就如同获得王室授权一样是一笔巨大的财富。战后，王室成员和圈内贵族助推了两大时装品牌——诺曼·哈特内尔和赫迪·雅曼。1947 年，伊丽莎白公主的婚礼引起了媒体的广泛关注，

图 152　霍罗克斯（Horrockses）时装公司推出的纯棉连衣裙是典型的英国风格，其颜色明艳轻快、简单清新，传递了一种乐观的态度。20 世纪 50 年代中期，女性总是穿着紧身上衣和大裙摆的束腰裙。图中的花条纹设计是 1957 年春夏款。

图 153　英国社交场合的服装经常出现在时尚杂志上。英国顶级模特芭芭拉·戈伦展示了哈维·尼克斯（Harvey Nichols）推出的配饰。1945 年，这些配饰被推荐给英国皇家阿斯科特赛马会（Ascot）。图中展示了装饰着卷曲的鸵鸟羽毛的帽子，搭配深蓝色或黑色的罗缎鞋、手袋和麂皮手套。

并引发了时尚圈内的抢购热潮。公主的刺绣礼服由诺曼·哈特内尔设计，需要用 100 张配给券。这件婚纱备受欢迎，第七大道的仿制商店也极其高效，公主婚礼的八周前仿品就已经准备就绪，不过为了维持和谐的国际关系，直到公主婚礼当天商家才将仿品上市销售。整个 20 世纪 50 年代，哈特内尔为王太后和女王伊丽莎白二世设计了多款盛装国服。1953 年，他为女王设计了华丽的刺绣加冕礼服，数以百万计的观众第一时间在电视上观赏了这件礼服。这些官方礼服的设计非常华贵，且有意脱离当时的时尚风格。

1947 年王室恢复了各类活动，这标志着盛大社交活动和"社交季"的回归，其中包括典型的英国活动，例如阿斯科特赛马会和亨利帆船赛。所有这些场合都要求参与者着装得体，这意味着以伦敦为主要基地的各种时装制造商、裁缝和零售商将迎来盈门的顾客。

赫迪·雅曼在当时的英国高级时装界扮演着核心角色。在拉沙斯接受培训后，1946 年雅曼在萨维尔街开设了自己的高级定制时装店，在 40 年代末和整个 50 年代，他设计的定制款时装既有城市日常装，也有周末乡村度假装。雅曼的成名作还有晚礼服以及在社交舞会和宫廷演讲等特殊场合穿的礼服。雅曼为年轻女性设计的晚装款式采用柔韧且合身的紧身胸衣，这类胸衣或无肩带，或采用细肩带。裙子由薄纱或欧根纱制成，蓬松轻薄，裙子上的刺绣光彩夺目。雅曼为成熟客户设计的礼服在款式上相似，通常使用厚缎或罗纹丝绸，裙摆有刺绣。1950 年，伊丽莎白公主前往加拿大进行国事访问，她所穿服

图154 1947年11月20日，伊丽莎白公主与皇家海军中尉菲利普·蒙巴顿（Lieutenant Philip Mountbatten）完婚，诺曼·哈特内尔为公主设计了这款白色刺绣缎面婚纱。哈特内尔的工作室花了将近3个月的时间才完成这一极能彰显浪漫的作品，婚纱采用心形领口、喇叭裙和拖地长裙裙设计。

图155（右页左图） 由赫迪·雅曼设计的黑色丝绸裙，其剪裁十分精致，搭配飞碟帽、手套和宫廷鞋，珍珠耳环和项链的搭配更是锦上添花。由阿舍尔拍摄于1954年。

图156（右页右图） 爱德华·莫林诺于1946年设计的这款套装，标志着战时实用服装风格向"新风貌"华丽风格的过渡。这款套装采用了战争年代的经典短裙，外套以收腰和柔和的线条为特色，预示着1947年的"新风貌"时装革命。

装便是由雅曼设计。20世纪50年代初，雅曼意识到，有必要满足那些无力承担高定时装却有品鉴能力的顾客，于是便创立了一家成衣精品店。

　　查尔斯·克雷德曾在巴黎的多家著名时装设计公司工作，战争爆发时他从巴黎返回伦敦，战争结束后他开始了自己的时尚事业。作为一名卓越的裁缝，克雷德专注于制作优雅、剪裁精致的外套和西装，为略显古板的英国时尚界注入了一股相对大胆的精神力量。虽然维克多·斯蒂贝尔、爱德华·莫林诺、约翰·卡瓦纳和迪格比·莫顿都有过前卫活泼风格的设计，但他们闻名于世的还是高质量、有品位的经典款服装。

　　在意大利，时尚新秀正在崛起。战后，一群大多是贵族的设计师成为重要的时尚引领者，他们用色彩鲜艳、图案大胆、具有活力和青春气息的吸引力的服装表达出高度个性化的主张。这些设计师擅长假日服装和运动服装的设计，其作品声名远扬，吸引了许多美国买家。其中一位设计师西蒙内塔（Simonetta）于1946年创立了自己的品牌，以年轻时尚的系列闻名。西蒙内塔嫁给了擅长流线型剪裁的时装设计师阿尔贝托·法比亚尼（Alberto Fabiani），在20世纪50年代，这对夫妇分别展示了各自设计的服装，实现了事业爱情双丰收。

　　1951年，时装企业家乔瓦尼·巴蒂斯塔·乔尔吉尼（Giovanni Battista Giorgini）在佛罗伦萨的托里贾尼别墅（Villa Torregani）举办了一场团体秀，庆祝意大利设计师的崛起。来自罗马和米兰的10名顶级设计师以及4家精品店参加了此次活动。乔尔吉尼邀请了美国买家，《生活》（Life）杂志公开宣称这次活动是对巴黎时尚的挑战。此后，该团体秀每半年举办一次，1952至1953年度秀场更是转移到皮蒂宫，意大利自此成为国际时尚圈中的一员，地位牢不可撼。1951年，21岁的罗贝托·卡普奇（Roberto Capucci）带着一系列杰出作品首次亮相，他的设计理念是将建筑和几何概念转化为可穿戴的服装。那不勒斯的贵族埃米利奥·璞琪（Emilio Pucci）的作品则呈现不同的风格，他设计的运动服装和休闲服装能凸显运动时的身材线条，其采用的丝绸面料色彩明亮且印有旋涡图案，独具一格，这些都吸引了人们的目光。璞琪设计

的长裤和衬衫套装成为时尚人士度假时的明智之选，享誉国际。

巴黎重新成为全球高级定制时装的领导者，而美国自诩其成衣生产效率最高。美国的生产线、研发部门和零售等环节相对而言没有受到战争的影响，也因此恢复了精简运营、有所赢利的状态。人们对质量而非款式的需求确保了行业的稳定和繁荣。在 20 世纪 40 年代末和整个 50 年代，美国公司欢迎欧洲同行和潜在竞争对手前来研究它们的先进系统。美国服装行业接受了全面的审查：1947 年一份详细的分析报告发布；1956 年美国劳工部专门为欧洲的生产经理编写了一份关于女装生产的报告。

虽然美国媒体和买家热切地重返巴黎，但他们也没有忽视国内人才。相反，美国设计师发现自己正处于聚光灯下，他们有着创新的方法，加上国家提供生产制造技术，这些有利条件确保了纽约第七大道继续成为时装界的主要力量。在这样一个庞大的国家，时尚业不可能只有一个中心，许多地方性时尚中心正蓬勃发展。得克萨斯州的达拉斯、佛罗里达州的多个城市和加利福尼亚州的洛杉矶专门生产沙滩装和运动服装，芝加哥和纽约则生产各式各样的服装。邮购目录主要为优质成衣做广告。每个工作日，仙童出版公司（Fairchild Publications）旗下颇有影响力的报纸《女装日报》（*Women's Wear Daily*）都会为整个行业带来全球时尚资讯。美国设计师对本国市场有着独到的理解，他们有意识地抵制吸引力强大的巴黎时装。尽管光鲜的时尚杂志仍旧报道巴黎的时装系列并拍摄巴黎最好的时装，但媒体还会报道美国的时装设计，从而使双方势均力敌。相对富裕、时髦的美国人在时装上的花费毫不吝啬，促进了贸易的发展。美国制造商也瞄准了青少年市场，专门为这一年龄段的人群生产"青春风格"（young look）的服装。

147

在高级时装圈，20 世纪 40 年代或之前成立时装公司的设计师们继续服务于富豪顾客，其中主要的设计师有纽约的诺曼·诺瑞尔、梅因波彻、海蒂·卡内基和宝丽娜·特里格尔以及加州的前好莱坞服装设计师艾德里安、霍华德·格里尔（Howard Greer）和艾琳（Irene）。1939 年，喜欢标新立异的查尔斯·詹姆斯回到纽约，继续为忠实的客户提供基于印花布的创新设计，用奢华的面料制作非凡的服装，其客户包括威廉·伦道夫·赫斯特夫人（Mrs William Randolph Hearst）、威廉·S. 佩利夫人（Mrs William S. Paley）和科尼利厄斯·

范德比尔特·惠特尼夫人（Mrs Cornelius Vanderbilt Whitney）等。这些夫人能够接纳詹姆斯古怪的创意，因为她们知道，詹姆斯设计的服装可以让自己在任何场合都成为人群的焦点。詹姆斯的晚装设计巧妙运用量感的对比，通常是用极其夸张的紧身胸衣搭配完美对称的、色彩澄亮的厚重缎子裙，这种搭配很有挑战性。1953年，他设计了一件黑白相间的"四叶草"舞会礼服，也称作"抽象画"礼服，该礼服被一些人认为是詹姆斯设计的最惊艳的礼服。虽然他设计的日装面料都是非常实用的法兰绒和粗花呢，但其裁剪版型不走寻常路，比如1949年的"茧型"（Cocoon）大衣、1954年的"哥特风"（Gothic）大衣和1955年的"宝塔型"（Pagoda）套装等。1945年，詹姆斯在麦迪逊大道开了一家定制服装店，并在20世纪50年代中期涉足批发制造业。不过，经商方面他并不在行，最终于1958年公司破产后退休。尽管詹姆斯的职业生涯相当不稳定，但他还是受到了业内同行的高度赞赏：巴伦西亚加称他是唯一"将高定时装从一种实用艺术形式提升到了纯粹艺术形式"的时装设计师。

148

克莱尔·麦卡德尔和诺曼·诺瑞尔的设计突显了战后美国服装业的两种风潮：第一种是完全美国式的；第二种则融合了巴黎高定风格。

图157　1946年2月1日美国版《时尚》杂志中，约翰·罗林斯（John Rawlings）为"库欣三姐妹"中的芭芭拉·"贝比"·库欣·莫蒂默·佩利（Barbara "Babe" Cushing Mortimer Paley）拍摄的照片。佩利是美国名媛和上流社会交际花，常穿巴黎世家、华伦天奴和纪梵希等品牌的高级时装。她于1938年结婚，婚前曾在美国版《时尚》杂志担任时尚编辑。

作为汤利公司的设计师，麦卡德尔因创新能力强而备受尊敬。她擅长设计实用且优雅的日装和运动装成衣，此类服装价格合理，无须定制。她使用朴素的面料，尤其是棉质和羊毛平纹针织面料，并且避免使用装饰性设计和装饰性物件。她的设计经典、有力度，款式简约且实用。20世纪50年代，她将40年代所引入的主题加以延伸，设计出可配腰带的直筒连衣裙、配休闲短裤的短款吊带上衣，以及搭配圆形喇叭裙的色彩鲜艳的仿男式女衬衫。1958年，麦卡德尔身患癌症，她的设计工作由此中断，但她为活泼的美国女性设计出了她们理想中丰富多彩的服装款式。

　　虽然麦卡德尔和诺瑞尔有着不同的创作理念，但他们都为海蒂·卡

图 158（左页） 查尔斯·詹姆斯以其华丽的舞会礼服而闻名。1953 年他受托，为小威廉·伦道夫·赫斯特夫人设计的"四叶草"礼服样式华丽，令人惊叹，这身礼服是赫斯特夫人为出席艾森豪威尔总统的就职舞会而准备的。之后，詹姆斯又复刻出了众多版本。图中这款面料是奶油色公爵缎面料搭配黑色天鹅绒。复杂结构的下裙根据 30 种样板片构思而成，为亮面绸缎和天鹅绒的大裙摆提供了支撑的框架。
图 159、图 160（右） 1958年克莱尔·麦卡德尔英年早逝。整个 20 世纪 40 年代，直至其去世前，麦卡德尔一直在为汤利公司设计将优雅和实用结合在一起的休闲服装和活动服装。她喜欢让简单的设计变得富有生气，比如将易穿脱的沉肩袖衬衫裙搭配样式别致的腰带（上图）、把严肃的条格衫设计成迷人的泳衣（下图）。

内基设计过作品。诺瑞尔和卡内基一起参观巴黎时装发布会后，便和法国高定时装结下了缘分。1940年，诺瑞尔离开卡内基，次年加入制造商安东尼·特莱纳（Anthony Traina）。整个20世纪50年代，诺瑞尔都在为富足的女性提供设计昂贵成衣的服务，这些成衣在艺术上独立于巴黎，却利用了法国高级定制传统的技术，与法国高定一样别致。1952年，诺瑞尔宣称"我不喜欢任何设计过度的东西"，而且为了忠于这一信条，他设计的日装都以线条简约且装饰精简为特点。他常常回归到自己最喜欢的款式，比如优雅低调的羊毛针织连衣裙、剪裁考究的套装，以及他擅长的朴素厚呢"小大衣"（little overcoats）。他喜欢简约风格，例如采用朴素的领部设计或不加装饰的圆领口，简单的半高跟鞋，条纹、格子或斑点等而非花哨的花朵图案。夏季，诺瑞尔特别喜欢整洁的海军蓝和白色水手装。虽然为了满足顾客的需求，他设计了极具浪漫色彩的晚礼服，但他最擅长的是简洁的设计，比如著名的"美人鱼"礼服，整个裙面上装饰以好似鱼鳞般闪闪发光的亮片。为使整个设计更有一种浑然天成的感觉，他邀请的模特具有比肩首席芭蕾舞演员的容貌、仪态和妆扮。

当女性时装界还沉浸在迪奥"新风貌"中时，退役的男性要么重拾战前的服装款式，要么（比如在英国）穿上了毫无吸引力的复员西装。随着经济环境不断变化，人们的购买力逐渐增强，男装行业做

图161 诺曼·诺瑞尔的标志性设计，修身的修米兹连衣裙搭配简单纤细的打结腰带，布满水晶珠的刺绣魅力四射。诺瑞尔逐渐形成了这种优雅、精致的造型，1950年他为特莱纳－诺瑞尔设计了这条裙子。

出了应对，一改此前的低迷。英国的阶级划分一如既往地僵化。只要有配给券，绅士们就会光顾萨维尔街及其周边地区购买定制服装和配饰，而不那么富裕的人则会在塞西尔·吉（Cecil Gee）和伯顿等男装连锁店以及百货公司购买成衣。国外富有的客户又回到了伦敦的裁缝店，其中包括吉凡克斯、亨利·普尔、安德森与谢泼德（Anderson & Sheppard）等店铺。人们认为过于关注着装的男人不具备男子气概，这样的刻板印象使得男装设计持续保守。男装的颜色往往很单调，晚装局限于黑色，日装则为灰色、海军蓝和黑色，不过在运动服装和休闲服装上使用柔和的颜色也被接受。大多数受人尊敬的工薪男性穿着不会出错的基本款式，以此表明其社会地位和可靠的人品。工作装需要裁剪得体，通常是细条纹西装，配上常规的饰品，外穿一件大衣，配一顶圆顶礼帽；休闲西装适合半正式的场合；晚礼服则会包括一套燕尾服；如果要参加体育运动，从头到脚穿搭正确至关重要。英国行业杂志《服装定制与剪裁》记录了每周的男装发展状况，并预测未来流行趋势，其还在 20 世纪 40 年代末和 50 年代派出"漫游"（wandering）摄影师，分别捕捉穿着考究和不太考究的英国男性在工作和娱乐时的着装情景。传统的男性服装只允许在细节上做出最微小的改变，因此更宽更长的翻领、略微倾斜的口袋以及翻边的长度成为值得模仿的关键特征。

战争刚刚结束，一群优雅的绅士（其中一些是前皇家近卫队军官）开始把自己的衣服设计成爱德华时代的风格。虽然这种倾向带有花花公子的意味，但保守的建制派对其大加称赞，因为这种装扮体现了典型的英伦风，使穿者看上去更像上流阶层人士，事实上这种衣着更像是军官们的便服。新爱德华时期的穿着包括一件修长的斜肩单排扣（纽扣位置较高）上衣、一条通常裤脚无翻边的修身长裤、一件设计精巧的背心，以及一件合身的切斯特菲尔德丝绒软领长大衣。整套造型还包括一顶圆顶礼帽、一把折叠雨伞或一根银顶手杖，还有一双亮面牛津鞋。

这种（像迪奥的"新风貌"一样）以历史服装为基础的精致风格，与战后的美国男装风格形成了鲜明的对比。英国人发现自己很难接受来自美国的主流服装，也许是因为美国服装偏休闲风，比欧洲服装更宽松、更张扬。1948 年，美国定制裁缝基金会（America's Custom Tailor's

Foundation）计划增加国际销售额，并吸引欧洲的能工巧匠们到美国工作，这一计划得到国内的支持，一系列组织有序的包括男装秀和媒体报道等的宣传活动得以展开。英国人有时对美国人的形象持一种鄙夷的态度，这种形象曾被男性杂志《时尚先生》（*Esquire*）描述为"明显的男性优势形象"。美国人推销其产品时的过度自信，使英国人心里很难接受。尽管美国男装的组成部分与欧洲各国一样，但各国的服装设计款式和尺码截然不同。美国的外套翻领宽大、四四方方、剪裁宽松，长裤裤腿较宽。美国人穿着这种衣服时往往带一种发自内心的自信，欧洲人则与之大相径庭。伦敦人戴洪堡毡帽通常会让帽檐平直或向下倾斜，而在纽约人们会使帽檐翘起，更显时髦。美国退伍军人热衷于保留军服的最佳元素，因其既舒适又实用，于是业内设计师立即将其改为休闲款宽松长裤和套头衫。《时尚先生》捕捉到了美国男装的变幻莫测，将前卫的现代高管们的理想化生活方式呈现给读者——他们的穿着散发出成功的气息。

　　战后法国和意大利的男装生产得以复兴，最初设计师们都是从英式剪裁和美式风格中汲取灵感，但到了 20 世纪 40 年代后期，出现了专门为满足国内市场需求而设计的系列。意大利人习惯当地裁缝的制作工艺，领先的男装公司分布在罗马、那不勒斯和米兰等地。20 世纪 50 年代中期，轻便的意大利西装、短款大衣和机车外套最受欢迎。事实也证明这些款式发挥了巨大影响力，尤其在美国和英国，它们作为前卫的"欧陆"风格十分畅销。在最典型的情况下，上衣为短而合身的单排扣夹克，窄翻领且前襟略微带弧度、呈圆形；裤子呈锥形，没有翻边，搭配窄款尖头鞋。正如新爱德华时期的造型一样，这些意大利舶来品对亚文化青年的风格产生了巨大的影响。20 世纪 50 年代初，男性时装秀登场，一年一度的世界裁缝大会（World Congress for Tailors）等国际论坛让专业人士得以面对面地交流。总之，这一时期的人们接受了设计上的不拘小节。虽然西装仍然是白领人士的必备着装，但他们依然可以在下班时间穿着放松身心的休闲裤和开衫。敢于冒险的人甚至会在夏天穿美式直筒休闲衬衫。

　　随着主流时尚的蓬勃发展，一群年轻人被共同的意识形态和热爱（从流行音乐到摩托车）吸引到了一起，形成了他们特有的非传统风格。欧洲和美国出现了反建制的年轻人，但景象不同。具有讽刺意味的是，尽管这些叛逆群体反对时尚，但他们同时发展壮大了非传统风格的视觉特征以及"制服"文化，这在当时是强有力的风格声明，并且在之后的几年里，非传统风格甚至影响到顶级时尚。不愿意循规蹈矩的年轻人拒绝接受父母一代严明的纪律，他们邋遢且不修边幅。美国"垮掉的一代"模仿杰克·凯鲁亚克（Jack Kerouac），穿着斜纹裤和空军飞行员夹克。在巴黎的地下室酒吧里，受到存在主义启发的年轻人用黑色的外衣来表达他们的肃穆。女人们喜欢在裙子或紧身裤外面搭配宽松的毛衣，而男人们喜欢套头衫和灯芯绒裤子。20世纪50年代，英国"垮掉的一代"（Beatnik）糅合了美国"垮掉的一代"和左岸存在主义的形象，"垮掉的一代"的年轻女性穿着邋遢的针织衫和短款紧身牛仔裤，搭配平底鞋、凉鞋或不穿鞋。在英国，新爱德华时期风格的服装在以前只有精英群体会穿，且服装皆出自萨维尔街的裁缝之手。1951年，成衣界也采用了这种风格，一年后这种风格以更活泼、华丽的形式出现在伦敦东区。在伦敦东区，被称为"泰迪男孩"（Teddy Boys）的街头年轻男子重新设计了这种风格，加入了长款夹克阻特装（松垮的长款上衣）、美国牛仔装（窄领带）和以埃尔维斯·普雷斯利（Elvis Presley）为代表的摇滚风格着装的元素。新爱德华时期的亮面牛津鞋被绉胶底鞋（绒面革厚软底鞋）所取代。男士使用Brylcreem品牌的发蜡固定大背头发型，从而进一步彰显风格归属感。到了20世纪50年代中期，另一种亚文化也在英国崭露头角。1954年，马龙·白兰度（Marlon Brando）主演的电影《飞车党》（The Wild One）上映，此后，摩托车手俱乐部开始形成。俱乐部成员被称为"飞驰男孩"（Ton-Up Boys），他们硬朗的造型正是在模仿白兰度身穿黑色皮夹克。这些少数的亚文化群体虽然挑战了主流时尚的权威，但仍然处于边缘位置，他们也从未强大到足以颠覆时尚发展进程的地步。

　　战后，内衣的生产量急剧增加。合成纤维"尼龙"的出现为内衣生产带来变革。自1938年杜邦公司将其推出以来，尼龙在英国一直仅限于战争相关的应用。当尼龙被引入一般市场时，制造商将其与弹性嵌条和装饰性镶嵌织物片结合起来，生产出美观漂亮的内衣。尼龙具有速干、轻便的特点，但缺点在于洗涤后会变硬、变黄或变灰。实用的战时内衣逐渐被精致的内衣所取代，例如英美合资的凯瑟·邦德（Kayser Bondor）这样的大公司大力展开广告宣传活动。成熟的女性仍然热衷有鲸骨支撑、用蕾丝带系紧或用暗钩扣固牢的紧身胸衣，新一代则穿着简洁的后扣吊袜带或更轻便的束腹紧身裤。除了紧固长筒袜之外，束腹紧身裤还能让腹部和臀部变得平坦，从而塑造纤细线条（20世纪50年代穿紧身连衣裙和修长定制套装所必需的身材）。

时尚领袖们强迫自己穿着8英寸宽、带鲸骨撑条的束腰紧身胸衣。尼龙丝袜越来越普及，最受欢迎的颜色是肉色或棕褐色；虽然制造商推出彩色系列，但未能大获成功。为了塑造当时流行的挺拔、外扩、尖头的胸型，胸罩用锥形罩杯（有时加衬垫）制成，并通过机器缝合的同心圆来保持挺拔，先天胸型较差者则会往胸罩里填充海绵乳胶制成的胸垫。有些女性习惯在无肩带连衣裙里穿由撑条支撑的长线胸罩。

战后，化妆品领域不断扩张，海伦娜·鲁宾斯坦（Helena Rubinstein）、Gala、伊丽莎白·雅顿（Elizabeth Arden）和露华浓（Revlon）等公司推出了大量新产品。20世纪40年代后期，唇部是最重要的化妆部位，深红色唇膏被美容专栏作家所推崇；20世纪40年代末，化妆重

图示162、图163　青少年的穿搭。左图拍摄于1954年11月1日伦敦服装博览会的预展上，展览展出了常规的年轻款式服装。图中男孩的单排扣西装由涤纶制成，女孩脚穿白色短袜、芭蕾款平底鞋，身穿一件尼龙斑点派对礼服和芙琳（Furleen）披肩，看上去像是美国青年。右图同样是在1954年的伦敦，拍摄于托特纳姆的麦加舞厅外，图中男孩的造型并不传统，他身穿长款垂褶上衣和直筒裤，"泰迪男孩"是英国战后第一个亚文化风格。

点转移到了眼部。在巴黎左岸，歌手朱丽叶·格列柯（Juliette Greco）用她那深情迷人的双眸引领了这一潮流。她用眼影笔将眼睛周围涂成黑色，并在外眼角处向上画延伸线条。眼部化妆品销量由此直线上升。十几岁的女孩走出校园后毫不避讳地使用化妆品。化妆品公司意识到这个新兴市场的价值，投入大量广告宣传新品。露华浓凭借其在纽约的优势地位，在时尚杂志上推出了豪华跨页彩色宣传图片，宣布每半年发布一次的"不沾杯"口红和配套的"不掉片"指甲油，其口

图 164　1954 年的另一个反建制派标志造型：马龙·白兰度在《飞车党》中饰演约翰尼（Johnny）时穿着黑色机车手皮夹克。

This delicate complexion glamour can be *Yours*...the moment you apply

Max Factor's creamy

Pan-Stik Make-Up

图 165（左） 商家开始邀请名人为化妆品、香水和服装做广告。1954 年，好莱坞明星安·布莱思（Ann Blyth）为蜜丝佛陀化妆品公司代言一种固体粉底 Pan-Stik。这种产品在 20 世纪 50 年代非常受欢迎，但其效果与 20 世纪 60 年代末发展起来的淡妆相比，略显厚重。

图 166（右页） 苏齐·帕克（Suzy Parker）为一件刺绣薄纱晚礼服做试穿模特，这件晚礼服是由吉尔伯特·艾德里安于 1950 年前后设计的。苏齐·帕克抬起手臂调整耳环，露出腋下。这一不同寻常的姿势将这一无肩带的大裙摆礼服展现得淋漓尽致。

红色号多种多样，可供挑选。广告文案还为露华浓产品定制了朗朗上口的名字，包括"雪中樱桃"、"偏爱那抹红"、"钻石女王"和"红丝带"等。除了口红和指甲油，还有面霜、润肤霜和洗面奶等多款产品。当时人们爱涂一层面具般的厚厚的粉底，比如用蜜丝佛陀的全遮瑕粉底 Pan-Stik，这样化妆才称得上时髦。

这种难度较大的彩妆还须由专业的时装模特来推广和普及，模特们凭借自己的能力一举成名。杂志照片上，英国的芭芭拉·戈伦（Barbara Goalen）和安妮·甘宁（Anne Gunning）表情高傲，双目凝视。美国形象设计师把红头发的苏齐·帕克塑造成时尚偶像，贝蒂娜（Bettina）则作为法国 20 世纪 50 年代的头号模特声名鹊起。顶级时装设计师雇用了他们最喜欢的模特，因为这些模特能够理解他们的设计作品，并能在 T 台上赋予设计师的作品以生命力。他们的目标是从头到脚都要保持完美形象——必须打扮得干干净净，穿戴得

157

158

整整齐齐，但这需要花费大量的时间和精力。美女们会把头发梳成发髻，不过在法国，身为电影演员和舞蹈演员的姬姬·让梅尔（Zizi Jeanmaire）梳着男孩子的短发（在英国称为"顽童头"），后来这种发型成为潮流。这时的女性终于有时间尽情享受美容美发的乐趣。美发师受到明星的青睐，并开始在国际舞台上展示他们的艺术造诣。伦敦发型师雷蒙德（Raymond）经常登上新闻，而安东尼（Antoine）作为巴黎和纽约的富豪名流的理发师同样颇有名气。大众喜爱看电影，他们心目中的 20 世纪四五十年代好莱坞电影明星的形象各有千秋——从邻家女孩多丽丝·戴（Doris Day）到身材曼妙的女神简·罗

素（Jane Russell）、玛丽莲·梦露（Marilyn Monroe）、吉娜·洛洛布
丽吉特（Gina Lollobrigida）和伊丽莎白·泰勒（Elizabeth Taylor）等。
高贵优雅的格蕾丝·凯利（Grace Kelly）和小巧玲珑的奥黛丽·赫本
（Audrey Hepburn）定义了不同的美。1957年，碧姬·芭铎（Brigitte
Bardot）在《上帝创造女人》（*And God Created Woman*）中亮相，掀
起了一股性感前卫的风潮。

　　人们标榜"衣着讲究"，认为每套服装选择合适的配饰至关重
要。时尚杂志通常建议鞋子、手袋、帽子和手套应该呼应。腰带是很
受欢迎的配饰，可以使人显得腰身纤细，其款式从带连扣的紧身带到
小山羊皮腰带，应有尽有。时髦的女性必备手套和帽子，所以女帽商
的生意十分兴隆。最具创意的季节性产品包括宽边圆顶女帽、飞碟帽
以及晚礼服小帽。在法国，光顾波莱特（Paulette）、克劳德·圣西尔
（Claude Saint-Cyr）和斯文（Svend）的门店就是赶时髦。在伦敦，奥
格·塔鲁普（Aage Thaarup）、西蒙娜·米尔曼（Simone Mirman）和
奥托·卢卡斯（Otto Lucas）的名字广为传播，而在阿斯科特赛马会
的女士日，人们仍保留着佩戴阿斯科特帽的传统，佩戴者通常十分

图167　20世纪40年代末
期，巴黎女帽设计师克劳
德·圣西尔设计了这种宽
边、小角度的三角形帽子，
俗称斗笠帽，并在上面装饰
了一个巨大的蝴蝶结，长帽
针和弹性帽架可以将这样的
大帽子固定在头上。

图 168 女帽设计师西蒙娜·米尔曼出生于法国，定居在伦敦，为王室和上流社会设计创意十足、颇有意趣的帽子。这顶 1952 年春季款名为"地平线"（Horizon）的帽子有一个像无边便帽一样的小头冠和一个巨大的透明帽檐。

抢眼。在美国，女帽设计师莉莉·达奇继续生产自己的定制女帽。意大利的工匠们则制作顶级的皮革制品，例如鞋靴等。一向独具匠心且富于实验精神的萨尔瓦多·菲拉格慕引入钢筋材料，细高跟鞋由此诞生。在法国，查尔斯·卓丹（Charles Jourdan）和罗杰·维维亚以设计奢侈品鞋履而著称。伦敦品牌 Lobb 以世界上最好的手工男鞋而闻名，雷恩（Rayne）则设计质量上乘的成品女鞋，款式相当新颖。每个时尚中心都有其对应的配饰供应商和缝纫用品供应商，他们为设计师和制造商供货。20 世纪 50 年代中期，为成熟客户设计的优雅风格服装仍然占据主导地位，但是变化正在发生。年轻人的力量很快将给时装设计和时装零售业带来重大且不可逆转的变化。

第六章
1957—1967 年：
财富与青少年的挑战

　　到了 1957 年，欧洲已经走出战后物资匮乏的困境。相关统计数据显示，在大西洋两岸，人们拥有更多的可支配收入，青少年消费市场也随之呈现持续增长的态势，这对时装的生产和销售都产生了巨大的影响。经济的日益繁荣催生了 20 世纪 60 年代的一次性消费社会，潮流的快速更迭成为常态，衣服在半新时就会被扔掉，大众突然开始向往年轻的形象。跨越大西洋的直达航班缩短了美国与欧洲的距离，随之出现了乘坐喷气客机到处旅游的富豪一族（Jet Set），他们推动了时尚潮流的快速传播。

　　到 20 世纪 60 年代中期，伦敦的一群才华横溢的设计师取代了巴黎的时装设计师的地位，成为国际时尚发展的引领者。最明显的变化是，时尚前沿的目光开始落在街头普通的男女青年身上，而不再只是少数富人、精英身上。工业化制衣的快速发展，以及皮尔·卡丹（Pierre Cardin）、安德烈·库雷热（André Courrèges）和伊曼纽尔·恩加罗（Emanuel Ungaro）等人推动的未来主义风格创新，还有伊夫·圣罗兰打破常规的设计，才使巴黎在时尚界的超然地位免受威胁。

　　迷你裙是 20 世纪 60 年代最具代表性的服装，与少女妆、几何发型、罗纹紧身毛衣一起霸占时尚界多年，直到 1967 年前后才出现风格变化。但事实上，迷你裙直到 1965 年才开始大范围流行，而从 1957 年到 60 年代初的主流时尚仍然以成熟男女的优雅着装和传统风格为主。在这一时期，尽管英国已经开启了时尚向普通大众转变的进程，但巴黎仍然是国际时尚的中心，诸如莲娜·丽姿、格雷夫人和帕图等知名时尚品牌继续为富人提供制作精良的服装，竭力维护设计大师的高标准和尊严，回避任何颠覆性的风格转变。然而，高定服装的设计和制作需要大量的人工，随着人工成本的上升和客户群体的萎缩，高定业务不可避免地出现下滑。为求生存，高定时装公司开始扩大成衣业务，并将香水和化妆品也作为主要的利润来源。

　　1947 年，克里斯汀·迪奥发布了其首个高定系列，此举被认为稳固了巴黎在时尚界的地位。他于 1957 年 3 月登上了《时代》（*Time*）杂志的封面，这也成为他作为顶级时装设计师的辉煌十年的纪念。然而仅仅七个多月后他溘然辞世，时年 52 岁，留下了世界上最负盛名的

图 169　模特身着莲娜·丽姿 1960 年设计的直筒晚礼服和斗篷，梳着当时流行的改良版蜂巢头，姿态优雅、自若。礼服裙外面巧妙地搭配了一件纯色、无装饰的斗篷，以凸显礼服裙褶皱的多变性和装饰性。长筒白色小羊皮淑女手套仍然是重大活动的必备品，素色尖头鞋使优雅的整体造型更加完美。

时装公司。该公司当时有大量的服装出口业务，年营业额高达 500 万英镑。迪奥的助理，21 岁的伊夫·圣罗兰被任命为该公司的艺术总监，在近三年的时间里，他带领迪奥向更年轻的风格转变。他的才华在迪奥最后的几个系列中得到了充分展现，尤其是 1957 年的纺锤系列，该系列以窄身直线、无腰身设计为主，个性鲜明。其他设计师，尤其是巴伦西亚加也一直遵循相同的设计风格，进一步完善了修身的无腰连衣裙设计，并最终使其渗透到大众市场。不认可该设计风格的记者则戏称之为"麻袋"，他们对人们按照报纸上的图案自己缝制的粗糙仿制版更是不屑一顾。

　　"秋千"（Trapeze）是圣罗兰为迪奥设计的首个单独系列，以无装饰的楔形廓形为特色。次年，他设计出的造型蓬松的裙子被指责为奇装异服，并引发一片"没有迪奥的迪奥已风光不再"的哀叹。1960年，他为迪奥设计的最后一个系列左岸"节拍"（Beat）同样引发争议。在该系列中，他用手套革、鳄鱼皮、貂皮和昂贵的羊毛重新诠释机车手和"垮掉的一代"的着装，满足高定服装市场的需求。但事实证明，迪奥的客户还没有准备好接受这种激进的风格。同年圣罗兰应

图 170　帕图 1959 年春夏系列中的两款晚礼服短裙，中间是一套线条简洁的单排扣西服套装。"烈马"（Crazy Horse）（左）设计低调，非常适合鸡尾酒会穿着，而蓬蓬裙"气球"（Ballon d'Essai）（右）更适合晚间活动穿着。整个 20 世纪 50 年代，设计师们都在尝试类似非常蓬松的球状设计。这张照片表明当时的时尚摄影日趋动态化，摄影师鼓励模特在拍摄过程中做出各种自然的动作。

图 171　圣罗兰为迪奥设计了著名的秋千系列后，又在楔形设计基础上成功地推出多个衍生系列，如 1958—1959 年秋冬系列中的蓬蓬晚礼服 "Barbaresque"。这款晚礼服很好地说明了圣罗兰是如何在迪奥传统优雅风中注入青春气息的。

征入伍，他在迪奥的位置由马克·博汉（Marc Bohan）接替。

　　1961 年，圣罗兰与商业伙伴皮埃尔·贝杰（Pierre Bergé）共同建立了自己的时尚工作室，并于 1962 年发布了首个独立时装系列。在整个 20 世纪 60 年代，虽然他没有像库雷热和恩加罗走单一的现代主义设计路线，但他的设计也是富于变化且前卫性的。他把各种工作服和特殊场合服装的经典元素融入自己的设计，并使其成为圣罗兰的设计标准。1962 年至 1968 年，他重新推出了羊毛呢短大衣、风衣、《小爵爷方特勒罗伊》中的灯笼裤套装和狩猎装。其中最著名的是 1966 年他借鉴男士正装晚礼服的设计创作了吸烟装，该风格之后经常以不同的方式出现在他的设计中。1965 年，受皮特·蒙德里安（Piet Mondrian）绘画的影响，时装开始大量使用丝绸面料，现在其已成为 20

164

世纪60年代时尚界的重要标志。蒙德里安风格的连衣裙很快被人用廉价的化纤面料仿制，而圣罗兰于1966年至1967年设计的欧普艺术（Op Art，又称光效应艺术）系列也同样未能幸免。1966年，圣罗兰开设了他的第一家巴黎左岸（Rive Gauche）成衣精品店；他认为设计和生产平价服饰具有经济上的必要性，同时也能吸引更多客户。

165 像圣罗兰一样，当时的于贝尔·德·纪梵希（Hubert de Givenchy）在设计优雅的年轻女性时装方面也处于巅峰状态，到20世纪50年代末，他已经在巴黎高级时装界站稳了脚跟。他是巴伦西亚加的狂热崇拜者，而且后来也成为巴伦西亚加的朋友，但是他在1945年应聘巴伦西亚加的助理职位却未能成功，这是他最感遗憾的事情之一。他在1952年创立自己的品牌，此前为菲斯、贝格、勒隆、夏帕瑞丽工作过。纪梵希坚持其奢侈品牌的传统定位，刻意避免平民主义倾向，并

图172（上左） 1957年，迪奥的突然去世促使圣罗兰为该品牌设计了首个个人时装系列（1958年1月），该系列以类似秋千的造型为主。该系列的成功使圣罗兰被誉为巴黎时装的救星（此时法国时装出口总量的近一半来自迪奥）。这是圣罗兰绘制的设计草图，简洁的喇叭形灰色羊毛外套裙是此次走秀中被拍摄最多的热门款式，它便于穿着、设计精巧，因年轻而纯真的造型占据了很多时尚媒体的头版。
图173（上右） 圣罗兰20世纪60年代的三幅重要的设计草图。这种饰有貂皮的鳄鱼皮夹克是他最后一场迪奥秀节拍系列（1960年7月）中的一款。但对于谨慎的迪奥顾客来说，这些设计因过于大胆和前卫而受到冷落。1962年，已有自己定制品牌的圣罗兰重新推出了功能性的风衣，但调整了各部分的比例，并采用新型黑色涤纶压光面料。1966年，他为女性提供了一种革命性的晚礼服替代方案，将灵感的触角伸向男性服饰领域，并设计出一款配有裤子的女性版的燕尾服，即著名的吸烟装。在之后的职业生涯中，他还对这种别致的设计做了很多不同方式的演绎。

进一步完善其经典、精致的设计风格。影星奥黛丽·赫本就被纪梵希的设计深深吸引，1953 年遇见他后便成为他最忠实的客户。纪梵希那些线条流畅、精心设计的时装非常适合赫本娇小玲珑的身材，她在银幕内外都喜欢穿纪梵希设计的衣服。从 1953 年至 1979 年，纪梵希先后为她在 16 部电影中的角色设计了造型，其中最著名的就是她在《蒂凡尼的早餐》（*Breakfast at Tiffany's*，1961 年）中饰演的霍莉·戈莱特利（Holly Golightly）的造型。

巴黎世家品牌延续极度精致的设计风格，为制作出夺人眼球的晚礼服，巴伦西亚加尝试用挺括的丝织面料透纱（Gazar）打造出夸张的几何造形。他的工作室培养了库雷热和恩加罗等多名设计师，他们注定要成为 20 世纪 60 年代重振法国时装业的中流砥柱。库雷热于 1950 年加入巴黎世家，在此工作了十年。1961 年，他创立了自己的品牌，并花了三年时间才摆脱巴黎世家对其设计风格的影响。1964 年秋季，

图 174　圣罗兰在 1965 年秋冬系列中，将直筒连衣裙做了类似画布或旗帜的处理，很直观地重构了荷兰风格派艺术家皮特·蒙德里安的画作。这件大胆的"窗格"（window pane）连衣裙采用厚真丝绉纱面料，用黑色缎带将艳丽的彩色和白色布料缝制在一起。这种"蒙德里安"式风格的设计几乎立即被成衣生产商盗用，导致大众市场上出现大量平价仿制品。

1957—1967年：财富与青少年的挑战

在一个小型的全白装饰的秀场，伴随着激越的鼓点，他展示了一系列具有强烈现代气息的时装，在时尚界引起了很大反响。这场时装秀吸引了媒体的广泛报道，库雷热也因其极简的设计风格被《女装日报》誉为"时尚界的勒·柯布西耶"。

库雷热喜欢选择年轻、健康的运动型女性作为他的时装模特，以突出他干净、利落的设计。他的设计主要包括短款、喇叭形连衣裙和与短装外套搭配的裙子。他在三角形变换的基础上创作了很多新样式，引入弧形镶嵌工艺或用口袋盖和贴边打破刻板的线条。这个时期巴黎 T 台上展示的裤装中，库雷热的设计是最前卫的。在精确的结构设计和裁剪基础上，库雷热在香烟般纤细的裤子的裤脚正面做了开口设计；裤腿几乎长及地面，使穿者的腿部看起来更加修长。性感的低腰设计可搭配修身短外套或双排扣上衣，日装裤子采用羊毛面料，晚装则采用带亮片或刺绣的丝质面料。

库雷热的设计最适合注重整体着装效果的女性，她们对着装要

图 175　奥黛丽·赫本和她的搭档乔治·佩帕德（George Peppard）在《蒂凡尼的早餐》中的造型。赫本穿着的就是由纪梵希设计的著名小黑裙。纪梵希、伊迪丝·海德和宝丽娜·特里格尔都为这部电影制作了服装。赫本无疑是纪梵希低调设计的完美载体，她发髻高挽、黑色长筒手套丝滑并贴合，手持超长烟嘴，气质高贵，优雅天成。

图 176、图 177　20 世纪 60 年代中期，面对安德烈·库雷热推出的合身超现代裤装，即便是挑剔的时尚记者也不得不给出好评。如 1965 年夏季发布的华达呢套装（右），线条干净利落，通常会搭配纯白的手套、方头平底鞋，偶尔还搭配日食眼镜或方形帽。1964 年，他推出稍显内敛的御寒式搭配（左）：草绿色精纺毛料长裤，裤脚正面呈开口设计，外搭一件长款格子夹克。照片由约翰·弗伦奇（John French）拍摄。

求很高，认为正确的着装态度与正确的配饰一样重要。鞋子必须是平跟的：他设计了几款不太实用的白色方头靴和玛丽珍鞋。他设计的带缝隙的白色日食眼镜在 T 台以外几乎无人会戴，但他设计的一款简洁的名为"Shorties"的白色短款手套在市场上很受欢迎。库雷热在色调方面要求很严格。受运动服、宇航员的太空服和宇宙飞船的启发，他对白色和银色充满热情。对他来说，白色象征着年轻和乐观，而他很喜欢让设计呈现出高度整洁的状态。他在设计中对杏仁糖色和一些浓烈的色彩，特别是火焰橙色，也有一些堪称经典的运用。无论什么季节的服饰，他都喜欢使用素色面料，有时会采用带条纹、格子的面料或将面料做绲边处理，夏季则使用从瑞士订购的绣有雏菊的面料。

　　库雷热的设计受到有经济实力的女性高定客户的欢迎，很多名人都在他的客户名单内，包括李·拉齐维尔公主（Princess Lee Radziwill，杰奎琳·肯尼迪的妹妹）和法国流行歌手弗朗索瓦·哈迪（Françoise Hardy）。他有很多非常成功的设计，但被大量剽窃，剽窃者通常使用廉价的面料和泡沫塑料衬里，使用机器批量生产，成衣大多流于粗糙。这种状况让设计师备受打击，库雷热认为高质量的面料和精细的工艺是其设计理念的重要部分；设计作品被大量剽窃也成为他 1965 年退出市场的原因之一。他关闭工作室时手里还有很多订单，在退出市场近两年的时间里他只接受私人客户的订单。1967 年他重新开业，而当时的时装正向更加柔和、流畅的设计风格过渡，但他本人对这种风格并不认可。

伊曼纽尔·恩加罗在巴黎时尚的复兴中也发挥了重要作用。1964 年，他离开巴黎世家加入库雷热的工作室，合作失败后他开始独立设计，并于 1965 年发布了首个系列。像库雷热一样，恩加罗喜欢用厚实的精纺面料打造轮廓分明的服装，经常使用意大利织造商纳迪埃（Nattier）的面料。纳迪埃善于织造质地厚重、表面光滑的面料，包括三层华达呢，这种面料能够完美地打造 20 世纪 60 年代中期时装的筋骨感，衣服几乎无须支撑即显挺括。恩加罗和库雷热都严格遵守在巴黎世家学习的设计准则，他们出品的成衣都堪称技术上的精品。他们在这一时期的设计作品也有相似之处，特别是做工精致的迷你连衣裙：上身为简单的无领紧身设计，采用半腰饰带、原色大纽扣。但恩加罗的设计又不同于库雷热，他喜欢将图案和鲜艳的颜色进行组合。他与面料设计师索尼娅·克纳普（Sonia Knapp）合作，后者为其提供了一系列带有鲜艳印花图案的面料，服装本身的线条几乎都隐藏进了图案。

皮尔·卡丹被誉为巴黎时装界一颗耀眼的新星，他于 1950 年成立了自己的公司，到 1957 年，他凭借大胆前卫、整洁利落的设计稳固了自己在时尚界的地位。受过服装剪裁专业训练的他坚持一个原则，即一个服装系列绝不能表达过多的设计理念。他的标志性设计包括不对称的领口、扇形领和翻边领以及大立领，这些元素经过调整可以适应不同季节。皮尔·卡丹还设计一种球形款式：1958 年他制作了一件球状廓形的大衣式连衣裙——利用一根穿过连衣裙下摆的抽绳让裙子呈现球形轮廓。1960 年，他设计了一条紧身连衣裙，胯部以下为缀满了泡芙状装饰物的裙撑。同年，他还推出了一款没有任何装饰的梯形外套，模特头戴圆锥形帽子，帽子高出头顶近 18 英寸，拉长了整套造型的线条。1959 年，皮尔·卡丹授权成衣生产商生产他的一个成衣系列，却因此被认为藐视法国高级时装协会的规则。所以，虽然他在 1963 年凭借设计的原创性赢得了第一个《星期日泰晤士报》时尚大奖，但是他加入该协会的申请一度被拒。1964 年，皮尔·卡丹的超现代设计探索让他与库雷热和恩加罗一起坚定地加入时尚的未来主义运动。他把身材矮小、像洋娃娃一样的松本（裕子）从东京带到巴黎，作为他的灵感缪斯女神和各种奇特设计的模特。皮尔·卡丹通过将黑色与鲜艳的色彩组合，并变换形成几何镶嵌图案，建立起流行风格与欧普艺术之间的联系。此外，皮尔·卡丹还让模特在发型整齐的头上佩戴药盒帽来进一步突出设计中的几何造型。

20 世纪 60 年代的文化中充斥着太空竞赛的元素，时尚也不能幸免。皮尔·卡丹对星际探索十分着迷，他于 1965 年推出的星空（Cosmos）系列，灵感便来源于宇航员埃德·怀特（Ed White）的第一次太空行走。这个中性的实用系列里包括束腰外衣或背心裙、内搭的贴身罗纹衫，以及连裤袜。尖顶帽和毛毡圆形头饰进一步强化了该系列的太空元素。该设计集功能性、时尚性、舒适性和灵活性于一体，

图 178、图 179　皮尔·卡丹不仅能够设计出最具时尚感的款式，也同样能设计出极度精致、低调的款式。大立领便是他的经典设计之一，可以美化面部轮廓。1958 年，他设计的一款大衣采用了扇形拉夫领，巧妙地连接肩部褶裥，形成向上延伸的效果（左图）。同年，他还推出了精致短款晚礼服裙装（右图）等其他设计。

整个系列中的单品都有不同的版本。然而，尽管迷你背心裙的复制品很受市场欢迎，但整个系列的造型对绝大多数消费者来说过于前卫。20世纪60年代流行短裙搭配肉红色长筒袜，但皮尔·卡丹是最早摒弃这一潮流的设计师之一，他推出了各种颜色的粗纤维连裤袜（通常是根据他自己的设计制作的），这在冬季能够起到更好的御寒效果，而针对夏季他推出了纯白色或带图案的连裤袜。他还推出了颇为大胆的长及大腿的高筒靴，通常搭配黑色毛衣、紧身裤和贴发帽。

无论如何前卫，皮尔·卡丹、库雷热和恩加罗的设计还都属于传统缝纫的范畴，而帕高·拉巴纳（Paco Rabanne）的设计是从服装饰品制作工艺发展而来的。拉邦纳的衣服用小塑料片和金属片拼接制作而成。晚装主要用开口金属环将闪亮的塑料片和金属圆片连缀而成，日装则用黄铜铆钉将皮革一片片钉在一起。这些服装造型简单（拉邦纳在制作中使用的是刀具和钳子），穿者的舒适性显然是其在设计中考虑的次要部分。为了给人透视的感觉，这些衣服内里搭配的是肉色的紧身衣。20世纪60年代后期，拉邦纳的设计曾风靡一时，佩吉·莫菲特

（Peggy Moffitt）和唐耶尔·露娜（Donyale Luna）当时都是他的模特。

　　20世纪50年代末至60年代初，意大利时装设计师以精致设计始终维持着他们在国际时装界的地位，他们的女装系列以有力的造型和明亮的"地中海"色彩为特点。在罗马，罗贝托·卡普奇的设计手札上所画的全部是雕塑般的造型，而他也据此设计出了艳丽、戏剧化的服装，而且接下来的30年里，他也一直在不断地提升这一能力。他于1958年至1959年设计的系列以四四方方的廓形为主；卡普奇沉迷于发掘这一廓形的各种可能，甚至帽子和超大的纽扣在设计中也采用这一几何主题。卡罗萨（Carosa），即乔万娜·卡拉乔洛公主（Princess Giovanna Caracciolo）和阿尔贝托·法比亚尼的设计也受到这种风格的影响。记者们称他的设计为"盒子"或"纸袋"系列。

　　总部位于伦敦的纺织品生产商寨卡·阿舍尔（Zika Ascher）为意大利时装设计师们提供了霓虹色彩的马海毛和奢华的雪尼尔面料，这些面料成为20世纪50年代至60年代各种设计探索的理想选择。

图180（左页）　皮尔·卡丹1966年设计的颇具影响的背心裙系列，面料采用精纺厚毛呢，搭配紧身套头高领毛衫、圆顶桃红色毛毡盔形帽和方头低跟鞋，打造出未来感十足的造型。图片左边是皮尔·卡丹的专用模特松本（皮尔·卡丹的灵感缪斯女神），她留着直发波波头（头发长及下颌），身着一条T字形背心收腰裙。
图181（右）　帕高·拉邦纳采用不同寻常的服装制作工艺，不再通过裁剪和缝纫制作衣服。该图为拍摄于1966年的拉邦纳工作照，他正在用一把钳子调整一款连衣裙的肩部，裙子是用开口金属环连缀塑料圆片制成的。

图 182 罗贝托·卡普奇痴迷于探索几何形状的各种应用，他尝试"纸袋"或方形轮廓设计，并最终推出方形剪裁的服装。1958 年他用阿舍尔马海毛制成了这件长方形大衣，肩部设计类似展开的斗篷，搭配巨大的方形纽扣，头上是带蝴蝶结的立方体帽子，很好地呼应了该系列的主题。

20 世纪 50 年代初，阿尔贝托·法比亚尼在巴黎开启职业生涯，很快就接管了家族在罗马的老牌制衣企业，但在 20 世纪 70 年代关闭了该企业。法比亚尼的作品一直被认为是经典的，但他并不因循守旧，他因其创造性的剪裁而备受赞誉。20 世纪 60 年代初，他与妻子和设计师同事西蒙内塔一直待在巴黎。西蒙内塔的设计一直个性鲜明，非常自信的人才敢穿着。她用引人注目的华丽面料设计出不同寻常的晚礼服，融入了泡泡和茧形元素。对于都市服装，她设计的西装和外套别致、时尚且合体，每件设计都有自己的特点，比如超大的衣领或飘逸的后片，使穿者成为人群中引人注目的存在。

埃米利奥·璞琪的印花丝绸色彩活泼，潇洒飘逸，非常适合充满迷幻色彩的 20 世纪 60 年代。他还在巴黎开设了品牌店。璞琪舒适、轻便的休闲装深受美国人的欢迎，电影明星玛丽莲·梦露、伊丽莎白·泰勒和劳伦·巴考尔（Lauren Bacall）等都喜欢璞琪别致且辨识度高的设计。璞琪每季都会带着全新的理念回到秀场上，他经常利用衬衫、围巾和紧身小礼服传达不同的设计理念。1960 年，他推出了"胶囊"（Capsulas）系列，其中包括紧身的弹力尼龙和丝质连体衣（20 世纪 80 年代莱卡紧身衣和运动服的前身）。璞琪所选的柔顺、印花真丝面料非常适合制作长款、飘逸的斗篷和他在 20 世纪 60 年代末推出的哈伦风系列。

从 20 世纪 50 年代中期到 60 年代初期，意大利在时尚领域的主要成就是男装设计，其男装剪裁是顶级工艺的极致体现。那不勒斯和米兰都发展为男性时尚的中心，但罗马仍然是意大利最重要的时尚中心，因为这里有著名的服装学院，还云集了 Brioni、Domenico Caraceni、Duetti 和 Tornato 等顶级制衣公司。罗马还是《甜蜜生活》（*La Dolce Vita*，1960 年）等时尚电影的拍摄地，这部电影为世界各地的观众带来了意大利的现代气息，如时髦的男士西装、韦士柏（Vespa）踏板摩托车和咖啡吧文化。当时流行的意大利西装通常采用光面的精纺毛料制成，包括斜肩马甲和瘦腿直筒裤，裤子没有褶裥，

图 183　埃米利奥·璞琪首次发布的是一个滑雪服系列，运动服装的空气动力学应用也经常出现在他后来的设计中。他于 1960 年推出的线条优美的长袖紧身衣，在许多方面都体现了其很强的超前意识，该系列让穿者感受到极大的灵活性。璞琪对印花面料的使用以及所搭配的靴子和帽子也同样非常吸引人。

裤脚翻边也不常见。西装搭配简单的素色衬衫、窄领带和尖头皮鞋或乐福鞋。在美国和欧洲其他地区，剪裁干净、利落的意大利风格颇受时尚、前卫男性的欢迎。在英国，伦敦的企业家约翰·斯蒂芬（John Stephen）是这类意大利风格服饰的主要供应商，他开设的第一家男装精品店里全部是非常受欢迎的年轻的意大利风格服装。

1958 年前后，斯蒂芬出售的服装尤其受伦敦青年男女的欢迎，他们热爱现代爵士乐，自称"现代主义者"（Modernists）；他们热衷欧陆文化，尤其是法国电影；他们喜欢能体现个人品位的服饰，讲求极简的设计和干净的妆容。到 1960 年，该群体已不仅仅存在于大都市，其名称也被缩写为"Mod"（摩登派青年）。最时尚和最引人注目的摩登派青年被称为"面孔"（Faces），他们支持摩登系流行乐队，如谁人乐队（The Who）。

男士们越来越关注自己的外表，其表现就是男装和男性盥洗用品销量的大幅增加。服装交易会仍然很活跃，参加人数众多。1964 年，英国服装连锁品牌赫普沃斯资助皇家艺术学院新开设了一门男性时尚设计课程，充分肯定了男性时尚在当代生活中的重要性。第二年，卡纳比街（Carnaby Street）上的零售店成立了一个名为"抵制德比帽"的组织，嘲讽迎合权贵阶层的设计风格，反映了平价时尚成衣与传统定制服装之间的紧张关系。1966 年的一档名为《双街记》（*A Tale of Two Streets*）的电视节目揭示了卡纳比街（摩登群体的时尚圣地）和萨维尔街（高定男装的堡垒）之间的时尚大战，该节目将两条街上截然不同的两种状态视为国际男性时尚的缩影。

图 184　尖头皮鞋（Winkle-picker shoes）在 20 世纪 50 年代和 60 年代初非常流行，一度是摩登风格服装的标配。

图 185　摩登流行乐队"小脸乐队"（The Small Faces，之所以如此称呼，是因为乐队成员不仅着装风格摩登，而且脸小、身材小）成立于 1965 年，在 1966 年至 1967 年发行了多张热门唱片。他们形象干净、整洁，是摩登风格的缩影。粉丝们不仅欣赏他们的音乐，也欣赏他们在着装方面的创新。主唱兼吉他手史蒂夫·马里奥特（Steve Marriott，右一）是乐队的核心人物。图中他穿着醒目的格子窄腿长裤，搭配高领套头毛衣和系扣夹克。乐队成员都是带刘海的发型，顶发略微向后梳。

　　美国一直关注欧洲的时尚发展趋势（包括卡纳比街现象）。自 1956 年起，人们开始担心一个问题：常春藤联盟风格会被欧陆风格取代吗？而事实上两者都被保留了下来；常春藤联盟风格出现了新的变化，意大利西装的设计也做了相应调整，从而更适合美国人更高、更健壮的身材。整个 20 世纪 60 年代早期的美式着装都趋于保守，布克兄弟（Brooks Brothers）品牌的西装仍然是工作时间最稳妥的选择。但休闲服装日趋花哨。用鲜艳的印花布制成的宽松运动衫仍然很受欢迎，而且在 60 年代中期，美国的休闲夹克、休闲裤、百慕大短裤和运动服装（尤其是高尔夫运动装）都大量采用令人眼花缭乱的格子面料，将美国人对格子的喜爱体现得淋漓尽致。随着时间的推进，美国逐渐兴起针对男装的"孔雀革命"（Peacock Revolution），美国人开始

176

图 186　皮尔·卡丹曾构想过一款现代的男士套装，该套装去掉了一些僵化的男装细节，如上衣的翻领和裤脚的外翻边等（这些都被认为是男装必备的细节设计）。在 20 世纪 50 年代末和 60 年代初，他推出了全新的单排扣无领夹克系列，高圆领口上衣，搭配修身裤子。

尝试衣领更宽且腰部有形的夹克、白色平领的花衬衫以及更紧身的低腰长裤。

　　这一时期，皮尔·卡丹和赫迪·雅曼对国际男装产生了巨大的影响。1959 年，雅曼为赫普沃斯设计了一个男装系列，开启了他与这个全国连锁品牌的长期合作（超过 20 年）。正如雅曼所说，冠上他的名，这款西装就有了"半高定的地位"，并因此产生了巨大的市场吸引力。随后他开始向海外拓展业务，与美国吉内斯科公司（Genesco）签订了设计合同，该公司在纽约有大型门店、男装工厂和男装连锁专卖店。雅曼的设计低调、内敛，将传统款式与新潮元素相结合，吸引了不太前卫的年轻人。皮尔·卡丹则一直是打破传统的斗士。他在 1959 年推出了男装系列，并经常为自己的设计做模特。1959 年，他接受 *Jardin des Modes* 杂志采访时提出了新丹蒂（New Dandyism）主义，拒绝刻板的传统着装风格，追求服饰的舒适与优雅。尽管他的无领夹克永远无法大范围流行，但仍然是对男装解放的重大贡献。尤其在许可合同商业模式的助推下，皮尔·卡丹的影响力迅速传播。去印度旅行后，他设计了一款尼赫鲁套装，并在巴黎开设了男装精品店亚当（Adam），这款衣服很快就出现在该店售货员的身上。不久之后就有人拍到有时尚人士穿着类似外套出街的照片，这种外套的原型就是印度传统的长款单排扣立领服装。

　　尽管皮尔·卡丹星空系列的男装遭遇与女装一样，对大众消费者来说过于超前了，但是到了 20 世纪 60 年代中期，该系列的某些风格被主流时尚所接受，包括无袖的侧拉链上衣、高领毛衣（替代衬衫和领带）和宽大的方头靴子。《设计与剪裁》在其 1967 年 3 月刊中称皮尔·卡丹的未来主义设计是"后天的设计"，同时还指出，汤姆·吉尔贝（Tom Gilbey）和鲁本·托雷斯（Ruben Torres）等与皮尔·卡丹同出一伍的卓越设计师已成功将现代性、功能性、精致的做工和精细的面料很好地结合在一起。帕特里克·麦克尼（Patrick Macnee）在英国电视连续剧《复仇者》（The Avengers）中饰演约翰·斯蒂德（John Steed），皮尔·卡丹为该角色设计了服装（伦敦制造），英国的城市套装和乡村服装被赋予了一种法式风尚。这些设计取得了巨大的成功，很多英国成衣生产商都根据原设计推出了零售系列。

　　为了与时尚保持同步，甲壳虫乐队（The Beatles）放弃了在"汉堡"时期的皮夹克和 T 恤造型，转而让自己外形更整洁、精干。1962年甲壳虫乐队发行了最畅销的专辑《爱我吧》（Love Me Do），当时乐队成员穿的都是皮尔·卡丹摩登风格的套装，包括圆领短夹克和无翻边锥形长裤，搭配爱德华风格的挺括棉质衬衫。道吉·米林斯（Dougie Millings）是他们的服装生产商，同时还为其他 40 个英国流行乐队制作舞台服装。从整齐的刘海发型到古巴风的中跟切尔西靴，甲壳虫乐队的着装风格对年轻人产生了深远的影响。

　　到 20 世纪 60 年代初，英国新一代的时装设计师已经成长起来，他们对巴黎在高定时装领域的领导地位发起了挑战。这些新生力量都是各艺术学院的时装和纺织系的毕业生，得到过老师们的热情鼓励。他们意气风发，敢于打破传统的束缚。玛丽·匡特（Mary Quant）便是新一代设计师中的佼佼者。1955 年，她与丈夫亚历山大·普伦克特·格林（Alexander Plunket Greene）和业务经理阿奇·麦克奈尔（Archie McNair）合伙在切尔西的国王路（King's Road）开了第一家门店——芭莎。匡特打算销售适合年轻消费者的服饰，但对女性化风格的现有存货（精致的长及小腿的收腰裙装，搭配各式淑女手套、帽子和珠宝配饰）没有信心，于是她开始自己设计服装。她的设计一举成功，但也给她带来了提高产量的压力。她在 1956 年至 1957 年设计的服装舍

图187　甲壳虫乐队的文化影响巨大，他们早期的形象（以及后来的嬉皮士形象）影响了成千上万的年轻人。1963年10月他们在伦敦帕拉丁音乐厅的演出中穿着整洁的套装，上身为无领夹克，下身为锥形裤，内搭摩登风格的高领衬衫。从整洁的锅盖头到中跟皮靴，他们造型的各个部分都被大量模仿。为了满足众多少女粉丝的要求，厂商还生产一系列印有乐队成员头像的服饰（包括长筒袜）。

179　弃繁缛的细节，多用简洁的微喇直筒廓形。她将裙子的腰线降低，在裙摆处做了横带和三角内嵌褶的设计以便于活动，配饰尽量减少，最重要的是裙子的长度缩短了。

　　匡特在自传《匡特成就匡特》（*Quant by Quant*，1966年）中描述了她早年的辛勤工作，以及取得成功后的兴奋与强烈的满足感。她从单调的英国经典设计中汲取灵感，并给予夸张的诠释。她将传统的灰色法兰绒套装改造成短款、无袖直筒裙，搭配带褶边的灯笼裤。还将通常用于都市绅士套装的细条纹羊毛面料做成俏皮、时髦的背带裙。后期她将设计延伸至配饰和内衣，进而提供全套服饰的设计。匡特一直走在时尚的前沿，1962 年，她与美国连锁店巨头 J. C. 彭尼（J. C. Penney）签订了一份利润丰厚的合同；1963 年，她开始规模化生产活力组（Ginger Group）系列。匡特善于剑走偏锋，以不同于常人的眼光挖掘创作素材，并将它们转化成一系列不断变化的造型设计。她喜欢挑战全新的时尚元素和面料，用 PVC 制作色彩鲜艳的外套，采用人造三醋酯纤维制作迷你裙式体操衫。她甚至尝试将克林普纶（Crimplene）用作服装面料，用考特尔（Courtelle）新型四股纱设计了迷你裙系列，使原本简陋的针织图案得到了极大改善。匡特的服装设计有趣实用，适宜各阶层人群穿着。她拒绝一切刻板、墨守成规和不必要的束缚，而且认为这些都是传统英国设计中的问题。人们从她给自己的一些服装的命名中就能感受到她轻松、随意的设计态度，例如"英格兰银行"（The Bank of England，暗底细白条纹上衣）、"陷阱"（Booby Traps，一个文胸系列）和"匡特之足"（Quant Afoot，一个靴子系列）。

1966 年 4 月 15 日，《时代》杂志封面上出现了"伦敦，摇摆之城"（London，the Swinging City）的标题，无论准确与否，这大概都说明了伦敦当时的文化风貌。伦敦对年轻文化抱有极大的热情。20 世纪 60 年代中期，西方社会的物质水平极大丰富，英国青少年手中有更多的资金可以花费在娱乐（主要是听流行音乐）、服装和化妆品上。在伦敦，年轻人外出聚会、闲逛，并且用赚来的钱去购买价格合理的服装之地便是苏豪区的卡纳比街。之前提到的约翰·斯蒂芬为这条时尚购物街的发展做出了重要贡献，使其成为各国青年的主要聚集地。1957 年他成立了自己的公司，在此之前，他曾在卡纳比街附近的一家文斯（Vince）男装店短暂工作，向同性恋和热爱艺术的客户群体出售异常华丽的服饰和精致的休闲装。

作为精明的商人，斯蒂芬意识到青少年不再满足于传统缝纫店和百货商店出售的服饰。针对这个市场，他推出了设计前卫、显露身材且用色大胆的服装，通常以天鹅绒、麂皮、缎子、灯芯绒和马海毛等为面料。斯蒂芬的服装大受欢迎，到 20 世纪 60 年代初，卡纳比街上三分之一的店铺都是他的。男装专卖店约翰勋爵（Lord John）与女装精品店简女士（Lady Jane）互相配合。"简女士"于 1966 年开业，现场聘请了两位年轻女士在橱窗内穿上该店的各种款式服装进行展示。

20 世纪 60 年代，男女时装精品店的数量激增，以快速周转的货

181

图188、图189 玛丽·匡特的活力组系列大获成功，穿着这种服装的人都是时尚先锋。1967年她推出了设计大胆的迷你裙系列，图中是其中一款条纹混纺羊毛针织迷你连衣裙，设计灵感来自一套足球服（左图）。1967年8月，匡特进一步完善了她的设计，推出了鞋类系列"匡特之足"。采用透明的PVC制作的踝靴设计简洁，衬里为亮色纯棉针织材料，这种材料吸汗且颜色丰富（下图）。

图190、图191（右页）周六的卡纳比街（被称为青少年的天堂）挤满了身着最流行服饰的年轻人，他们寻找精品店，相互交流各自的时尚观点。对于追求时髦的年轻人来讲，几乎每周必买一套新衣服。沃伦和大卫兄弟开设的约翰勋爵男装店出售最时髦的男装，其虽非"永不过时"，但胜在色彩丰富且剪裁精巧，能够很好地衬托年轻人高挑和充满活力的形象。到20世纪60年代中期，卡纳比街已成为一处旅游景点，可与白金汉宫（Buckingham Palace）相媲美。女装精品店（小型、私密且经常有令人惊喜之处）为"迷幻少女"（switched-on girls）提供平价服装，并开始增加男装专柜。哈里·福克斯（Harry Fox）旗下的简女士精品店为追求新奇的年轻女性提供各种风格的时尚服饰，包括迷你短裙和女衫裤套装。

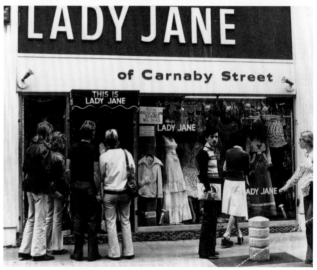

品满足了年轻消费者对最新时尚的需求。其业主和经营者往往是与目标受众具有相同时尚品位的年轻人，他们出售采用最新面料制成的服装，还雇用了一些能让顾客感到放松、自在的店员，顾客进店挑选不会感到任何购买压力。这些店铺都以鲜艳的色彩装饰，利用橱窗展示、华丽的室内装饰以及持续播放的流行音乐吸引顾客。

杰夫·班克斯（Jeff Banks）的 Clobber 和李·本德（Lee Bender）的 Bus Stop 等小型时装精品店的服装价格相对便宜，而且款式也很时尚。但是，生意最好的是芭芭拉·胡拉尼基（Barbara Hulanicki）经营的比芭（Biba）精品店。1963 年，胡拉尼基的时装邮购业务做得很成功，因此 1964 年他在该业务的基础上开设了比芭精品店。比芭的复古新艺术风格的装修、公共试衣间、曲木衣帽架（取代传统的衣挂）和充满活力的氛围在当时都非常出名。同样出名的是，比芭的服装和化妆品经常一到店就被抢购一空，销售异常火爆。价格相对较高的成衣品牌有琼·缪尔（Jean Muir）、约翰·贝茨（John Bates，为 60 年代电视连续剧《复仇者》第四季中演员戴安娜·里格所饰演角色设计服装并因此出名）以及福莱和塔芬（Foale & Tuffin），他们于 1961 年推出了自己的品牌，并于 1965 年在卡纳比街附近开设精品店。新时尚杂志，特别是 *Petticoat* 杂志（副标题是"年轻新女性"）和《甜心》（*Honey*，以"年轻、快乐、出人头地"为口号），都为年轻读者提供最新的时尚信息。《星期日泰晤士报》1962 年推出了第一份彩色增刊，封面是模特简·诗琳普顿（Jean Shrimpton），她身着玛丽·匡特设计的灰色法兰绒直筒连衣裙，照片由大卫·贝利（David Bailey）拍摄。

图 192　1964 年，芭芭拉·胡拉尼基在肯辛顿的阿宾顿路开设了第一家比芭店。深蓝色的墙壁、黑色的灯罩、挂在曲木衣帽架上的服饰，营造出比芭店与众不同的氛围。凯西·麦高恩（Cathy McGowan）在电视节目《整装待发》中所穿的服装就来自比芭店，并因此吸引了成千上万人来此购物，包括桑尼（Sonny）、雪儿（Cher）、朱莉·克里斯蒂（Julie Christie）和西拉·布莱克（Cilla Black）等名人。

在伦敦这一发展趋势的带动下，一群年轻的巴黎高定和时尚从业者纷纷开设自己的精品店，提供活泼的款式，缩小了高定服装与百货公司成衣之间的差距。被称为 yé-yé 设计师（源自甲壳虫乐队歌曲的副歌部分出现的"yeah! yeah!"）的他们将法国的雅致与年轻风格结合在一起。20 世纪 60 年代初，伊曼纽尔·坎（Emanuelle Khanh）凭借其浅色绉纱连衣裙和套装而收获一批狂热的追随者，其标志性的下垂衣领和勺形领口使简单的线条变得生动。杰奎琳·雅各布森（Jacqueline Jacobson）和埃利·雅各布森（Elie Jacobson）的精品店多萝西·比斯（Dorothée Bis）自开业起就一直业绩不俗，店内汇集了大量新锐设计师的作品；1965 年，杰奎琳推出自己的第一个服装系列，主要是可以混搭的单品和设计别致的针织服装。

同时期，美国的婴儿潮一代逐步进入成年，他们异常渴求能够引人注目的时尚用品，时装精品店在各大城市如雨后春笋般涌现，满足了这些年轻人的时尚需求。纽约有最时髦的时装店：时装商人保罗·

图 193（下图左） 1968 年 4 月 27 日青少年杂志 *Petticoat* 的封面。这种双脚向内的天真活泼姿势很好地体现了这一时期所流行的娃娃造型。模特穿着麦考尔 Groovipattern 系列中的一套白色夹克连衣裙，脚上是 Gamba 的红色玛丽珍鞋，而腿上的粗纤维连裤袜和头上的贝雷帽都来自玛丽·匡特的设计。

图片 194（下图右） 贝齐·约翰逊 1965 年设计的透明塑料迷你吊带裙。约翰逊有很多"奇怪"的设计，他希望通过这样的设计给消费者带来愉悦和震撼，而且只追求短期的轰动效应。图片中的吊带裙配有一套色彩鲜艳的可粘贴装饰，穿者可按照自己的想法将它们粘贴在裙子的任何位置。

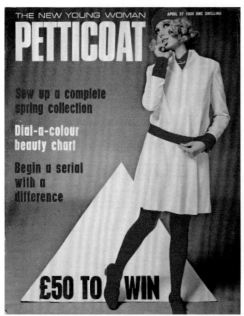

1957—1967 年：财富与青少年的挑战

杨（Paul Young）1965年率先开设了Paraphernalia。贝齐·约翰逊（Betsey Johnson，被誉为纽约的玛丽·匡特）于1965年加入Paraphernalia。约翰逊的职业生涯始于 *Mademoiselle* 杂志，与英国的《十七岁》（*Seventeen*）杂志一样，该杂志的读者大多是十几岁的女孩。在Paraphernalia，她设计的平价、有趣的服装提升了该店的声誉，比如用纤维粘合织物做成的连衣裙等很快就会过时的衣服，不穿浇上水后真的会发芽，被称为"可丢弃服装"（throwaways）。透明的塑料连衣裙、纸质连衣裙、镀银的骑行服和发光的迪斯科服大大满足了爱出风头的人的渴求。身材纤巧的金发超级明星伊迪·塞奇威克（Edie Sedgwick）是安迪·沃霍尔（Andy Warhol）集团"工厂"（Factory）的成员，她受邀做了约翰逊的模特，专门展示这位设计师最怪诞的设计。

与欧洲，尤其是与伦敦相比，在美国愿意穿奇装异服的人较少，因此保守实用的服装在这里一直最受欢迎。这并不是说美国不受国际趋势的影响。1957年，一些时髦的美国人也准备尝试一下从巴黎时装沙龙进口的无腰宽松连衣裙，美国顶级设计师重新诠释了这一版形，使其更加优雅，非常适合又高又瘦的美国人。就连身材曲线优美的玛丽莲·梦露也穿过这种舒适的布袋装。然而，美国这种过渡性的高腰线时尚潮流很快被另一个来自法国的秋千系列所颠覆，秋千系列也深受杰奎琳·肯尼迪的青睐。杰奎琳于1960年成为美国第一夫人，并很快扮演了引领国际时尚的角色。她非常上镜，貌美且气质优雅、打扮新潮。由于身份特殊，她购买了大量昂贵的服饰，全球媒体都饶有兴趣地估算她巨额的置装费用。杰奎琳连续三年登上美国最佳着装榜的榜首，开启了颜色纯净、设计简洁、线条利落的着装潮流。她对巴黎设计师的偏爱在当时招致了公众的不满，于是她开始将目光转向本土设计师。奥列格·卡西尼（Oleg Cassini）被任命为她的私人设计师，他按照杰奎琳的严格要求，巧妙使美国生产的服装呈现法国的时尚韵味。杰奎琳个人也具备很好的时尚素养，作为第一夫人，她知道参加休闲活动和出席正式场合如何着装最得体。

185

杰奎琳每次出现在公众面前都会引发媒体的大肆报道，为时尚产业的发展带来巨大的推动力，她所带动的潮流单品不计其数（包括无袖A字裙、药盒礼帽和粗框太阳镜）。从深色蓬松的发型到低跟船鞋，她的穿搭总能引起"杰奎琳造型"（Jackie Look）的模仿风潮。

图 195　1962 年杰奎琳·肯尼迪访问伦敦时向人群致意。她身着由奥列格·卡西尼设计的洋红色微喇羊毛套裙（采用她最喜欢的极简线条），搭配设计简洁的七分袖无领单排扣短外套。纤尘不染的白手套是这套衣服的点睛之笔。

在丈夫遇刺后，杰奎琳·肯尼迪在哀悼期间的影响力有所下降，但到 1964 年夏天，她又恢复了在时尚界的影响力。

美国富裕的年轻社会名流纷纷效仿杰奎琳的简约风格，纽约（仍是美国的时尚中心）有大量的此类设计可供她们选择，包括萨克斯第五大道、波道夫·古德曼、邦威特·泰勒和亨利·班德尔等商场的成衣系列，以及诺曼·诺瑞尔、奥列格·卡西尼、本·朱克曼和当时为伊丽莎白·雅顿工作的奥斯卡·德拉伦塔（Oscar de la Renta）所提供的定制款。切兹·尼农（Chez Ninon，杰奎琳·肯尼迪也是其客户）和奥尔巴克（Ohrbach）也可为客户提供巴黎时装的复制版。1962年，美国时装设计师协会（Council of Fashion Designers of America）成立，该协会致力于推动美国的时尚设计，标志着美国时尚业的重要性已得到认可。

美国的时装设计具有时尚、便于穿着的特点。20世纪60年代，两位经验丰富的设计师的作品脱颖而出。尽管邦妮·卡欣和杰弗里·比尼（Geoffrey Beene）的作品设计风格完全不同，但他们的设计理念是相同的，即设计既要实用又要创新。20世纪40年代，卡欣曾担任20世纪福克斯的服装设计师，之后为运动服装公司阿德勒（Adler&Adler）设计服装，1953年成立了自己的公司。20世纪60年代，她继续改进单品设计，这些单品经常使用羊毛面料、纯棉面料和皮革面料，搭配舒适的羊毛衫，羊毛衫领口设计别致，有时带兜帽。她的许多设计理念都超越了她所在的时代，尤其是流线型带帽连衣裙和斗篷的设计风格，这些风格直到20世纪70年代才开始流行。

杰弗里·比尼曾在法国高级时装协会接受培训，1962年推出自己的品牌，此前曾为多家成衣生产商（包括Teal Traina）工作。他的设计原则是服装应穿着舒适、活动不受拘束。比尼是一位坚定的现代主义者，尽管其设计迎合了最新的趋势，包括高腰少女连衣裙以及后来的长款、丝带装饰的民族风服装，但他最喜爱的是用羊毛针织面料制作简单的轻薄连衣裙，尽量减少接缝和细部装饰。到20世纪70年代，其高奢成衣系列中增加了轻奢系列，包括名字很有趣的比尼手袋（Beene Bag）系列。

1967年，《纽约时报》的记者玛丽莲·本德（Marilyn Bender）对美国的时尚界做了如下阐述："美国设计师众多，风格多样，面向需求多元的消费者。"本德将洛杉矶的詹姆斯·加兰诺斯（James Galanos）和鲁迪·简莱什（Rudi Gernreich）作为20世纪60年代美国两种截然不同风格的重要代表。加兰诺斯在纽约的海蒂·卡内基、好莱坞的让·路易斯（Jean Louis）和巴黎的罗伯特·贝格做过学徒，1951年在洛杉矶发布了经典系列。他选择气质高贵的模特（他最喜欢的模特是帕特·琼斯 <Pat Jones>），打造名媛、贵妇形象，以凸显他所设计时装的优雅和精致。他精确剪裁的日装和华丽的晚礼服（采用细绉雪纺面料是其特色之一）为他赢得了很多权贵客户，包括查尔斯·雷夫森夫人（Charles Revson，露华浓董事长的妻子）、贝琪·布鲁明戴尔（Betsy Bloomingdale）等。南希·里根在1967年罗纳德·里根就任加州州长的舞会上所穿着的礼服裙也是由加兰诺斯设计的。

鲁迪·简莱什出生于奥地利，早年学习艺术，并在之后的十年里一直都是一名现代舞蹈演员，与时尚设计领域并无任何关系。他从设计高开衩紧身泳衣（无结构衬里）开始涉足时尚业，并于1964年推出了女士无上装泳衣——模特就是他的缪斯女神佩吉·莫菲特，因此在国际上声名鹊起。20世纪60年代中期，简莱什推出肉色的、造型精致且超薄的"隐形"文胸（No Bra），推动了裸色内衣的时尚潮流，这款文胸放在全新设计的钱包形塑料包装袋内出售，里面还有宣传其质量的卡片。简莱什喜欢尝试塑料与合成材料在服饰上的各种应用，他设计的针织衣服上经常出现用透明或彩色乙烯条做成的鲜艳图案，这些图案经常有意想不到的装饰效果。他认为时尚不应该是昂贵的，他的目标客户群体是大胆、前卫的年轻人，他们更喜欢舒适、轻便、个性的服装。作为曾经的舞蹈演员，简莱什敏锐地意识到保持身材和健康的好处，以及衣服简洁轻便、能让人活动自如所具有的优势。1969年他暂时退出了时尚界，并于20世纪70年代再次回归，成为中性化时装设计的有力助推者。他设计的长裤、连身裤和喇叭裤，男女都可以穿。

休闲风格的服饰终于取得胜利，人们再也不需穿戴全套统一的配饰。尽管在阿斯科特赛马会、朗尚赛马会、皇家花园派对和婚礼等场合有戴帽子的传统，另外诸如人造毛"婴儿"帽和PVC海员防水帽等新款帽子在短时间内流行，使女帽行业得以生存，但女帽行业的销售额已大不如前。到1964年，舒适度欠佳的高跟尖头鞋不再时髦，取而代之的是方头低跟和中跟鞋。在英国，雷恩推出了超现代的亮面漆皮鞋，大方头，大带扣，颜色多样。通常来说，穿着由伦敦Anello & Davide生产的专业舞蹈鞋和戏剧演出的鞋靴被认为是一种时尚。法国的罗杰·维维亚和查尔斯·卓丹喜欢用昂贵的皮革和装饰材料生产风格新颖的鞋子。库雷热的设计开创了白色平跟靴子的时尚潮流，被很多制鞋厂家大量复制。

年轻人若想加入"时髦一族"，身体就要摆动起来。《诀窍》（*The Knack*）和《宠儿》（*Darling*）（均于1965年上映）等电影，还有英国的《整装待发》（*Ready Steady Go*）和《流行之巅》（*Top of the Pops*），以及法国的《你好，伙伴》（*Salut les Copains*）和《迪斯科拉马》（*Discorama*）等电视流行音乐节目，都对这种狂热起到推波助澜的

图 196 罗杰·维维亚 1961 年为迪奥品牌设计的串珠丝绸晚礼服鞋。这位法国设计师尤其擅长精致、华丽且富有雕塑感的窄脚设计，其设计经常使人眼前一亮。图中这款东方风格鞋子的亮点在于其雕塑般的鞋跟，但设计师似乎忽略了鞋跟的支撑功能和鞋子穿着的舒适性（脚趾上翘）。维维亚从 1953 年至 1963 年一直为迪奥设计鞋类。

作用。随着好莱坞电影明星影响力的减弱，青少年开始崇拜流行音乐家、体育名人、流行音乐节目主持人、时尚摄影师和模特。一群年轻模特成为理想之美的代表，他们与大卫·贝利、安东尼·阿姆斯特朗（Antony Armstrong）、琼斯（Jones）（后来的斯诺登伯爵）和特伦斯·多诺万（Terence Donovan）等顶尖街头摄影师合作，为时尚摄影注入了新的活力。米开朗基罗·安东尼奥尼（Michelangelo Antonioni）执导的电影《放大》（*Blow-Up*，1966 年），给摄影师和模特们增添了神秘感。该电影由大卫·海明斯（David Hemmings）主演，顶级模特维鲁什卡扮演女一号。男主角的原型是大卫·贝利，他拍摄的简·诗琳普顿（"小虾米"，the Shrimp）的照片被很多高端杂志采用。简·诗琳普顿有着明亮的大眼睛、蓬松的长发、性感的嘴巴和修长的双腿，她那变色龙

190

图 197　詹姆斯·加兰诺斯于 1962 年设计的两件式外套套装。加兰诺斯以其优雅华丽的正装设计而闻名。他有很多名人客户，包括玛琳·黛德丽、玛丽莲·梦露、格蕾丝·凯利、杰奎琳·肯尼迪和南希·里根。

图 198（左） 佩吉·莫菲特穿着超长过膝长靴，头戴咄咄逼人的浅色遮阳面罩，身穿鲁迪·简莱什 1965 年设计的一套简洁的连体泳衣。

图 199（右页） 1965 年，模特简·诗琳普顿在墨尔本赛马场上，她身穿剪裁利落的双排扣西装，头戴光环状宽檐水手帽，看起来非常优雅。在前一天的比赛现场，她因穿着一件无袖白色迷你裙、光着腿、未戴帽子和手套（为奥伦做广告）而受到严厉批评。

般的特质能够驾驭各种风格的时装，因此，她成为 20 世纪 60 年代完美的时尚载体。崔姬（Twiggy），本名莱斯利·霍恩比（Lesley Hornby）则是理想的摩登派风时尚模特，她充满活力的身材、男孩般侧分的短发和精灵般的气质深得当时各大青少年杂志的青睐，1966 年她被评选为"年度最佳面孔"。崔姬经常与佩内洛普·特里（Penelope Tree）搭档，后者也是长相不符合 60 年代传统审美的模特之一，她的眼睛已经很大，但她仍然会涂上厚重的睫毛油使其显得更为夸张。

浓重的黑色眼妆是 20 世纪 60 年代时尚的必要元素；为营造强烈的对比效果，嘴唇和皮肤都使用苍白裸色妆。1966 年，玛丽·匡特推出了用色大胆的口红和眼影系列（由 Gala 制造）。她还推出了长条

图200　崔姬身着自己设计的一款裙子，该系列是1967年她与帕姆·普洛克特（Pam Proctor）和保罗·巴伯（Paul Babb）共同为伦纳德·布隆伯格（Leonard Bloomberg）设计的新品。如图中这款大尖领衬衫裙一样，该系列（紧身衣、连身裤、短裤、裙裤和"娃娃装式"罩衫）充满少女气息，主要定位于青少年市场。

假睫毛，可以按需剪成适合眼睛的形状，这些假睫毛的广告词都很俏皮（如"把睫毛找回来"）；产品采用银黑色包装，上面印有匡特著名的雏菊标志。60年代初期，发型也有很多不同风格，有需要黏性发乳或喷剂定型的正式的、成熟的发型（包括烫发），也有年轻的蜂巢式、马尾式和顽童式发型。1963年，维达·沙宣（Vidal Sassoon）设计和修剪出简单又别致的短发"斜角波波头"，并被模特关南施（Nancy

Kwan）首次采用，掀起了一股新的时尚潮流。玛丽·匡特总是走在时尚的前沿，她请沙宣亲自操剪，将她乌黑的秀发剪成不对称的形状，前面的头发长至眼眉，晃动间平添一分妩媚。有些人不想将头发剪成利落的几何形短发，就会戴最新波波造型的假发（沙宣是假发市场的引领者）。男人们则留起长发，还有人留起小胡子、鬓角和络腮胡。

随着时尚业的强势发展，纺织业也不断加强人造面料、混纺面料和特殊的表面处理工艺的研发。国际竞争十分激烈，各公司在各新品生产和营销方面展开争夺。科学家们的目标是提供易护理、易洗免烫的面料，这些面料耐用、防污、防皱、舒适。据估计，当时每个美国男性至少有一套免烫西装。

在 20 世纪 60 年代中期的两三年里，面料厂商们纷纷尝试将无纺织物（纸）用于时装生产，并因此成就了医疗工作服；一次性纸质连衣裙和纸内裤，都是具有代表性的一次性用品。1966 年，美国的斯科特纸业有限公司（Scott Paper Co.）为了推广新的餐巾纸系列而设计了一款纸连衣裙，订单因此蜂拥而至。玛氏制造公司（Mars Manufacturing Corporation，美国领先的纸制服装生产商）立于该时尚趋势的最前沿，使用既防火又防水、被誉为"新奇迹面料"的凯

图 201　20 世纪 60 年代初，维达·沙宣精修的波波头彻底改变了年轻人的发型。1963 年，他最受欢迎的创新发型之一就是"关南施"发型，一款后颈以上头发剪得很短的波波头，两侧头发向前斜剪，正面与下巴平齐。照片拍摄于 1964 年，沙宣将玛丽·匡特顺滑的头发剪成著名的几何形短发"五点剪式"，这也是他当年设计的新发式。

图202 从 1966 年至 1968 年，大众对一次性"纸"衣服的追捧仅持续了短短两年。1966
年，作为斯科特纸业公司的一个宣传噱头，该公司推出一款售价仅为 1 美元 25 美分的纸质
连衣裙，在不到六个月的时间里售出 50 万件。虽然纸质服装充满趣味性，但制造商很快发
现其制作成本并不比传统的服装低多少。图中以撕坏的纸墙为背景，模特头戴流行的屠夫
帽，身穿结构简单的纸质条纹 T 恤连衣裙，摆出充满活力的姿势。

赛尔（Kaycel）生产衣服，这种衣服上的标签标示着"Waste Basket Boutique"（废纸篓精品店）。在伦敦，具有开拓精神的 Dispo 公司也开始销售印有迷幻图案的纸质服装。虽然作为"一次性"服装出售，但实际上这些衣服可以经受三次洗涤，还可以熨烫。

人造纤维面料的生产商数量众多，相关指南手册内罗列了数百种纤维面料以及它们的生产商，品名通常简短，便于记忆，包括班纶（Ban-Lon）、特拉纶（Dralon）、阿克利纶（Acrilan）和奥纶（Orlon）。涤纶面料在男式成衣生产领域发挥了重要作用。美国的杜邦公司、英国的考陶尔兹公司（Courtaulds）和 ICI 公司都是当时主要的人造纱线生产商，包括玛丽·匡特、皮尔·卡丹和朗万在内的顶级设计师都相继与其签约，专门设计化纤面料的时装系列以推广最新的化纤面料，强化它们在行业中的地位。然而，虽然厂家努力将化纤面料推入高端市场，但它们仍然主要用于平价、批量生产的服装。受其影响最大的是内衣和运动服。新型弹性纤维（特别是 1959 年发明的莱卡）因其高弹、轻质、结实等特点被列入服装面料，让内衣行业能够生产出小巧的内衣。出于礼仪考虑，与迷你裙搭配的长筒袜被连裤袜所取代，吊袜带几乎成为多余的物品。装饰性更强的弹力网状连裤袜与短款文胸相得益彰，带钢圈的文胸开始流行。长筒袜生产商生产出各种渔网、蕾丝和粗旦连裤袜。在裙子越来越短的趋势下，玛丽·匡特 1965 年首次设计并发布了色彩鲜艳的长筒袜和连裤袜系列，年轻人开始用这些袜子搭配迷你裙。

20 世纪 60 年代中期为下一次时尚风格的重大转变播下了种子。在这一时期，超长款外套罩在迷你裙外面的风格趋势已初露端倪，受电影《日瓦戈医生》（*Dr Zhivago*，1965 年）的影响，一系列带有军装色彩的长及地面的喇叭形大衣出现。两年后，电影《雌雄大盗》（*Bonnie and Clyde*）使 20 世纪 30 年代流行的长及小腿的服装复兴，加速了时装设计向修长、流畅且展露曲线的风格转变。市场开始转向柔软、顺滑的服装面料，那些容易呈现为僵硬三角造型的纯色面料逐渐被淘汰，面料制造商再次面临经济和技术上的双重挑战。

第七章
1968—1975年：
折中主义与生态环保

　　时尚在年轻人的引领下变得越来越多样化，到了20世纪70年代中期，时尚分成了两大类：款式经典、舒适轻便的休闲服装，梦幻风格的创意服装。女装有了两个非常重要的发展：一是修长的中长裙和长及脚踝的超长裙取代了有着僵硬的三角形轮廓的迷你裙；二是女性越来越多地用裤装取代裙装。与此同时，男性也在持续关注时尚。

　　巴黎仍然是世界时尚中心，米兰和纽约也保持着相当大的时尚优势。1973年油价上涨70%，英国制造商被迫在短期内实行每周三天工作制。此举造成了破坏性影响，全球时尚业不得不应对通货膨胀和由此引发的经济危机。1975年，越南战争结束，但暴力冲突——包括美国和欧洲的种族骚乱与学生抗议以及全球范围内不断升级的恐怖袭击——仍在继续。在20世纪70年代"随遇而安"的大环境下，寻找新资源的设计师甚至在这些严峻的事件中也能找到灵感。他们还探索了复古高级时装（20世纪30年代和40年代快速演变的服装系列），以及以职业服装为基础的服装风格（从牛仔服到挤奶女工的工装）。然而，总的来说，时尚已经不再是设计师的"一家之言"，更多的是个人选择的问题——可以断言，迷你裙是最后的全球时尚单品。

　　20世纪60年代末至70年代初，"妇女解放运动"发展迅速，该运动的成员倾向于反时尚。然而，自由主义文学作品，例如贝蒂·弗里丹（Betty Friedan）的《女性的奥秘》（*The Feminine Mystique*，1963年），1970年出版的杰梅茵·格里尔（Germaine Greer）的《女太监》（*The Female Eunuch*）和凯特·米利特（Kate Millett）的《性政治》（*Sexual Politics*），对许多有时尚意识和社会意识的年轻女性具

图 203　伊夫·圣罗兰借鉴了男性服装的剪裁技巧，为女性打造出男性化套装。这套 20 世纪 70 年代中期的西装由煤灰色羊毛制成，搭配一件珍珠色的马罗坎平纹绉衬衫。上衣垫肩能更好地塑造肩部线条；喇叭裤几乎齐地，在厚底鞋的衬托下更显腿部修长。模特短发后梳，丝滑光亮，手插在侧口袋里，以及特别男性化的握烟方式，都平添了中性气质。照片由赫尔穆特·牛顿拍摄。

有"重要"影响：年轻女孩抛弃了小女孩形象，追求一种"成熟"的
女性风格。人们在参加抗议游行时穿着典型的嬉皮士风格服装或一些
女权主义者钟爱的连衫裤工作服。1968 年，电影《头发》（Hair）上
映，被宣传为美国部落爱情摇滚音乐电影——这部电影不仅颂扬长长
的头发（叛逆青年最明显的标志），也默许了嬉皮士运动对性和毒品
的自由态度。震耳欲聋的音乐和迷幻的灯光效果也加强了这部电影的
反独裁立场和反战情绪。嬉皮士文化发展的一个必然结果是拒绝接受
城市共同价值观，这意味着赞美自然和回归自然。这种回归大地的精
神滋养了日益发展的生态运动，也是美国和英国手工艺复兴的动力之
源。许多成衣上开始出现贴花、钩编和针织元素，甚至连一些高级定
制系列也是如此。随着社会文化越来越多元，设计师们也开始从非西
方服装概念中寻找创作灵感。包价旅游和廉价航空旅行（大型喷气式

飞机于 1970 年问世）带回了异国风情、习俗和服饰文化，这些都是
设计师丰富的创作灵感来源。健身文化开始兴起，同时人们也开始用

图 204（左） 1968 年，伊夫·
圣罗兰大胆改造了传统的燕
尾服，把裤子转变为剪裁合
身、前有暗门襟的休闲风
格；上衣为一件传统缎面翻
领外套，内搭的透视雪纺衬
衫更显妩媚挑逗，衬衫领口
还带有蝴蝶结。
图 205（右页上） 1979 年
安·罗斯（Ann Roth）为音
乐电影《头发》所设计的服
装中的一幕，准确地捕捉到
了 20 世纪 60 年代末一群嬉
皮士的穿着和举止。当时他
们把头发梳成非洲式爆炸头
或留一头光滑长发，身着定
制的牛仔裤、流苏短上衣和
靴子，搭配民族风格或复古
风格的装饰品，散发出一种
"凌乱之美"。

对身体更有益的天然美容产品和健康食品替代化学产品。

    1968 年，73 岁的巴伦西亚加关闭了巴黎的工作室，此举宣告了高级定制时装时代的终结。1971 年，香奈儿的离世标志着高级定制时装进入了又一个衰落期。然而，尽管定制服装的精英客户已经减少到大约 3000 人，但金融、政治和创意力量作为重要支撑，使高级时装在当时的环境中得以生存。双季时装系列的传统得以保留，通过高定时装秀业界也可以预测成衣系列是否能接到大单。事实证明，此时的巴黎步履维艰，因为时尚行业日益兼收并蓄，各大知名品牌的统治地位都受到了威胁，它们试图应对挑战。伊夫·圣罗兰依然是行业先锋，时尚杂志的编辑们把他的系列评为明星产品。他不断探索新奇的创意，从而获得广泛的素材来源——包括从民族、职业、历史、电影等服装风格中获得设计灵感。他技艺高超，能从奢华的服装中挑选元素，重新设计出让人眼前一亮且实用的日常服装。他的众多设计系列中也新增了剧场服装这一设计类别。圣罗兰与精明的商人皮埃尔·贝杰保持合作，至 20 世纪 70 年代初，全球已有二十多家 YSL 成衣精品店投入运营。圣罗兰要维持迅速扩张的商业帝国，还要应付繁忙的社交生活，一时之间备受压力，健康也受到了影响。不过，他不乏优秀人士相伴，包括他的缪斯女神卢卢·德拉法莱斯（Loulou de la Falaise）、法国电影明星凯瑟琳·德纳芙（Catherine Deneuve）、安迪·沃霍尔、鲁道夫·纽瑞耶夫（Rudolf Nureyev）和帕洛玛·毕加索（Paloma Picasso）。圣罗兰设计的服装系列仍占据着新闻头条。他的许多服装都刻意设计得绚丽浮华、夸张夺目，例如他在 1968 年至 1969 年设计的透视服装，当时与优雅的经典款设计一同展出。圣罗兰永不停歇，有着无穷的创造力，在 20 世纪 80 年代和 90 年代开辟了一条人人效仿的道路。1969 年，他引入了克劳德·拉兰内（Claude Lalanne）的人体雕塑艺术。这种作品重新诠释人体躯干部分，在雪纺材质的晚礼服之外包裹一层金属配饰，让其看上去像闪闪发光的角斗士盔甲。圣罗兰机智聪敏，与青年文化合拍，对短暂的潮流和时尚也欣然接纳，并赋予它们一种特殊的巴黎魅力。当拼接工艺在欧洲和美国复兴时，圣罗兰将该技艺引入了高端市场，不仅制作了精致的拼接晚礼服，还利用昂贵的绸缎拼接出一款婚纱。另外，他还使用朴素、未染色的印花布制作了分层罩衫和罗姆风格的服装。

1971 年，圣罗兰推出了一个极度夸大战时服装特点的系列，他对 20 世纪 40 年代时装的热情由此显现——模特身穿狐皮大衣（其中一件染成了亮绿色），肩膀显得宽大；头戴大头巾，脚穿俏皮厚底鞋。圣罗兰运用色彩的技艺相当娴熟，在色彩搭配和装饰上得心应手，他的设计作品也因色调和质地的相得益彰而引人注目。在这一时期，他仍然忠实于自己的标配"剧目"，并在必要时更新"台词"。而这一时期无论是白天还是晚上，裤装，包括针织连体裤以及 1971 年的女式细条纹套装，都能够以各种各样的形式出现。

圣罗兰的主要竞争对手皮尔·卡丹通过扩大授权业务、积累房地产以及将高级定制服装作为本品牌的主打产品，继续保持业务多元化并建立了自己的商业帝国。卡丹是率先将超长款大衣搭配在迷你裙之外的设计师之一，从而为女性提供了两种长度对比产生的审美效果。他还推出了一种富于变化的裙摆设计方案，即在长裙的裙面上采用细而窄的流苏，流苏末端缀着绒球或圆片，当穿者走动时裙面也会四散开来，露出腿部，看上去十分撩人。在卡丹的一些晚礼服设计中，他将肩部垂坠下来的织物构成的同心圆联结在黑色或白色的紧身衣上。他用素色的厚重织物做束腰外衣、连衣裙和裤装，营造一种有感染力的几何结构造型。卡丹设计的高领裙采用手帕式下摆（同样形成了长短不一的搭配）；在1971年，他又设计了一款裤装，裤脚以环状包围马球靴并在其上部开衩。卡丹依然忠于传统的制衣方式，选择高品

图206　伊夫·圣罗兰为传统的旅行装注入了优雅的巴黎风格元素。

1968—1975年：折中主义与生态环保　　　　　　191

质的面料并强调完美的剪裁工艺，摒弃了时下流行的民族风格和历史服装风格。20 世纪 70 年代，卡丹将目光投向柔软的时尚面料，专注于安哥拉羊毛套头衫的设计。他还尝试用亮色的针织衫搭配直筒连衣裙，裙摆是由自上而下次第排列的裙箍支撑。虽然这些衣服穿在身材苗条的模特身上能引人注目，但穿脱不方便，因此销量并不好。20 世纪 70 年代中期，卡丹将柔软的平纹针织面料进行立体裁剪和抽褶处理，制成精致的连体裤和非常规连衣裙，其流畅的线条结合了环形后幅和飘逸斗篷的廓形。1977 年，他推出了将高级定制和成衣相融合的高级成衣系列。

在大沙龙之外，巴黎的时尚成衣设计师群体拧成了一股越来越重要的力量。他们都是新晋设计师，与那些为自己的品牌创造年轻风格时装的设计大师有所不同。索尼亚·里基尔（Sonia Rykiel）是一位有哲学思维的严肃设计师，自始至终都在致力于设计易于穿着的多用途的衣服，她设计的服装全身线条飘逸流畅。1968 年，她开设了自己的精品店。里基尔舍弃烦琐的装饰，她喜欢用高档的羊毛和棉料针织衫，搭配颜色经典的可替换单品。作为一名女装设计师，她的设计理念以及严谨的设计方法可以和琼·缪尔相比。这两位设计师的观点几乎可以被认为是反时尚，因为她们都认为服装不应该只能存活一个季节，而应该能够流传多年、经久不衰。里基尔的暗色系服装设计有时会因为其标志性的条纹元素而变得活泼起来。黑色是里基尔作品的核心色调，其次是柔和的灰色、棕色、矿物蓝和赤褐色等，她也设计了米白色和杏黄色的夏季服装。里基尔偶尔也会使用鲜艳的红色和蓝色。里基尔赢得了同行设计师的尊敬，并于 1973 年当选为法国高级时装协会副主席。

卡尔·拉格斐（Karl Lagerfeld）出生于德国，1963 年开始与蔻依（Chloé）的设计师团队合作，到了 20 世纪 70 年代初，他的设计理念获得了人们的青睐。卡尔·拉格斐的设计受到许多因素的影响——他在法国高级时装协会接受过培训，在巴尔曼当过助理，具有深厚的艺术和服装史知识积淀，而且他能敏锐地感悟设计中的趣味。拉格斐意

204

205

图 207（右页上） 皮尔·卡丹将宽流苏长裙与长及臀部的紧身上衣搭配，巧妙地解决了从迷你裙向中长裙和超长服装过渡的困境。这件连衣裙设计于 1970 年，由柔韧的双层针织面料制成，"流苏"末端是圆盘。图中的模特通过转身来展示这种合而为一的设计。

图 208（右页下） 皮尔·卡丹很快便适应了 20 世纪 70 年代较为柔和的线条设计，用细羊毛和安哥拉棉织物制作了一系列线条流畅的连衣裙，将紧身毛衣与长裙（带整体披肩）搭配在一起。每套服装都搭配套头连帽，是典型的卡丹风格。

图 209、图 210　设计师们在为年轻人设计创意服装的同时，也在享受着轻松愉快的时刻。上图左：1972 年，里基尔用她最喜欢的条纹图案设计了一件带纽扣的紧身开衫，内搭一件更紧身的运动衫（左），旁边的模特身穿一件质地卷曲、触感柔软的九分开襟毛衣，系着一条厚实的腰带（右）。两位模特头戴针织帽，帽上装饰着仿真花。上图右：高田贤三在 1971 年推出的秋冬系列同样是这种轻松愉快的风格，他设计的是一套小丑风格的服装，适合年轻人——毛茸茸的短外套，配以松软、有羽毛装饰的大贝雷帽，内穿一件圆领衫，下身穿条纹紧身裤（打扮好似哑剧演员）。模特们穿着厚底高跟鞋——这种款式的高跟鞋危险性较高，导致许多穿者脚踝扭伤。

识到，要满足年轻客户的需求，就要设计出充满活力的成衣，这一点至关重要。年轻客户觉得高级时装既无趣又昂贵，但又认为批量生产的服装廉价且低档。于是拉格斐抓住 20 世纪 70 年代初的时尚精髓，用色彩鲜艳的面料制作了一批设计大胆的服装。拉格斐全力支持复古运动，他模仿 20 世纪 30 年代和 40 年代风格的设计，看似荒诞不经，实则意趣盎然。1971 年，拉格斐以黑色丝绸打底，改进了三原色装饰艺术图案，成为当时的一大新闻。

20世纪60年代中期，森英惠（Hanae Mori）作为日本时尚达人的先驱率先登上了巴黎时装周的舞台。她采用日本纺织品和具有日式特色的图案，推出了一个优雅经典的服装系列。后来许多设计师纷纷追随她的脚步，将日本服装的剪裁与现代东西方美学结合起来。高田贤三（Kenzo Takada）、山本宽斋（Kansai Yamamoto）和三宅一生（Issey Miyake）等设计师推出了宽松分层设计，并通过巴黎的舞台展示给世人。他们采用的面料通常带有活泼的图案和编织纹理，为西方时装带去了创意十足的新风貌。

高田贤三是日本新潮设计师中的领军人物，他于1965年来到巴黎。1970年，他开始设计自己的品牌"日本丛林"（Jungle JAP）。在东京文化服装学院（Bunka College of Fashion）学习期间，他对服装制作方法有了透彻的理解。高田贤三的设计灵感源自民族服装和纺织品，其设计风格随意、剪裁宽松、多层叠加，颜色和图案看似相互冲突，实则说明了高田贤三对日本传统面料以及礼服和工作服的制作了然于胸。

山本宽斋是高田贤三的校友，于1971年创立了自己的品牌。山本宽斋设计的服装色彩鲜艳，搭配图案视觉冲击力非常强。与高田贤三一样，他也借鉴了日本传统服装风格。大而张扬的图案使华丽的异域服装得以盛行，在欧洲和美国吸引了一批追随者。纽约大都会艺术博物馆的理查德·马丁（Richard Martin）指出，山本宽斋的作品结合了西方的流行元素和日本传统中的高度正式感的风格。20世纪70年代，他的活力系列特别受欢迎——该系列采用了一种奢华精美的贴花形式，布料选用光滑的绸缎和皮革。

1964年，三宅一生毕业于东京多摩大学（Tokyo's Tama University）的平面设计专业，之后与姬龙雪（Guy Laroche）、纪梵希和杰弗里·比尼共事。1970年，他在东京创立了三宅设计工作室，并于次年成立了三宅一生有限公司。最初三宅一生在纽约举办时装秀，从1973年开始在巴黎展出自己设计的系列。三宅一生的许多设计灵感源自武士盔甲、日本传统和服的版型和剪裁，以及功能性工装等。

到了20世纪70年代中期，意大利的时尚产业蓬勃发展。凭借出色的商业能力和制造技术，意大利时尚在一定程度上对巴黎时尚构成了实质性的挑战。罗马、佛罗伦萨和后来居上者米兰共同争夺意大利时尚

图211 山本宽斋希望人们穿上自己设计的服装时能够感到快乐、有活力，其设计作品最夸张之处在于借鉴了歌舞伎的戏服。他于1971年设计的一款非同寻常的针织连体衣（左），上面有一个吐出舌头的鬼脸图案，给人以强烈的视觉冲击，下身搭配带有帆布躺椅式条纹的紧身裤，整个造型大胆张扬。大贴花的设计让绗缝热裤套装（右）稍显柔和。这种大厚底靴很像艾尔顿·约翰（Elton John）和阿巴乐队（Abba）成员在舞台上穿的靴子。

图 212、图 213　米索尼针对不断变化的气候设计了一系列针织服装。左图：1972 年至 1973 年秋冬系列，两套羊毛混搭套装，可以在凛冽寒冬御寒保暖。穿者可以选择百褶裙或舒适的喇叭裤，多层设计可以起到保暖的作用，还可以呈现出色彩鲜艳的条纹图案，增强美感。右图：1968 年夏季系列，一件宽松、易穿脱的轻便针织连衣裙，图案为黑色加彩色条纹，色彩鲜艳；裙子由数片大棱角形裙面构成，十分飘逸，透气性良好，可以保持身体凉爽。

中心的位置。米兰最终在这场竞争中胜出，主要因其有便利的航线、大型酒店和宽敞的商业场所。意大利人的优势在于他们拥有国内生产的豪华丝绸、亚麻和羊毛以及世界闻名的皮革，而时装界为他们提供了一个展示的平台。意大利的制造厂和印染工厂也为个别设计师的服装系列提供独享的制造和印染服务。在这一黄金时期，不仅有华伦天奴和米拉·舍恩（Mila Schon）等知名品牌坐镇，还有 20 世纪 80 年代的后起之秀，例如乔治·阿玛尼（Giorgio Armani）和詹尼·范思哲（Gianni Versace），主宰着意大利时尚界。1975 年，意大利国家时装商会（National Chamber of Commerce of Italian Fashion）在米兰举办首场大型成衣发布会，之后米

1968—1975 年：折中主义与生态环保　　　　197

兰时装周便成为国际买家选购和媒体报道的固定秀场。

意大利的工艺传统历史悠久，本国设计师们在此基础上添砖加瓦、贡献创意，为国际时尚带来了新的精神风貌。1973 年，针织服装设计师罗西塔（Rosita）和奥塔维奥·米索尼（Ottavio Missoni）在机器针织服装上大胆创新，并因此获得内曼·马库斯时尚奖。二人引入了彩虹色条纹、变形纱线和复杂图案（从火焰形到锯齿纹样），将针织服装设计提升为一种艺术形式。像许多意大利企业一样，米索尼公司吸纳了整个米索尼家族的设计精英作为后备人才。同样，主打皮具和皮草产品的芬迪（Fendi）公司也是芬迪五姐妹（创始人之女）及其家族共同努力的成果。这家 1925 年在罗马成立的小型皮具精品店一直为私人客户提供皮具，直到 1962 年公司才开始迅速扩张，生产别出心裁的皮革产品和皮草系列，满足高级定制和成衣需求。20 世纪 60 年代初，本着创新精神，芬迪公司委托时装设计师卡尔·拉格斐为其专有的皮草产品设计了不同寻常的系列。与传统的高级皮草不同，拉格斐使用了松鼠、鼹鼠和雪貂的皮毛，以全新而非传统方式剪裁和染色，摒弃了以往惯用的厚重衬里和衬布，设计出了多功能、轻便的时尚皮草。

光鲜华丽的风格是意大利服饰设计的一个重要特征。瓦伦蒂诺（其同名品牌为华伦天奴）被誉为这一流派的设计大师。在巴黎完成学业后，瓦伦蒂诺在让·德赛和姬龙雪名下的公司工作，他于 1959 年在罗马建立了自己的工作室，并凭借 1968 年的白系列享誉国际。在 20 世纪 60 年代和 70 年代，瓦伦蒂诺的设计精致无比，富丽奢华，吸引了杰奎琳·奥纳西斯、伊丽莎白·泰勒和伊朗王后等知名客户。瓦伦蒂诺的首家成衣精品店于 1969 年开张，分店迅速遍及欧洲其他地区、美国，最终至日本。美国客户尤其被其裁剪简约、设计奢华的晚礼服所吸引。

209

另外两位意大利设计师则采用了不同的风格，凭借将舒适性与时尚完美融合的设计而大获成功。1972 年，劳拉·比亚乔蒂（Laura Biagiotti）推出了自己的第一个系列。她在收购了一家羊绒公司后开始制作实用、易养护的羊绒针织连衣裙，其穿者几乎不需要考虑尺码问题。她还设计了一个跨季节的胶囊衣橱，整个衣橱由舒适轻便的经典单品组成。1968 年，祈丽诗雅（Krizia）品牌创始人玛鲁西亚·曼代利

（Mariuccia Mandelli）在最初的短裙和连衣裙系列中加入了针织服装的设计元素。毛衣上装饰的动物图案非常受欢迎，于是之后每季她都会在其时尚"动物园"里推出一种新动物图案。祈丽诗雅还专门制作精致的褶裥晚装，灵感主要来自意大利修道院传统的打褶技艺。

当时，纽约仍然是美国时尚产业的中心。和意大利设计师一样，美国设计师展现出了一种新的自信。美国各大知名品牌继续以精致的欧洲模式制作服装，但随着一批设计师新秀的加入，这些品牌发展出了一种独特的美国风格。20 世纪 60 年代末的长款造型在美国并没有很快获得成功：女性认为这种造型过时老气，毫无吸引力，因此不愿接受。为了让女性接受这种造型，设计师们推出了在前面和侧面开长襟的长裙和中长裙，让穿者展示腿部线条。1970 年出现了超短裤，这是设计师们最后一次尝试膝盖以上的时装。其日装款式采用牛仔布、皮革和羊毛制作，结实耐用；晚装款式则使用鹅绒和绸缎，有些款式搭配围兜或腰带。受众人群主要为年轻人和其他敢于尝试的人。超短裤源自巴黎成衣系列，适合与粗纤维彩色紧身上衣搭配（值得一提的

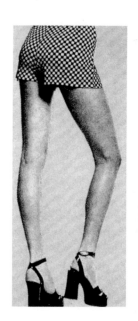

图 214（左） 在热裤退出时尚舞台之前，其长度越来越短。不过害羞腼腆的人不太习惯穿热裤，身材匀称、大胆前卫的人更愿意穿。该照片是 1971 年祈丽诗雅用一条小巧的格纹热裤搭配 40 年代复古系带厚底凉鞋。

图 215（右） 20 世纪 70 年代，人们非常注重腿部线条，不断探索着裤装的形制。这套黑白相间的套装是华伦天奴 1971 年的春夏系列，整体很有层次感，包括一件端庄的圆点绉纱高领衬衫（搭在背心下）搭配稍显随意的短裤。在有着装要求的场合，前开襟长裙可以遮住穿者的腿部。

是，1971 年皇家阿斯科特赛马会允许观众着短裤入内，只要"总体穿着"得体即可，这也预示了着装规范不再那么严格）。《女装日报》将其命名为"热裤"（hot-pants）之时，便是其声名狼藉之日。20 世纪 60 年代，该杂志创始人之孙约翰·B. 费尔柴尔德（John B. Fairchild）将杂志转型成报纸，提供最新的时尚资讯，报道社会名流及潮人（被称为"漂亮的人"）的小道消息。该报覆盖范围广及全球，是时尚业内人士的必读。1973 年，费尔柴尔德增加了一个全彩姊妹版，名为 W，该报探讨时尚以及时尚行业开拓者的生活方式。总部设在伦敦的杂志

图 216　1971 年，蒙特利尔的 Aljack 运动服饰公司设计了这款旅行套装（将百搭牛仔布漂白），包括喇叭裤和长款收腰夹克（带翻边袖、蓝色纽扣和四个翻盖口袋）。

《新星》(*Nova*，1965—1975年)则在时尚与性别的关系方面大大拓宽了人们的视野。《新星》杂志团队才华横溢，为原创文章和热门文章配以赫尔穆特·牛顿(Helmut Newton)、迪波拉·特布维尔(Deborah Turbeville)和哈利·佩西诺提(Harri Peccinotti)拍摄的前卫时尚照片。

休闲与优雅并存的单品仍是美国时尚的核心，20世纪70年代，卡尔文·克莱恩(Calvin Klein)、杰弗里·比尼和罗伊·侯斯顿·弗罗威克(Roy Halston Frowick)等设计师将这些单品进行了改进。克莱恩1962年从美国时装技术学院(Fashion Institute of Technology)毕业后，曾在多家成衣公司工作，1968年创立了自己的公司。其设计的混搭系列款式经典，兼具低调、随性、优雅的特点，非常适合职业女性。克莱恩喜欢天然材料，例如羊绒、麂皮和细羊毛，更喜欢具备淡雅魅力的大地色调和中性色调，并采用棕色作为他的标志性颜色。克莱恩的作品很快便吸引了一批国际客户，20世纪70年代中期，他的名字成了当时美国风格的代名词。

罗伊·侯斯顿·弗罗威克的设计同样简约而经典。20世纪60年代末，侯斯顿放弃了已取得成就的女帽设计事业，成为一名服装设计师。1972年，他开始提供成衣系列和定制系列，其服装吸引了社会名流的关注（他的客户包括杰奎琳·奥纳西斯和丽莎·明内利）。侯斯顿擅长设计线条流畅柔和的服装，他的设计既时髦又舒适；也改进了长裤和长款外衣的搭配，使其白天晚上皆可穿着。侯斯顿设计的紧身针织T恤连衣裙、长款羊绒毛衣、修身丝质长袖衫以及围带裙和连衣裙，都尽量减少了复杂的系扣和非功能性细节。艾尔莎·佩雷蒂(Elsa Peretti)设计的珠宝大胆抽象，与侯斯顿的流线型设计形成互补，二人的合作常常取得非凡效果。

卡尔文·克莱恩和侯斯顿都是时尚极简主义者，而拉夫·劳伦(Ralph Lauren)则重塑了传统主义。20世纪70年代早期，拉夫·劳伦重新诠释了那些通常与英国乡绅生活联系在一起的服装，并加入了精致的元素，使这些服装受到美国市场的青睐。劳伦没有接受过正式的设计培训，但是他曾在纽约的高档男装商店布克兄弟工作，并担任领带销售员。之后的1967年，他在博·布鲁梅尔(Beau Brummell)颈饰公司下属部门开启"马球时装"设计。次年他成立了Polo Fashions公司，这是一家独立的男装公司，提供整体造型设

图 217　1972 年，侯斯顿设计了一款极其精致的套装，这款套装对着装者的身材要求极高——模特身穿纤细的丝质低领挂脖运动衫连体裤，一件 Ultrasuede（侯斯顿标志性设计）风衣随意地搭在肩上，再佩戴一副墨镜，浑身散发自信魅力。模特高高举起的香烟，则为这套简约优雅的晚装营造出完美的氛围，使其有 20 世纪 30 年代的韵味。

计服务。劳伦选择"Polo"这个词，将绅士专属的乡村粗花呢服饰和体育运动联系在一起，是营销完整生活方式的开端。1971 年，劳伦推出了带有马球运动员标志的女装衬衫（具有男装风格），大获成功。他受此激励，又推出了全套女装系列。他设计的服装出现在宣传图片、杂志和电影中后，人们经常认为其具有 20 世纪 20 年代和 30 年代的时尚特色，因此 1974 年电影《了不起的盖茨比》（*The Great Gatsby*）自然而然选择劳伦为男演员设计演出服。三年后，黛安·基顿（Diane Keaton）在《安妮·霍尔》（*Annie Hall*）中穿上了劳伦设计的服装，于是一时间男士风格的女装设计盛行，这种设计主要包括超大号衬衫、长裤和夹克，通常搭配领带和马甲。

　　拉夫·劳伦从英国乡绅身上寻找灵感，游历广泛的美国版《时尚》杂志前编辑玛丽·麦克法登（Mary McFadden）则将目光转向了古代文明和异域文化风格的服装。麦克法登从 1973 年就开始展示自己的系列，之后的两年里，她设计出了带有褶皱的涤纶绸缎面料的服装，这是她的标志性设计元素。麦克法登经常将这种面料与珠饰和精致的系扣结合在一起，设计出福尔图尼那样的晚礼服。这种布料是旅行服装的理想面料：不易起折痕，衣服拿出来就能平整如初。白天可以在外面穿一件棉质外套或毛衣，晚上可以搭配一件打褶或刺绣上衣，更添一分魅力。

斯蒂芬·巴罗斯（Stephen Burrows）、斯科特·巴里（Scott Barrie）和贝齐·约翰逊的设计代表了美国时尚界年轻、怪诞的一面。1970年，纽约最时髦的购物场所是亨利·班德尔百货公司的"斯蒂芬·巴罗斯之家"（Stephen Burrows World）。巴罗斯在时装技术学院接受培训时，最初的设计灵感来自摩托车装备和非裔美国文化（他本人为非裔美国人）。他以年轻人为目标受众，并以设计带铆钉、拼接和流苏元素的皮革服装著称，也喜欢用不同面料设计色彩艳丽的拼接款服装，作品非常引人注目。他还设计了简约经典的男女款式针织衫，利用柔软的针织面料勾

图218 图片是玛丽·麦克法登1975年的时装设计。1975年，麦克法登为自己的"玛丽褶裥技术"申请了专利；优雅的柱状设计让人想起福尔图尼的作品，但她的设计使用了最新技术，即采用了易于护理的涤纶色丁面料。明亮的色彩、饰品装饰的裙面以及宽松的廓形也是其作品的特点。

1968—1975年：折中主义与生态环保

勒出身体的轮廓。巴罗斯的作品充满活力，并能偶尔打破传统，其风格更接近欧洲的年轻设计师而非美国同时代的设计师。巴罗斯的设计别具一格——服装的缝线以显眼的 Z 字锯齿形突出显示在服装外侧，他还喜欢用突出的摁扣和系带而不是隐藏式的扣子。

20 世纪 60 年代末，十几岁和二十几岁的年轻人几乎人人都穿蓝色牛仔裤，记者们不禁感叹那是一片"牛仔的海洋"。1973 年，内曼·马库斯时装奖颁给了李维·施特劳斯（Levi Strauss），以表彰其"代表美国对世界时尚做出的最重要的贡献"。对于世界各地的许多年轻人而言，牛仔裤的品牌至关重要（它可以是 Levi、Lee 或 Wrangler），面料也要合适——应该是经过石洗、缩水、褪色、漂白或拉丝等一系列工艺的牛仔布。设计师们将牛仔裤剪开，加入衬里，做成打补丁的牛仔裙。较年长的顾客群体选择牛仔布纯粹是因其舒适性和实用性，时髦的纽约人则穿着褶皱分明的水洗牛仔裤，搭配设计师定制款夹克或海军蓝运动夹克。当牛仔裤和夹克的主人开始选择定制款时，牛仔艺术应运而生：运用刺绣、铆钉、彩绘、裁剪、贴花等工艺并设计出一系列装饰性的图案、字母或名称和口号。与此同时，中性风格盛行。最初，顶级设计师对这一年轻潮流保持冷漠态度，但更有冒险精神的设计师很快在自己的服装系列中加入了牛仔裤。其中最受欢迎的是格洛丽亚·范德比尔特（Gloria Vanderbilt）的白色牛仔装、埃利奥·费奥鲁奇（Elio Fiorucci）的卡其色牛仔装和拉夫·劳伦的传统靛蓝色牛仔装——它们都带着各自品牌的显眼标志。许多制造商仿制著名的工装品牌，也生产出了时尚的低腰牛仔长裤，一些有喇叭裤脚。穿者为了不让喇叭裤脚拖在地上，只能穿上又高又重的厚底鞋，可是这样危险系数就大大增加。这一造型也成为 20 世纪 70 年代最值得人们回忆的时尚标志之一。

喇叭裤是时尚男性衣柜里的"重要一员"。当时牛仔裤对年轻人来说就是"第二皮肤"，他们走到哪儿穿到哪儿。而在年轻人中流行的廓形是上装修身，下装牛仔裤将大腿裹紧，小腿部分则展开呈宽边状。那些外向、身着色彩鲜艳和款式大胆服装的年轻人成为时尚的焦点。当时主流的休闲穿搭组合是上身穿彩虹色的高腰针织背心，或带有大尖领（或泪珠状的衣领）、印有迷幻图案的衬衫，外加束腰短长衣，下身穿天鹅绒或灯芯绒喇叭裤。白领们必须遵守正式的着装规范，尽管年长的男性仍然忠实于剪裁保守的西装，但年轻的男性倾向于穿着翻领收腰夹克和喇叭裤套装。随着时间的推移，裤边越来越宽，直到 20 世纪 70 年代中期，喇叭裤才不再流行。

　　对于男装而言，流行音乐领域是其主要的时尚力量来源。从流行音乐人的服装中借鉴的创意，只要稍做修改就会出现在大街上。1969 年，潮人米克·贾格尔（Mick Jagger）在伦敦海德公园一场免费流行音乐会上的表演引起了轰动。贾格尔上身穿着一件极具女性气质的褶边收腰上衣，下身为白色喇叭裙，脖子上佩戴着装饰有铆钉的皮项圈。"魅惑摇滚"的代表人物加里·格利特（Gary Glitter）（穿着危险系数较高的厚底鞋昂首阔行）和马克·博兰（Marc Bolan）将以前仅限女性穿着的晚礼服的元素重新融合，采用卢勒克斯（Lurex）

图 219　1969 年 至 1972 年期间，大卫·鲍伊（David Bowie）在英国和美国获得了众多观众的喜爱，成为热度很高的明星。他在形象塑造方面颇有天赋，并通过变装、浓妆艳抹和不断改变舞台形象来增强自己的舞台表现力。他在 20 世纪 70 年代早期推出了《基吉星团》专辑，这一时期，他将自己独特的尖刺发型染成一系列明亮的颜色，对年轻粉丝产生了巨大的影响。

织物（金银丝面料）、缎面和带亮片的弹力面料制作成中性服装。虽然有些人见到这类服装仍会大惊失色，但中性风格不再是禁忌。马克·博兰留着黑色长卷发，并用厚重的妆容来突出自己的美貌。和大卫·鲍伊一样，他把羽毛围巾作为舞台配饰。对于"基吉星团"（Ziggy Stardust）中的角色，鲍伊注重细节，从完美的妆容和犀利的发型到精心制作和装饰的舞台服装，他设计了一个美艳的变性人形象。他被称为"雌雄同体的变色龙"，万千粉丝为其倾倒；通过快速而彻底的形象转变，他对 20 世纪 70 年代的时尚风格产生了重大影响。

美国的反正统风格继续在国际上产生巨大的影响，影响了学生的穿着和有嬉皮倾向的年轻职场人的休闲装束。1969 年，通过伍德斯托克音乐节（Woodstock pop concert）的纪录片，欧洲年轻人熟悉了各种反时尚服饰：无领的"爷爷"衫、粗布或带有印花的印度棉连衣裙、发带和民族特色的串珠配饰。1969 年下半年，成千上万的流行音乐爱好者穿着扎染和带有花卉图案的服装，犹如万花筒一般，涌入怀特岛参加音乐节，聆听包括鲍勃·迪伦（Bob Dylan）在内的摇滚和民谣明星的声音。同年，丹尼斯·霍珀（Dennis Hopper）和彼得·方达（Peter Fonda）在电影《逍遥骑士》（Easy Rider）中扮演了两个典型的嬉皮士，他们骑着摩托车且思想叛逆。方达的造型是美国队长，衣服上点缀着星星和条纹；霍珀则穿着牛仔裤和流苏皮夹克，留着长发和小胡子，二人在电影中的嬉皮士形象影响了整个美国甚至欧洲。

在一段时间里，英国年轻人流行穿着非传统服装，这对萨维尔街的优秀裁缝们产生了消极影响。由于萨维尔街的店铺租金急剧上涨，精英客户群体规模也在缩小，而且当制衣工人退休时，他们的技能无人传承，因为人们认为时装行业的学徒制已经过时。不过汤米·纳特（Tommy Nutter）的裁缝店开业，为行业带来了一缕阳光——他将现代风格与优秀的制衣技艺相结合。1969 年，约翰·列侬（John Lennon）和小野洋子（Yoko Ono）从汤米·纳特店里购买了中性化的白色婚服，而且比安卡·贾格尔（Bianca Jagger）常常在他的店里购买精致的裤装，并用优雅的手杖来搭配。纳特大胆使用混合面料，打破了许多剪裁的惯例。纳特设计的大多数西装都有其标志性的带镶

图 220（左页） 1970 年，一名年轻的嬉皮士从怀特岛的一场流行音乐会上归来，穿着宽松的天鹅绒长裤和流苏装饰的宽松上衣，戴着飘逸的丝巾、抽绳束口袋和长长的串珠项链。

边的宽大翻领，以及十分夸张的造型。

布莱恩·费里（Bryan Ferry）和他的洛克西乐团（Roxy Music）（通常由安东尼·普莱斯 <Antony Price> 担任服装设计师）让两次世界大战之间盛行的华丽风格重新流行起来，并推动了复古风的流行。20 世纪70 年代初的石油危机之后，全球经济萧条，失业率不断上升。由于复古风盛行，人们开始前往跳蚤市场、慈善机构和旧货店淘二手衣服。

20 世纪 70 年代中期，男士时装的线条开始出现微妙的变化。夹克不再凸显腰部的线条，喇叭裤也不再流行，紧身裤逐渐被带有褶皱和柔和线条的宽松服装所取代。意大利的乔治·阿玛尼在这一转变中发挥了重要作用。阿玛尼在文艺复兴百货连锁公司（La Rinascente）工作一段时间后，先是为尼诺·塞鲁蒂（Nino Cerruti，设计了Hitman 系列）工作，然后创立了一个独立品牌，并在 1974 年展示了首个成衣系列。这些都为他在 20 世纪 70 年代晚期向一种新式非结构化造型的转型奠定了基础。

虽然服装向更加宽松的廓形转变，但人们对自己的身体要求是体态轻盈、线条优美。因此，健身风潮从美国开始迅速传播开来。倡导健身的理论家们认为，苗条、健康的身体意味着生活更高效且生活质量更好——健身视频、电视节目和时尚杂志都支持这一理念。运动和休闲服装制造商迅速推出了强调时尚吸引力而非运动实用性的服装。由于莱卡面料具备良好的延伸性，不易变形且快干，因而有了用武之地。莱卡与其他纤维结合可以被用于制作紧身衣——紧身衣走出舞蹈教室和健身房，成为迪斯科舞厅和健身俱乐部时尚表达的重要元素。20 世纪 60 年代末至 70 年代，莱卡面料还被用于制作轻薄、无接缝的内衣。慢跑和滑冰热潮在美国蔓延，商家纷纷推出配套的运动服，包括短裤和紧身衣，甚至是护腿和防汗带。顶级职业体育人士不仅支持这类运动服装的发展，还与厂商签署协议为专业设备和服装代言。1972 年奥运会期间，商家推出了"第二皮肤"特色泳衣，旨在提高游泳速度，商业大街上也出现了类似款式。

最理想的美容养生方法就是锻炼。身体健康的模特们抛弃了 20 世纪 60 年代后期的那种假少女形象，取而代之的是呈现一种健康、自信的成熟美，杰里·霍尔（Jerry Hall）、玛丽·海尔文（Marie Helvin）和伊曼（Iman）的照片中便是最佳例证。"黑色也美丽"运动让越来

图221（右） 纽约附近的一处"胜地"，1969年8月的伍德斯托克音乐艺术节在此举办。一名嬉皮士穿着可能是用印花印度棉布床罩制成的长袍。

图222（下） 丹尼斯·霍珀、彼得·方达和杰克·尼科尔森（Jack Nicholson）在1969年美国公路电影《逍遥骑士》中的一幕，该电影具有颠覆性意义。《逍遥骑士》是一部亚文化电影，探索了美国的反主流文化和毒品文化，票房十分可观。

越多的黑人模特登上杂志和 T 台，其中包括贝弗利·约翰逊（Beverly Johnson）、托罗的伊丽莎白公主（Princess Elizabeth of Toro）和莫妮娅·奥荷泽曼（Mounia Orhozemane）。20 世纪 70 年代其他有影响力的模特包括比安卡·贾格尔、简·方达、法拉·福赛特 – 梅杰斯（Farrah Fawcett-Majors）和安吉拉·戴维斯（Angela Davis）。她们的妆容要么"轻描淡写"呈自然色，脸看起来像比芭那样苍白；要么使用亮色系，脸部像小丑那样浓妆艳抹。最受欢迎的发型有爆炸头、蓬乱的"加州"长发以及前拉斐尔派的波浪卷发。

伦敦的设计师们很快就认可了采用柔软面料设计的新式长款服装。20 世纪 70 年代初，琼·缪尔、桑德拉·罗德斯（Zandra Rhodes）、比尔·吉布（Bill Gibb）、吉娜·弗拉蒂尼（Gina Fratini）、福莱和塔芬以及奥西·克拉克（Ossie Clark）已经实现了他们早年的心愿。除了琼·缪尔，他们都热爱幻想与浪漫——可能因为英国艺术学校都洋溢着自由的氛围，不像法国、美国和意大利那些面向商业的高定时装培训学校那么正式。

1964 年，奥西·克拉克从英国皇家艺术学院（Royal College of Art）毕业，很快便成为影响伦敦时尚界的"奇才"。克拉克早期的设计受到欧普艺术的影响，他凭借这种设计一举成名。克拉克喜欢与流行音乐家和画家为伴，在洋溢着年轻氛围的伦敦扮演着重要角色。他的职业生涯开始于为爱丽丝·波洛克（Alice Pollock）的精品店设计作品，其作品吸引了比安卡·贾格尔、玛丽安·费斯福（Marianne Faithfull）和帕蒂·博伊德（Patti Boyd）等名人。克拉克的设计在腹部和肩部采用镂空技艺，不落俗套，并巧妙地设置了缝口，供女性展现这些身体部位，产生性感撩人的效果。20 世纪 60 年代末，克拉克发现了自己真正的强项，即将柔软难处理的苔绒绉面料、缎面面料和真丝雪纺裁剪成线条流畅、裙裾翩跹的款式。后来他与印花纺织品设计师西莉亚·伯特韦尔（Celia Birtwell）成婚，将伯特韦尔设计的面料发挥到了极致。伯特韦尔设计的印花图案有一种流动的效果，与克拉克的设计理念完美匹配。制造商拉德里（Radley）邀请克拉克担任设计师，基于一系列柔和色调的以及黑色和白色的苔绒绉纱，大规模生产克拉克的设计作品。

诗意设计也是桑德拉·罗德斯作品的核心。1964 年，罗德斯从皇

图 223 这种飘逸的服装款式是 20 世纪 60 年代末服装改革运动的产物,它摒弃了以往使用硬挺面料制作的短而结构化的服装的设计。1968 年,奥西·克拉克采用西莉亚·伯特韦尔具有诗意图案的薄纱设计了该款服装,下垂的衣角在身体周围形成优美的波纹。这种设计使服装的边缘在人体上呈现出波浪形,着装者伸出脚便可以露出大腿。

家艺术学院的印花纺织品专业毕业后,做了一段时间的自由职业者,并曾与服装设计师西尔维亚·艾顿(Sylvia Ayton)合作,后来他于 1969 年推出了个人首个独立系列。作为一个不按常理出牌且多产的设计天才,罗德斯创造了独特的印花图案,用于设计特殊场合穿着的礼服,这些图案瞬间吸引了美国和英国的买家。罗德斯于 1969 年设计的晚礼服套装由巨大的圆裙制成,以真丝雪纺和毛毡打底,绣以丝网印花(灵感来自 18 世纪和 19 世纪的针织法和刺绣针脚),令人叹

图 224　由桑德拉·罗德斯设计的双面绗缝外套的平面照片，这件外套按照"雪佛龙披肩"（1970年）设计印花，并按照印花的形状进行裁剪，边缘呈锯齿状。其剪裁灵感源自马克斯·蒂尔克（Max Tilke）专著中的民族志服装插图，其上装饰的丝网印花的创意则来自维多利亚时代的流苏披肩。这件别具一格的外套是设计师本人的最爱，她经常穿着它搭配宽松长裤，裤腿塞进比芭长靴。

为观止。之后，罗德斯的每个系列都离不开其对历史服装和纺织品的研究以及在世界各地的旅行经历——她将所见所闻、所思所想草绘出来，生动而形象。罗德斯从来不是盲目地模仿，她的研究资源只是她设计作品的基石。她认为自己的作品极具诗意，将自己的设计创作称为"蝴蝶"。1970年至1976年，她受到不同地区丰富图像的启发，设计出了"乌克兰与雪佛龙披肩""纽约与印第安羽毛""巴黎与褶边和纽扣花""日本与美丽的百合花""墨西哥与宽边帽和扇子"等系列作品。在罗德斯的设计作品中，印花图案是最核心的要素——服装的结构和装饰细节设计都是为了突出印花。褶边和手帕边（有些带有冰柱状延伸部分）外侧饰以串珠或羽毛；服装的外边沿缝得很花哨，边缘为粉色或形似生菜的褶边；丝绸和针织连衣裙为手工卷边，设计师通常利用反光缎面做成滚边、饰片或宽饰带。贴花、绗缝和刀褶等烦琐工艺突出了罗德斯的制衣手艺。她的作品散发着浪漫的气息，因此在穿者需要高调亮相的场合需求度很高，比如安妮公主（Princess Anne）1973 年拍摄订婚照。

生于苏格兰的比尔·吉布曾就读于圣马丁艺术学院（St Martin's School of Art）。吉布与画家兼编织师卡菲·法塞特（Kaffe Fassett）一起，在一组有旋转花格图案的复杂针织物中引入了"混搭图案"设计，这种设计对当时的时尚圈影响颇深，这也让他赢得了 1970 年《时尚》杂志年度设计师奖。次年吉布创立了自己的品牌，并着手设计一系列奢侈品，灵感主要来自民间服饰、中世纪和文艺复兴时期的服装以及苏格兰高地服装。吉布采用对比鲜明、装饰华丽的面料，并饰以精美的镶边。他设计的作品引人注目，深受媒体名人（他们需要在公共场合穿着盛装）的赏识。1971 年，为了参加电影《男朋友》（The Boyfriend）的首映式，英国著名时尚模特、电视节目主持人崔姬邀请吉布为自己设计礼服。吉布设计的全裙式晚礼服和婚纱都带有浓郁的个人特色，比如滚边接缝和穗饰带。吉布设计的服装上经常有蜜蜂（B 代表比尔）的标记，该标记通常以刺绣图案、小珐琅纽扣或搭扣的形式出现。虽然吉布擅长设计浪漫和梦幻风格的服装，但他也设计了由实用的苏格兰粗花呢和格子呢制作的日常休闲服装，比如以传统的苏格兰方格呢裙为基础设计的长格子裙。吉布设计的针织套装（全套服装包含的单品达 10 件）尤为成功，秋冬季节的款式采用厚重的羊毛，春夏季节的款式则采用轻薄毛呢。20 世纪 70 年代中期，吉布的设计事业达到巅峰——他在哈罗德百货公司有一间比尔·吉布工作室，并在邦德街有一家专营店。

相比之下，琼·缪尔没有走怀旧风，也没有将旧时风格加以改进。缪尔没有接受过专业的服装培训，但在 1966 年创立自己的品牌之前，她曾在利伯提百货公司、贾可玛、耶格（Jaeger）和成衣制造公司 Jane & Jane 工作。很快，缪尔便发掘了属于自己的设计风格，且很少偏离该风格。在布鲁顿街（Bruton Street）的门店，缪尔展示了精致且低调的设计——既讨喜又不失霸气。事实证明，她的流线型设计为女性的优雅添加了一种"不好惹"的特质，非常适合高调的职业女性。缪尔设计的服装穿着方便，时尚简约，成衣通常带有实用的宽大口袋。另外，缪尔使用的面料都是没有肌理图案的哑光针织面料、羊毛绉织物、柔软的皮革，面料都会经过染色工艺处理，但颜色差别不

大（无一例外都使用海军蓝和黑色），这些成为缪尔的标志性面料。缪尔作品的力量感和完整性源于简单和质朴。装饰集中在折褶固缝和顶部缝合，以及年轻工匠设计的手工纽扣和搭扣上。

鸟丸军雪（Gunyuki Torimaru）的设计也带有浓郁的个人风格。鸟丸军雪出生于日本，在前往欧洲之前是名纺织工程师，后来在伦敦时装学院学习，并在哈特内尔和卡丹等多家知名时装公司工作过，积攒了丰厚的设计经验。1972 年，鸟丸军雪在伦敦创立了自己的品牌，并很快以流畅的垂褶平纹针织服装在国际上赢得了声誉。与其他在西方工作的日裔设计师不同，鸟丸军雪的设计总是会回归注重穿者的身材。他将柔软织物围成圈形和绕领系带，平纹针织面料层层叠叠自然垂坠下来，形成服装包裹整个身体，性感撩人。鸟丸军雪技艺高超，他设计的作品既适合霸气的大女人，也适合温柔的小女人，并因此备受赞赏。他设计的飘逸的“古希腊”连衣裙采用的是杜邦公司的奎阿纳（Qiana）针织面料（一种可水洗的聚酰胺纤维），这款连衣裙有别于 20 世纪 70 年代的主流款式，拥有永恒的优雅。

20 世纪 70 年代初，年轻顾客可以在伦敦的自由先生（Mr Freedom）、比芭和罗兰爱思（Laura Ashley）服装店购买当下流行的服装，价格也很合理。石油危机后时尚界一度只使用棕色或米色等朴素的色系。此前几年，受美国的运动装、动漫服装和魅惑摇滚风的启发，汤米·罗伯茨（Tommy Roberts）为其自由先生服装店囤积了一批色彩鲜艳、活泼有趣的服装。位于肯辛顿高街（Kensington High Street）的比芭大型商场的开业，可以被视为伦敦动荡的 60 年代的最后一次狂欢。20 世纪 60 年代后期，比芭品牌发展势头越发强劲。1973 年，芭芭拉·胡拉尼基和史蒂芬·菲茨－西蒙（Stephen Fitz-Simon）接管了整个百货商店（前身为 Derry & Toms 百货公司），全方位销售比芭生活方式——为整个家庭提供时装和配饰以及食品和室内装饰。商店所在的这栋 20 世纪 30 年代的建筑在翻新中借鉴了新艺术运动和艺术装饰运动的设计思想，并融入好莱坞元素，魅力大增。昏暗的光线下，比芭出品的热门服装挂在曲木衣架上展示给顾客，就如同当初在比芭

图 225（左页） 这是由鸟丸军雪于 1974 年设计的一款优雅的柱形晚礼服，整个设计采用丝滑的针织面料，鸟丸军雪精心设计打褶处，使晚礼服形成高领，针织面料由此处自然下垂至脚部。技艺娴熟的鸟丸军雪使用的是一整块布料，而非传统裁剪成形的裙片。他会通过立体裁剪的方式在人体模型上制作礼服，煞费苦心地把每片褶都固定好。

图 226　20 世纪 60 年代后期，长
大衣开始流行。芭芭拉·胡拉尼
基以双排扣军大衣为灵感，将男
装元素融入女装，设计出这件畅
销款长大衣。胡拉尼基为比芭的
年轻顾客量身定做了这款长大衣，
其腰部有所收紧，往下呈喇叭形
展开，下摆几乎及地。大圆翻领
是时新的设计。这件大衣采用羊
毛和防水性面料制成，其颜色采
用比芭标志性颜色——一种充满
泥泞感的空军蓝，十分受消费者
欢迎。

图 227　20 世纪 70 年代初，罗兰爱思的店里挤满了抢购便宜的棉质服装的年轻女性。此类服装需求量之大，以至于商店被纯白色连衣裙和女士衬衫塞得满满当当，这类怀旧风源自 19 世纪末和 20 世纪初的睡衣和内衣风格，此类风格的服装由柔软的粗棉布制成，有时还会用花边作为装饰。罗兰爱思雇用了一些看起来天真无邪的年轻女性进行广告宣传，广告通常以农村为背景，给人以健康乡村生活的印象。

精品店里展示一样。由芭芭拉·胡拉尼基及其团队设计的服装注重表现身材特点，通常长及脚踝，采用典型的比芭色调：泥蓝色、梅子色和粉色。暗色系的比芭系列化妆品仍然很受欢迎，也一直被模仿。然而，比芭大商场只活跃了两年便退出历史舞台。原因之一是控制库存，原因之二是许多顾客仅仅来店内体验（或在商店行窃）但并不购买商品。不管怎样，1975 年，比芭大商场因财务困难不得不宣告破产。

227

　　罗兰爱思的棉质印花连衣裙与比芭的"颓废"形象形成鲜明对比，让人联想到纯真的乡村生活。罗兰爱思成立于 1953 年，于 20 世纪 60 年代末推出了首个服装系列。层层叠叠的棉质连衣裙和印有清新枝状花纹的短裙满足了人们对乡村乌托邦的向往，很快就遍及大街小巷。为了满足消费者的购买需求，该公司在全球范围内成立了连锁店。罗兰爱思的款式包括搭配紧身胸衣的各种拖地长裙和无袖连衣裙，其特点让人想起维多利亚和爱德华时期的服装——荷叶边、褶边、泡芙袖和高领。这些服装由廉价的棉布和灯芯绒制成，被染成深色或直接复刻旧时纺织品上的印花小图案。这种风格风靡近 15 年，直到 20 世纪 70 年代末才被淘汰。那时候，这种所谓的逃避主义已经被围绕暴力和无政府主义形象构建的暗黑幻想主义所取代，这种风格又叫朋克。

第八章
1976—1988 年：
商业宣传与消费主义

虽然 20 世纪 70 年代中后期是经济持续衰退、政治动荡和社会分裂的时期，但对于许多人来说，20 世纪 80 年代，至少在 1987 年 10 月股市崩盘之前，是一个令人乐观和欣欣向荣的时期。这两个时期的社会风气截然不同，时尚潮流都独具特色。前一个时期，从许多方面来看是文化保守主义——怀旧风——盛行的时期，所有老旧的或传统的文化都得到认可，成为众人推崇的对象。人们对现实感到失望，对现代创新也持有怀疑的态度，这在许多国际时装系列中均得以体现，由此具有"安全感"的经典设计或怀旧风格出现。与之相反的是，这一时期诸多消极因素促进了激进文化的发展，包括朋克文化的兴起。

1976 年夏天，朋克首先在伦敦的失业青年和学生群体中表现出来，这些群体中的许多人来自伦敦的艺术学校，他们聚集在薇薇安·韦斯特伍德（Vivienne Westwood）和马尔科姆·麦克拉伦（Malcolm McLaren）位于切尔西国王路的著名精品店周围活动。这家精品店此时被称为"煽动者"（Seditionaries）；1971 年这家精品店以"尽情摇摆"（Let It Rock）的标语出售 20 世纪 50 年代流行的泰迪男孩风格的服装；1972 年，该公司以"Too Young to Live，Too Fast to Die"为口号推出以阻特装和摇滚派皮夹克为主的服装款式；1974 年打出"性"（SEX）的招牌，推出以恋物癖皮革和橡胶紧身衣为主的设计风格。

朋克身份由多种因素塑造，例如：朋克本身的风格、韦斯特伍德和麦克拉伦的设计，以及麦克拉伦设计和管理的影响深远的朋克品牌标志——性手枪（Sex Pistols）。虽然朋克主要起源于英国，但它同时也在纽约的俱乐部和美国音乐界初见雏形，比如出现在伊基·波普

图228　1977年6月，朋克摇滚组"性手枪"的品牌经理马尔科姆·麦克拉伦与时装设计师薇薇安·韦斯特伍德的合影。拍摄地点为伦敦弓街地方法院外，当时麦克拉伦因打架被还押候审。两人经营着伦敦国王路上名叫"煽动者"的朋克精品店。韦斯特伍德穿着一件带有破洞和毛边的棉质上衣，衣服上印有代表无政府主义的"上帝保佑女王"图案，该图案是杰米·里德（Jamie Reid）在1977年设计的。

（Iggy Pop）和卢·里德（Lou Reed）等歌手以及"电视"（Television）和纽约娃娃（New York Dolls）等乐队。此后，朋克逐渐在美国和欧洲传播开来并影响至远东，特别是日本。

　　朋克是一种无政府主义、虚无主义的生活方式，以离经叛道和出格的行为举止为荣。传统的乌托邦嬉皮士通常穿着代表自然主义的鲜艳服装，而朋克服装几乎完全是黑色的，似乎是有意识地向外传递一种危险的气息。朋克服装通常由手工制作完成，或是从二手商店、军队剩余物资商店中购买，再剪出各种破洞，穿在身上层次凌乱。男女服装包括黑色紧身长裤搭配马海毛毛衣，以及装饰有涂鸦图案、链条和金属饰钉的定制皮夹克，并搭配马丁靴。此外，还有不同的变体：适用于女性的朋克风格迷你裙、黑色渔网紧身衣和细跟鞋；适用

230

于男女的膝盖处用布条连接的绷带裤和绉胶底鞋。夹克和 T 恤经常带有不雅的或令人不安的文字或图案，包括纳粹标志。被拜物教神化的皮革、橡胶和 PVC（聚氯乙烯）是最受欢迎的朋克服装材料，褪色棉布和闪亮的合成材料同样受到追捧。朋克服装上的装饰物主要包括链条、拉链、安全别针和剃须刀片等。许多朋克成衣在"煽动者"专卖店出售，买家主要是一些富裕的朋克族。

发型、妆容和珠宝首饰在朋克中同样发挥着重要的作用。朋克喜欢将头发染成幻彩荧光色，并使用凝胶塑造莫西干尖刺发型；他们习惯利用化妆技术打造苍白的病态肤色，并刻意将眼部和嘴唇涂黑；他们还喜欢佩戴多个耳环，极端的朋克族还会在脸颊和鼻子上穿孔用以佩戴金属装饰物。虽然公众最初对朋克的反应是诧异和恐惧，但是发展了十年后，朋克在各个方面开始更新换代并走向商业化，最后渗透到大众时尚市场和高级时尚领域。1977 年桑德拉·罗德斯推出了一个概念性的时髦系列，该系列以斜裁的人造丝针织连衣裙为特色，装饰有串珠、安全别针、球结链和人造钻石。最终，朋克对英国时尚业产生了推动作用，并帮助英国时尚业重塑了伦敦作为青年风格创新中心的形象。朋克的流行对阳刚男性的刻板印象以及长期以来女性之美的陈旧观念形成了挑战。

在高级时装领域，20 世纪 70 年代末的时尚产生了三个明显的趋势。在美国，设计师擅长经典日装和运动休闲服装的设计；在欧洲，迷人的童话晚装与其他借鉴了民族、乡村和怀旧特色的逃避主义风格展开竞争；在巴黎，日本设计师开始展示新的时装系列，这些系列主要用宽松、无内衬的服装来表现身体的层次感和包覆感。

虽然设计师们习惯设计从头到脚的整套系列服饰，但也有一种风尚将高级时尚服装与专业经销商销售的民族服装或具有某个时代风格的服装结合起来，以构建更具个性化的整体效果。对于不太富裕的消费者来说，越来越多的低成本古着店和二手服装店为他们提供了更多的时尚选择。

20 世纪 80 年代是一个更加痴迷于金钱、形象至上的时代，人们转向了更昂贵、更张扬的时尚风格。穿昂贵的服装、戴昂贵的配饰来显示自己的财富成为一种社会风气，各种奢侈品牌标识层出不穷。路易威登品牌的行李箱和手提包、莫斯奇诺品牌的大皮带扣和纽扣、香奈儿品牌的珠宝和手袋都成为非常理想的配饰。斐来仕（Filofax）记

图 229　桑德拉·罗德斯在 1977 年的概念时尚晚礼服中，将传统与朋克美学融为一体，她采用安全别针，把一条破旧的平纹针织裙子别在一件传统的丝绸紧身胸衣上。这套服装一直被认为是精英时尚的典范。这条裙子采用锯齿形缝线的方法精心制成，上面的破洞可以露出迷人的腿部。照片中模特的打扮精致完美，其身着无褶紧身衣并搭配传统的系带细高跟鞋。该图由克莱夫·阿罗史密斯（Clive Arrowsmith）拍摄。

图 230　莫斯奇诺品牌的时装秀是戏剧化的表演，设计师利用时装秀给观众带来惊喜，有时这种时装秀也是对盲目的时尚受害者和刻板守旧的时尚行业的嘲讽。1986年至1987年秋冬时装秀期间，莫斯奇诺的时装设计师推出了一件黑色夹克，搭配一条有大标志的镀金腰带和一顶巨大的斯特森帽子。

事本、万宝龙（Mont Blanc）钢笔和劳力士（Rolex）手表成为令人垂涎的身份象征。金融报道是人们最关注的新闻，媒体大肆鼓吹年轻股票经纪人的生活方式和高薪待遇。时尚大师彼得·约克（Peter York）发明了"雅皮士"（年轻的城市职业人士）一词，这个词在那个十年被用来描述一种占据优势地位的人群。人们对时尚男装的需求日益增加，包括蒂埃里·穆勒（Thierry Mugler）和高田贤三在内的顶级设计师开始在其时装系列中增加男装系列，这一趋势也推动了专业的男性时尚媒体的发展。对于20世纪80年代大量进入劳动力市场的女性来说，宽肩权力套装成为自我保护和显示权威的有力象征。

　　1980年伦敦再次成为会所和青年时尚中心，活跃的设计师推出有趣且具有挑战性的时装，以迎合不受传统影响、喜欢标新立异的客户，以及模糊了俱乐部文化、街头时尚和设计师时尚之间界限的新风格杂志《面孔》（The Face）和 i-D 杂志。1981 年薇薇安·韦斯特伍德和马尔科姆·麦克拉伦将他们的商店更名为"世界末日"（World's End）。同年，韦斯特伍德展示了她的第一个极具影响力的时装系列——"海盗"（Pirate），该系列包括不对称 T 恤、海盗衬衫、马裤和大平跟靴。这一举动吸引了大量时尚买家和亚文化粉丝，并强化了亚当·安特（Adam Ant）、大卫·鲍伊和乔治男孩（Boy George）等流行歌星的新浪漫标签。

韦斯特伍德在 1982 年至 1983 年秋冬推出的"野牛女孩"（Buffalo Girls）系列将缎面胸罩搭配在运动衫外——这是将内衣作为外套搭配趋势的早期案例，这一设计对国际时尚产生了巨大影响。1982 年，韦斯特伍德和麦克拉伦开了第二家店"泥土乡愁"（Nostalgia of

图 231　20 世纪 80 年代中期，这位女性高管身着针脚工整、制作精良的典型套装，以彰显自己的职业能力和素养。在正式场合，这种套装相当于男式西装。宽大带衬垫的肩部设计有助于增强女性自信，收腰和短裙则凸显女性身材。墨镜和整洁的后掠式短发造型衬托出充满力量的外表。

Mud），第二年该店的关闭恰逢他们合作的结束。1983 年 3 月，韦斯特伍德开始在巴黎以更接近高级定制的新时尚标签而非街头风格进行设计展示。韦斯特伍德擅长用时代潮流改写历史风格。

约翰·加利亚诺（John Galliano）1983 年毕业于伦敦圣马丁艺术学院。他在毕业那年设计的"不可思议"（Les Incroyables）系列备受称赞，被伦敦顶尖时装店布朗斯（Browns）买断。第二年，加利亚诺开始推出自己的品牌，该品牌系列将西方剪裁与东方面料和造型结合在一起，取名为"阿富汗拒绝西方理想"（Afghanistan Repudiates Western Ideals）。整个 20 世纪 80 年代，加利亚诺凭借极其优雅和打破传统的设计作品而备受赞誉，这些设计展示了他对历史服装的痴迷，尤其是对 20 世纪初服装风格的追求，以及他复杂的剪裁技艺和对织物的熟练操作。圣马丁大学的另一名毕业生里法特·沃兹别克（Rifat Ozbek）受到土耳其本土服装、舞蹈服装和伦敦会所场景的启发而设计出一系列优秀作品，为其赢得了国际赞誉。

236　　伦敦的许多时装系列面料都以纺织品为主，印花和针织品尤为畅销。斯科特·克罗拉（Scott Crolla）在他华丽的男装设计中使用了

图 232（下图左）　1982 年至 1983 年秋冬推出的薇薇安·韦斯特伍德的"野牛女孩"系列。这套服装在本系列中独占鳌头：棕色缎面紧身衣罩于运动衫外，搭配裙摆层次分明且饱满的半身裙和紧身裤。
图 233（下图右）　1983 年至 1984 年薇薇安·韦斯特伍德推出了秋冬"女巫"系列。该系列设计灵感来源于纽约街景，主要包括运动衫和皮衣，装饰有纽约街头艺术家凯斯·哈林的涂鸦图案。

图 234　1986 年 9 月 i-D 杂志封面。i-D 由前《时尚》杂志艺术总监特里·琼斯（Terry Jones）构思、编辑和出版，一出版（第一期于 1980 年 8 月出版）便吸引了最前沿的摄影师、记者、平面艺术家、设计师和造型师的加入，并且以"真实人物"（通常是在街头拍摄）为取材对象，具有与众不同的魅力。封面照片由巴瑞·拉特甘（Barry Lategan）拍摄。

图 235（上图左） 约翰·加利亚诺在 1985 年至 1986 年秋冬时装秀上的"滑稽游戏"（Ludic Game）系列（Ludic 是罗马人用来安抚众神的游戏），这是加利亚诺的第一次职业 T 台秀。加利亚诺展示了一款可以当作裤子或裙子穿的（连体）外套以及裁剪成一个完整圆筒形的服装——这种风格后来成为一种时尚。

图 236（上图右） 打扮成约瑟夫的马丁·基德曼的照片，拍摄于 1986 年春夏时装秀期间。这款通过手工编织和刺绣工艺制成的开衫，灵感来自一个梅森盘子的彩绘天使装饰。首席造型师迈克尔·罗伯茨（Michael Roberts）利用时装秀的天堂主题，设计出颠覆性的唱诗班造型，该造型的模特穿着白色衣服（当时穿裙子的男人经常成为头条新闻），并在头发上插上翅膀。基德曼穿了一双没有系带的黑色貂皮马丁靴，使他天使般的神情更加柔和。

精美的花卉和多图案印花，而薇薇安·韦斯特伍德将纽约涂鸦艺术家凯斯·哈林（Keith Haring）的平面设计融入其 1983 年至 1984 年秋冬的"女巫"（Witches）系列。贝蒂·杰克逊（Betty Jackson）聘请了提姆尼·福勒（Timney Fowler）品牌的天才设计师们和来自设计师联盟 The Cloth 的布莱恩·博尔格（Brian Bolger）为其休闲服装设计具有张力的现代印花图案，英国的一些时尚怪才则以设计别致、活泼的印花图案而闻名。为了迎合最具冒险精神的年轻消费者，Body Map 品牌的荷叶边筒形服装既有单色的款式，也有色彩斑斓的针织品款式。埃迪娜·罗内（Edina Ronay）和玛丽安·佛利（Marion Foale）编织出怀旧的复古款式，而 Joseph Tricot 品牌的设计总监马丁·基德曼（Martin

Kidman）推出了有影响的系列，包括"小天使"（Cherubs）和"背包"（Swags）系列厚毛衣。

配饰是这些蓬勃发展的时装款式的重要组成部分。艾玛·霍普（Emma Hope）那线条细长的雕刻般鞋履造型是对着装时尚的完美补充；出生于加拿大的帕特里克·考克斯（Patrick Cox）为 Body Map、薇薇安·韦斯特伍德和约翰·加利亚诺设计出不同凡响的鞋子，从而开始了他的制鞋生涯。马诺洛·伯拉尼克（Manolo Blahnik）以极其优雅的手工制鞋技艺服务于国际时尚市场。斯蒂芬·琼斯（Stephen Jones）将最优质的工艺技能与前卫且充满智慧的时尚美学结合起来，成为一名前沿女帽设计师；柯尔斯顿·伍德沃德（Kirsten Woodward）则接受卡尔·拉格斐的委托采用超现实主义的手法为香奈儿设计时装。

虽然许多英国设计师沉迷于幻想，逃避现实世界，也有人积极地面对当时的问题。例如凯瑟琳·E. 哈姆内特（Katharine E. Hamnett）在1983 年至 1984 年的秋冬系列作品将世界和平与环境问题带到时尚舞台。她的"选择生活"（Choose Life）系列 T 恤印有"58% 的人不想要潘兴导弹"（58% Don't Want Pershing）等口号，这也是她拜见玛格丽特·撒切尔首相时所穿着的款式。她的自洁免洗式连体紧身衣、免烫的褶皱丝绸迷彩装，以及她在这一时期更为明显的性感服饰，都具有极大的影响力。同时，乔治娜·戈德利（Georgina Godley）从政治立场出发，设计出挑战主流女性美学的服装。戈德利在 1986 年推出的"硬撞硬碰"（Lumps and Bumps）系列就包括了腹部、髋部和臀部有衬垫的塑形内衣。

20 世纪 80 年代，男装设计的领军人物之一是出生于英格兰诺丁汉的设计师保罗·史密斯（Paul Smith），他设计的男装经典耐穿且融入了别具一格的创新元素，例如采用异常大胆的色彩和古怪的图案，整个设计显得标新立异。1970 年史密斯在家乡开设了第一家门店。1979 年史密斯将门店搬至伦敦的科文特花园，到了 20 世纪 80 年代末，他的商店已遍布世界各地。史密斯自始至终保持着典型的英国人的风格。玛格丽特·霍威尔（Margaret Howell）也被英伦风格所吸引，她为女性演绎了各种典型的英伦风格服装，例如学校运动装和乡村服装。

20 世纪 80 年代，英国时尚行业得到英国王室的支持。1980 年，当身材高挑、不谙世事的 19 岁幼儿园助理戴安娜·斯宾塞（Diana Spencer）女士被媒体拍到身穿普通的印花裙子站在阳光下向全世界

展示她的长腿时，很少有人意识到她注定会成为 20 世纪 80 年代至
90 年代最有影响力的时尚偶像之一和英国顶级的时尚达人。

在 1981 年与威尔士亲王查尔斯结婚之前，戴安娜喜欢"斯隆街
漫游者"（Sloane Ranger）的着装风格。这个词是由播音员、作家彼
得·约克在 1975 年提出的，用来形容居住在伦敦西部斯隆街附近年
轻且往往有贵族头衔的女性的着装风格。对于出街装，这群人喜欢实
用的单品，例如褶边领口衬衫、浅色紧身裤搭配长裙、优质毛衣或开
襟羊毛衫、打结的围巾和棉夹克，再饰以斯隆标志性的单排珍珠，整
个造型更为出彩。

戴安娜王妃的王室身份不允许她为任何真正前卫的时装发声，但
她无可挑剔的着装风格被证明对大众具有很大的吸引力。在 1981 年的
订婚照中，戴安娜穿着非定制的蓝色西装套装，与她平时身穿低胸无肩
带的黑色晚礼服公开亮相时的风采相比大为逊色。这件礼服的设计师伊

图 237（左页图左） 斯蒂芬·琼斯 1984 年至 1985 年秋冬 Freeze 系列中漂亮的项链和搭配得体的帽子。

图 238（左页图右） 凯瑟琳·哈姆内特 1984 年至 1985 年秋冬系列秀场中褶皱的纯棉或丝绸服装与 T 恤的搭配——前景中的模特穿着"立即全球禁核"的款式。该系列 T 恤销售的所有利润都捐给了哈姆内特的慈善机构"未来有限公司"。

图 239（右） 1980 年一名摄影师拍到戴安娜·斯宾塞女士。这名瘦高腼腆的 19 岁幼儿园助理和两个孩子在一起，她穿着一条在阳光下有些透明的印花裙子。她在这张照片中的打扮是典型的"斯隆街漫游者"风格。

丽莎白和大卫·伊曼纽尔还为她设计了浪漫的婚纱，婚纱的裙摆特别宽大，搭配夸张的裙裾和紧身胸衣。这件服装的仿制品在一周内便出现在市面上，到她结婚时，这款戴安娜婚礼造型（'Lady Di' look）已经通过电视和报纸传遍了世界各地。

　　作为英国时尚界的引领者，戴安娜在接下来的 16 年里对主流时尚产生了巨大的影响，她委托了一系列设计师，包括贝维尔·沙宣（Bellville Sassoon）、卡罗琳·查尔斯（Caroline Charles）和阿拉贝拉·波伦（Arabella Pollen），为王家出行设计"办公"服装或者为重大场合定制礼服。由于大多数王室活动都有严格的礼仪规定，比如要求佩戴帽子，因此许多女帽制造商从戴安娜王妃的着装风格中受益。戴安娜的帽子均是由著名设计师定制，尤其是约翰·博伊德（John Boyd）和格雷厄姆·史密斯（Graham Smith）。在 20 世纪 80 年代初，戴安娜喜欢精巧的包头造型的帽子；但随着年龄的增长，她变得日益自信，开始戴帽檐更宽大的、更引人注目的款式。她变得越来越自信和成熟，

239

这种自信和成熟集中反映在她对显露身材的晚礼服和对线条流畅、色彩鲜艳的日装的品位上。布鲁斯·奥德菲尔德（Bruce Oldfield）、哈奇（Hachi）和凯瑟琳·沃克（Catherine Walker）为戴安娜设计了单肩紧身连衣裙，而贾斯珀·康兰（Jasper Conran）为她设计了显示权威的定制西装。

　　尽管英国时尚行业因其设计师人才的多样性而闻名，但英国国内的时尚行业还不够发达，无法提供必要的基础设施，例如无法为新晋设计师系列作品的发布和营销提供支持，因此许多设计师经营失败。其他人选择在巴黎展出，在那里他们可以利用由法国高级时装协

图 240（下图左） 1981 年 3 月，戴安娜王妃迅速走出"斯隆街漫游者"的人生阶段，与查尔斯王子订婚，当时她穿着伊曼纽尔设计的一款风格大胆的黑色塔夫绸礼服，形象惊艳。尽管戴安娜王妃搭配了一条很协调的荷叶边披肩，但她并不想掩饰自己纤细的肩膀和低胸上衣。
图 241（下图右） 在 1983 年澳大利亚之行的最后一晚，戴安娜王妃选择了一件单袖、带珠串的奶白色雪纺连衣裙，这件连衣裙是由总部位于伦敦的日本设计师哈奇设计的，代表了一种全新的超级王妃风格。1997 年 6 月这件连衣裙在纽约举行的王妃慈善拍卖中被拍卖。

会精心策划的时尚交流平台和丰富的沟通机制，该协会受到全球时尚业、私人客户和媒体的高度关注。

20 世纪 80 年代初期至中期，蓬勃发展的国际经济保证了高级时装业的生存，尽管全球时装客户仍然只有两三千名女性，其中老主顾只有六七百人，但这些时装客户的支出很高。富裕的美国客户（他们受益于美元的强势地位）、对欧洲奢侈品需求量日益增加的日本客户，以及新出现的石油王国的阿拉伯客户，这些客户极大地推动了巴黎商业的繁荣。此时，巴黎的五大主导品牌是克里斯汀·迪奥、香奈儿、伊夫·圣罗兰、恩加罗和纪梵希。

一件高级时装的价格往往超过许多人一年的收入，但商家从中获得的利润微乎其微；事实上，时装行业通常在高级定制服装销售上亏损。尽管高级时装耗资巨大，但其设计、发布和宣传从未停滞，因为它们能够为商家带来声誉，从而不仅能够促进服装的销售，更重要的是能够促进高利润的特许商品的销售。大多数高定时装工作室与制造商存在商业联系，制造商利用工作室的品牌影响力来提高自身的地位，并最终达到提高产品价格的目的。这种做法在 20 世纪 80 年代初很常见，但正是在那个时候，贴牌成为行业的一种追求，品牌授权业务规模迅速扩大。

带有设计师姓名的香水是所有特许商品中利润最高的，也是巴黎许多时装工作室的主要收入来源，因此大量资金被投到相关产品的发布和广告宣传上。一些设计师与制造商密切合作，以确保箱包、袜子和太阳镜等产品的质量和辨识度，但通常公司只购买设计师姓名的使用权。时装工作室的品牌标识很重要，为了保护将来的交易，时装工作室必须保持其品牌的独家经营权。如果一家工作室被认为损害了该行业的形象，该工作室将被从法国高级时装协会的登记册上删除。香奈儿和爱马仕（Hermès）是少数几家仍然保留私人企业身份而且从未授权其他公司使用其名称特许经销权的时装设计工作室。

与巴黎相比，虽然美国和意大利的高级时装产业起步相对较晚，但这两个国家的设计师在发现具有商业潜力的副线产品方面眼光十分敏锐。在纽约，拉夫·劳伦、卡尔文·克莱恩和唐娜·卡伦（Donna Karan）迅速从个人时装设计师发展成为大型国际副线时装企业的负责人。意大利顶级公司——阿玛尼、芬迪、华伦天奴和范思哲也通过其成功的设计师开发并向世界各地出口其副线产品。

20 世纪 80 年代，新一代日本设计师成为国际舞台上的重要人物。从 1981 年开始，川久保玲（Rei Kawakubo）致力于发展她所创建的品牌 Comme des Garçons（译为"像小男孩一样"），并与山本耀司（Yohji Yamamoto）开始在巴黎展示他们的时装系列。连同已在巴黎时尚界声名鹊起的三宅一生，他们形成一个全新的前卫时尚流派。

20 世纪 70 年代，三宅一生的设计采用主要由天然纤维制成的织物面料，该面料通常采用绗织或手工雕版印花。到了 1980 年，他已形成更具现代主义的设计理念，并开发出创新型材料和服装款式。在 1981—1982 年的秋冬系列中，他推出拉链式硅胶紧身胸衣搭配有聚氨酯涂层的充气聚酯纤维针织长裤；1983 年春夏推出的"海藻系列"是以海藻为灵感而设计的束腰外衣和披肩，由凹凸不均的褶皱合成纤维结合金属纱线制作。1984 年，三宅一生展出了加厚尼龙裤。1988 年的春夏系列，他与玛丽亚·布莱斯（Maria Blaisse）合作，推出了由模制聚氨酯泡沫板制成的具有雕刻感的帽子。三宅一生还尝试使用天然面料进行设计，并开发了非同寻常的不同织法和不同纤维面料的组合，例如双层机织丝绸和设得兰群岛羊毛的组合，其设计灵感主要来源于草席。据此，三宅一生为 1984—1985 年秋冬系列设计了背心。尽管三宅一生的一些设计包裹住了身体，对运动有所限制，但他最著名的"流动的有机服装"恰恰将实用性和舒适性结合在一起。三宅一生说"我创造的不是时尚美学，而是来源于生活的风格"。

三宅一生是一个不同凡响、有远见的设计师，他取得了巨大的成功。1981 年三宅一生推出了花木世界（Plantation）副线品牌；1985 年又推出了以他的经典设计为特色的三宅一生 Permanente 系列；1986 年他推出了男装系列设计作品。他的作品在世界各地的博物馆和画廊展出；从 1986 年开始，通过与摄影师欧文·佩恩（Irving Penn）合作，三宅一生进一步宣传了其作品。

在 1969 年创立 Comme des Garçons 品牌之前，川久保玲曾在广告公司担任造型师，这或许解释了她为何能够在 T 型台上、在零售环境中以及在公司的许多出版物上，对其作品的视觉形象做出精确细致的把控。川久保玲曾说，她"设计了三种色度的黑色，她的早期系列受到日本工作服的启发，以黑色和靛蓝色服装为主，这使得她可以专注于形式"。她

图 242　1984 年 Comme des Garçons 品牌秋冬时装秀的 "Twist, Silk + Jersey, Knits (Patchworks)" 系列。设计师川久保玲在 20 世纪 80 年代的设计主要采用宽松的中性风格和不对称造型，沿袭工作服的设计思路，采用平纹针织面料，以黑色、白色、墨水蓝和中性色调的混合搭配为主。这种全新的时尚产生了深远的影响。

后来的作品更加新奇。1983 年 3 月她推出了一个颠覆性的创新系列时装，主要包括大衣连衣裙——剪裁大而方正，没有明显的线条和廓形。许多款式采用"不对称"手法进行剪裁，翻领、纽扣和袖子采用错位布局，考尔领口进行变形处理，面料则故意错配。基于做出皱褶和织出新奇纹理的面料，她通过打结、撕裂、开衩等手法，有意营造出一种零乱无序的视觉感受。鞋类包括缓震拖鞋或方头胶鞋。展示这一系列的模特们头发蓬乱，除了下唇有一块令人不安的淤青外，似乎完全没有化妆。这些极具争议的妆容造型，以及完全不显露身材的服装设计，使得川久保玲的作品被解读为女权主义的一种表达。时尚媒体将其命名为"后广岛造型"，认为它是一种政治表达。川久保玲唯一的回应是，她的设计是在为

243

那些用思想而不是用身体吸引男性的坚强女性发声。

如同川久保玲一样，山本耀司因其不同凡响的视野和出色的剪裁技巧而备受好评。山本耀司于 20 世纪 80 年代初在巴黎成名，尽管他自 1970 年以来一直在东京担任定制服装设计师，且早在 1972 年就在东京建立了自己的工作室。山本耀司是一位在设计中保持纯粹理性的设计师，因此他有意模糊性别的概念。他设计的超大、分层、有褶皱的服装通过巧妙的剪裁来包裹身体，而不像大多数西方设计师那样，剪裁的服装平铺直叙，毫无立体感。山本耀司不喜欢整齐划一和循规蹈矩。他设计的服装优雅却不失个性，通常有不对称布局的裙摆、衣领和口袋，披肩般飘逸的翻领以及非常规设计的省道。他大胆地运用黑色，同时充分利用试验性面料。在 20 世纪 80 年代初，他和川久保玲都穿着黑色皮革马丁靴搭配衣服，给这家先前只关注功能和亚文化鞋款的公司增添了新的时尚声望。

当前卫的日本设计师们正在突破时尚界限时，老牌的巴黎时装工作室继续专注于经典剪裁和全裙式晚礼服。但到了 20 世纪 80 年代初，一些法国新秀设计师和花样翻新的老牌设计师开始向巴黎的高级定制时装业发起挑战。在 1976 年首次展出作品之前，让 - 保罗·高缇耶（Jean-Paul Gaultier）曾与皮尔·卡丹和帕图合作。高缇耶很快获得了巴黎时尚界"时尚顽童"的称号。他从达达主义、20 世纪 50 年代的魅力元素、雄性孔雀以及伦敦的夜舞场景等方面汲取灵感，形成后现代设计风格。他的那些更为大胆的男性客户穿着朋克马丁靴、紧身裤和芭蕾舞短裙，即使是他的经典剪裁也包含了一些粗鲁的元素，比如赤裸的后背设计。高缇耶 1985 年春夏系列更具特色，乍一看仿佛是为男士定制的裙子。这种服装因得体的都市风格细条纹裁剪而引人注目，其实际上是围裙裤。尽管如此，对于大多数男性消费者来说，这种设计还是过于极端。他为女性设计了塑身的锥形胸衣以及绷带风格的服装。

他还将剪裁凸显阳刚气的西装与迷人的紧身胸衣结合在一起，创造出一种光鲜而性感的外观设计，后来流行歌星麦当娜在 1990 年的世界巡演中推广了这种服装款式。高缇耶的设计广泛使用人造纤维。他在设计作品中进行了跨性别的探索，一直在使用挑战传统美学观念的思维模式。

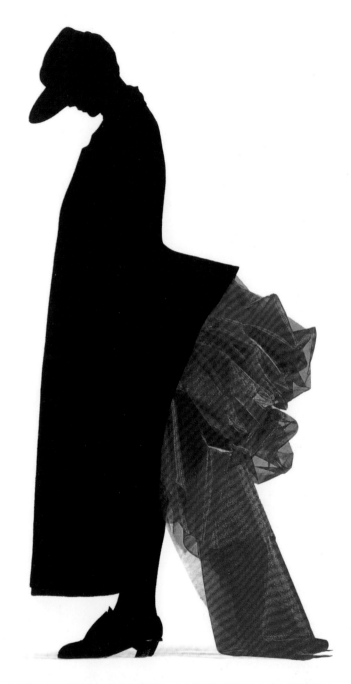

图 243　山本耀司 1986 年至 1987 年秋冬时装秀。山本耀司颠覆了西方和日本的服装设计惯例——他承认时尚是由民族、文化和历史塑造而成的，但其在设计作品中模糊了这些概念。这是一件引人注目的黑色宽布长外套，外面披着一件 19 世纪 80 年代风格的鲜红色薄纱，看起来像一只羽毛奇特的鸟儿。照片由尼克·奈特采用剪影的方式拍摄。

1976—1988年：商业宣传与消费主义

图 244（上） 让－保罗·高缇耶 1985 年秋冬时装展。高缇耶在公开展示男同性恋服装风格方面发挥了重要作用。该系列设计沿袭了西式风格的牛仔帽、围巾和皮套裤，并将骑行短裤和水手条纹与闪亮的金色"迪斯科"面料结合在一起。高缇耶设计这套系列的明确意图在于向男性展示他一直以来想传达的理念，尤其是大张旗鼓地宣扬男性的魅力。

图 245（下） 蒂埃里·穆勒 1983 年至 1984 年的秋冬系列作品展，设计灵感来源于令人陶醉的鸡尾酒。穆勒设计了这套诱人的性感系列——在这里，20 世纪 50 年代的好莱坞魅力女王与机器人漫画女郎不期而遇，惊艳全场。穆勒始终走曲线美的道路，一如既往地选择宽肩设计。因为他说过，他试图把每个女人身上的美都淋漓尽致地表现出来。

到 20 世纪 80 年代初，蒂埃里·穆勒为巴黎的时装系列带来了新的惊喜，并以浓郁的时代气息给自己带来了崇高的声誉，这种时代感汲取了未来主义和科技图像的精华。该系列的硬边设计夸大了女性气质，而阿瑟丁·阿拉亚（Azzedine Alaïa）彰显了自然女性身材的线条美。被时尚媒体亲切地称为"紧身衣之王"的阿拉亚推出了由亚光黑色弹力莱卡、皮革制成的紧身连衣裙和西服套装，其设计带有迷人的接缝，拉链的使用不落俗套。伊曼纽尔·恩加罗 20 世纪 80 年代中期采用平行绉缝、打褶裥、垂褶等手法设计的夸张印花连衣裙既艳丽又性感，而克劳德·蒙大拿（Claude Montana）的宽肩服装，包括以军装为灵感设计的皮革大衣，展现出前卫且富有力量的设计风格。伊夫·圣罗兰一直是20 世纪 80 年代的领军人物，他的时装系列采用了美术和非西方文化的异国情调元素，并体现了其匠心独运的剪裁技巧，比如其著名的吸烟装塔士多（Tuxedo）礼服的衍生款。

1983 年，随着卡尔·拉格斐被任命为香奈儿的设计顾问，香奈儿

图 246　照片为克劳德·蒙大拿 1985 年秋冬系列时装秀。蒙大拿的设计作品闻名遐迩，他擅长使用夸张的手法，以令人惊叹的宽肩设计和雕塑般的硬朗线条烘托强烈的时代气息。蒙大拿让模特们穿上剪裁厚实的羊毛外套和皮外套，并搭配高领毛衣，腰部扎上宽大的皮带，脚上则总是搭配高跟皮鞋。明亮的色彩和搭配也是蒙大拿设计风格的一大特点。

1976—1988年：商业宣传与消费主义　　　　　237

图 247（左） 1988 年秋冬季的阿瑟丁·阿拉亚成衣展。阿拉亚因其塑造身材的黑色连衣裙而备受推崇。这一系列因设计师使用视觉效果强烈、有纹理的亚光面料而闻名遐迩。阿拉亚如同雕塑家一般，直接在人体模型上施展他的设计才华。阿拉亚的主要目标是释放女性美的深厚魅力。阿拉亚的客户主要包括格蕾丝·琼斯（Grace Jones）、麦当娜和娜奥米·坎贝尔。

图 248（右页） 卡尔·拉格斐在香奈儿的 1986 年秋冬高级定制 "Chanel-Chanel" 系列展中的作品。拉格斐重新设计了香奈儿标志性的开衫风格套装，他采用象牙花呢面料，融入双股编织工艺设计，并搭配链条、皮带和大量服饰珠宝。

公司摆脱了创始人去世后 12 年来该品牌给人留下的古板形象。自担任设计顾问以来，拉格斐就用一种完全现代的艺术语言重新设计了香奈儿的服装款式，他对香奈儿风格的演绎变得越来越大胆而狂放。拉格斐沉着应对难题，他打破常规的设计，为香奈儿公司带来了幽默气息与时代感，同时满足了一些客户对经典服饰的更高追求。1984 年，拉格斐除了为香奈儿和芬迪设计，也开始以自己的名义推出了一系列设计作品。

　　克里斯汀·拉克鲁瓦（Christian Lacroix）的高级定制时装屋于 1987 年开业，得到了费南雪·阿卡舍（Financier Agache）的所有者和法国奢侈品集团 LVMH（Louis Vuitton Moët Hennessy，路易·威登·酩悦·轩尼诗）董事长伯纳德·阿尔诺（Bernard Arnault）的支持。拉克鲁瓦学习过艺术史和博物馆学的相关学位课程，最初是时装素描师，后来在爱马仕（Hermès）和盖伊·波林（Guy Paulin）担任助理。自 1981 年起他在巴杜担任艺术总监和设计师。1987 年 7 月，拉克鲁瓦以自己的名字举办了他的第一场高级定制时装秀，并于 1988 年 3 月推出了成衣系列。拉克鲁瓦发扬伟大传统，采用由手工制作的串珠、流苏、穗带、布花、

249

花边和刺绣装饰的豪华面料，设计出精致华丽的服装，并由此投资和支持其他配套的、有时是濒临失传的手工技艺发展。拉克鲁瓦的设计兼收并蓄，广泛吸纳各种元素，反映了他在普罗旺斯的童年经历、历史服饰文化和伦敦街头风格。

20 世纪 80 年代初，澳大利亚涌现了一批才华横溢的设计师。阿黛尔·帕尔默（Adele Palmer）、斯蒂芬·班尼特（Stephen Bennett）和简·帕克（Jane Parker）为"故乡之路"（Country Road）设计的时装与欧洲的时尚流行趋势有所关联，但是风格更加休闲。

图 249（左页） 1987 年至 1988
年克里斯汀·拉克鲁瓦秋冬系列
高级定制时装展。模特身穿黑色
蕾丝内搭和红色缎面披肩抹胸，
搭配短款条纹蓬蓬裙。其灵感
来自 18 世纪和法国地区的时尚
风格。
图 250（右） 1986 年至 1987 年
香奈儿秋冬系列时装秀。这款精
致的长裙配有绣花紧身衣和长款
手套，让人想起香奈儿 20 世纪
30 年代的设计。该设计带有对 80
年代历史复兴的偏好，非常适合
正式的晚间活动。

　　作为艺术家的设计师提供了不太正统的外观设计，比如琳达·
杰克逊（Linda Jackson）和珍妮·基（Jennie Kee）。前者使用具有夸
张形状的彩色印花布，后者用浓烈的抽象图案制作色彩鲜明的分层针
织服装。澳大利亚漫长的热带夏季和一望无际的海滩为休闲和专业运
动服装开辟了重要的市场。速比涛（Speedo）在新南威尔士州以色彩
绚丽的流线型泳装、海滩泳装以及健身分体式泳装稳固了国际市场。
年轻的冲浪运动者和帆板运动者纷纷定制了速比涛的服装，从而掀起
了海滩服装的流行趋势。牧场的工作制服，其衬衫与长裤均由坚韧的
鼹鼠皮面料制成，另外搭配袋鼠皮帽子和靴子，此类防护服在一定程
度上影响了城市时尚风格。R. M. 威廉姆斯（R. M. Williams）以"原
始布须曼人的服装师"（The Original Bushman's Outfitters）为口号，
生产结实耐穿的职业服装。其油布大衣 Drizabone 加上独特的披肩，
专门为抵御内陆地区的气候和保护身体而设计，在伦敦、巴黎和纽约

251

被纳为时尚服装的范畴。包括墨尔本赛马节在内的全国性活动对女帽精品店的发展提供了很大的支持。

　　在意大利，时尚热潮在各个层面蓬勃发展。虽然顶级设计师在米兰掌握着时尚的推进步伐，意大利制造商却签约欧洲其他国家为其生产成衣，其中包括许多巴黎知名工作室和伦敦设计师。时尚是意大利的第三大产业，像巴素（Basile）、康普利斯（Complice）和麦丝玛拉（MaxMara）这样强大的时尚公司会通过委托知名品牌设计师和雇用新秀设计师（许多来自英国艺术学校）来满足日益增长的意大利时装市场需求。到了 20 世纪 80 年代中期，罗马高级时装发布会上的设计大咖成为当红名流。其中，最重要的是詹尼·范思哲和乔治·阿玛尼，他们代表了意大利时尚的两张面孔——阿玛尼崇尚经典、低调的风格，范思哲则探索迷人的魅力、注重身段的设计。

　　阿玛尼的职业生涯开始于他为尼诺·塞鲁蒂设计男装。1975 年推出第一个独立系列设计作品时，阿玛尼表示其主要目标是为有实力的客户设计优雅的服装。无论男装还是女装，阿玛尼的设计都是以宽松的剪裁方式、宽大的夹克款式为核心理念，并通过尽可能多地采用

图 251　优质的羊毛和丝绸对乔治·阿玛尼的柔软单品（包括制作完美的松软上衣）至关重要。阿玛尼偏爱编织条纹、格子和颜色柔和的肌理面料。这种标签不禁使人将其与大造型、男性风格的城市女性套装以及更悠闲、更适合乡村的套装联系在一起。比如这件宽大的宽肩上衣，搭配一件简单的圆领丝绸衬衫和一条格纹褶皱裙，是 1986 年春夏系列的时装。

图 252　乔治·阿玛尼赋予城市西装一种休闲的优雅气质，深受企业年轻高管的欢迎。这张照片是 1987 年至 1988 年秋冬系列推出的一套西装。这套西装带有阿玛尼经典的长而宽大的低翻领设计（不禁使人想起 20 世纪 30 年代后期的时尚潮流），其虽然保留了大都市的正式风格和传统的银行家条纹，却显得十分休闲。

衬布和衬里的方式，使服装达到柔软、宽松的造型效果。被大量仿制的典型的阿玛尼垂褶夹克有宽肩和长翻领，仅用一颗腰部或腰部以下的纽扣扣衣服。

　　与塞鲁蒂合作后，阿玛尼对精美的纺织品的鉴赏力大大提高。他引入了纹理羊毛面料和对比鲜明的纱线混合物，并说服男性舍弃城市西装冷漠的炭灰色、黑色和蓝色，转而选择更柔和的棕色和米色。理查德·基尔（Richard Gere）在 1980 年的电影《美国舞男》（*American Gigolo*）中，将阿玛尼时尚休闲的服装设计带到了国际观众的面前。阿玛尼避开了噱头，拒绝迎合奇思妙想的青少年市场——他对年轻顾客的唯一一让步是 1981 年在爱姆普里奥·阿玛尼（Emporio Armani）的品牌门店推出经济实惠的产品线。与此同时，他推出了阿玛尼牛仔裤，一年后又推出了阿玛尼香水。1983 年，阿玛尼认为时装秀太过喧嚣，强调超级模特的作用从而疏远买家，于是他将其系列时装秀改为静态展示而非在 T 台上展示。与范思哲和奇安弗兰科·费雷（Gianfranco Ferre）一样，阿玛尼是 20 世纪 80 年代中期亚麻西

253

装潮流的主要推动者，这种西装不论男女都适合穿着。

作为一名自由设计师工作五年之后，詹尼·范思哲与他的妹妹多纳泰拉（Donatella）和哥哥桑托（Santo）合伙创业，并于 1978 年推出了其设计的第一个系列。范思哲很快便因为设计社会名流和明星喜爱的火辣性感且又抢眼的晚礼服而声名鹊起。每季时装展示都不乏大胆夸张的亮点出现。这种大胆、有时显得粗野的风格经常会使范思哲内敛的日装设计黯然失色，这些设计包括整个 20 世纪 80 年代采用柔软手套皮革和轻质羊毛制成的职业西装。范思哲很注重服装设计的科技含量，在 20 世纪 80 年代初，他尝试采用一种按照他的规格制作的铝网，并将其贴在晚礼服上，闪闪发光的晚礼服会展示出着装者的身体轮廓。范思哲还研究了使用激光焊接接缝和通过计算机辅助设计生产针织服装的可能性。

图 253　20 世纪 80 年代初，詹尼·范思哲主要专注于设计用原始面料制成的连衣裙——通常仅仅通过柔和的旋转或扭曲的方式系束在人体上。他的商业探索在 1981 年后的 Nonchalance de Luxe 春夏系列展达到了顶峰。棕色和绿色取自大地和植物的自然颜色，而柔软的包布、褶皱和一系列的自由造型则是受到了印度和土耳其传统服装的启发。臀部用窄围巾包裹在流苏腰带下，与整体设计融为一体。不同材料——皮革、丝绸、棉线和金线——的搭配是范思哲的固有特色。

图 254　1983 年至 1984 年秋冬系列米索尼时装展。该时装展展示了设计师综合应用图案、质地和色彩的精湛技艺，这一系列以"猎人"为主题，取材于中欧民间服饰的元素，采用分层设计，服装宽松，几乎适合所有男女，与当前的潮流完美契合。插图来源于安东尼奥（Antonio）。

　　米索尼继续生产其标志性的针织服装。尽管该公司的服装需求在 20 世纪 70 年代初达到顶峰，但十年后，它的设计成为公认的经典作品，它的研发与创新为新生代设计师树立了榜样。

　　当阿玛尼和范思哲忙于迎合那些忠于其品牌的消费者时，天才设计师佛朗哥·莫斯奇诺（Franco Moschino）开始用自己的创作嘲弄高级时尚理念。莫斯奇诺最初是一名插画师，后加入意大利服装公司 Cadette，在 1983 年推出了他的第一个独立系列设计作品。在超现实主义者的带领下，莫斯奇诺善于将表面上看似普通的服装变成揭露该行业真相的流动宣传艺术。他嘲笑时尚受害者，嘲笑著名的标志。莫斯奇诺的嘲弄就像其强有力的广告一样，总是能收到很好的效果；印有莫斯奇诺标识的衣服制作精良，价格昂贵。作为一名商人，莫斯奇诺确保自己的名字以醒目的方式印在他的大部分设计作品上。他令人耳目一新的反叛风格为他赢得了"意大利时尚坏男孩"的称号，但这也揭露了他作为商人那十年风格中道貌岸然的一面。

255

与莫斯奇诺狂放不羁的"前卫"服装形成鲜明对比的是罗密欧·吉利（Romeo Gigli）的设计，他的设计奢华而浪漫，并融入了许多传统风格的元素。作为训练有素的设计师，吉利在 1983 年展示了他的第一个系列作品。吉利的选色从乳白色到丰富、深邃的色调，可谓应有尽有；他使用各种具有崭新纹理的人造织物和天然织物，打造优美性感的服装造型。作为擅长柔软线条的设计师，吉利设计出了以高腰服装为特色、由带有交叉褶皱的上装和不对称结构的茧状下装组成的裙装，其裙摆向下逐渐变窄。他的作品为年轻的职业女士提供了一个很好的形象选择，使她们改变了 20 世纪 70 年代后半期开始出现的锋芒毕露的高管形象。

对处于激烈竞争环境中的 80 年代女性来说，与高管装相当的是"权力着装"。在这十年间，宽肩造型的经典设计受到了意大利与美国等地支持者的追捧。夹克通常是双排扣的，尽管裤子在工作场合逐渐被接受，但裙装仍然是最稳妥的选择。美国肥皂剧《达拉斯》（*Dallas*）和《王朝》（*Dynasty*）使宽肩、浓妆艳抹、霸气的女性成为被崇拜的偶像。

尽管有时美国设计师被指责过于严肃，但随着外出工作的女性越来越多，他们因可以为职业女性制作得体的服装而感到自豪。这些设计师擅长创造耐用、经典的服装，这些服装可以通过混搭实现风格的变化。注重服装单品的设计是该方法的核心，设计师通过改变廓形、裙子长度和面料来创造多样的风格。在时尚杂志 *W* 中，卡尔文·克莱恩提出"职业时尚"（career chic）衣橱的概念：衣橱里仅放置三件夹克、三件毛衣、两条半身裙和一条连衣裙，但这些服装必须由昂贵的羊绒、丝绸和皮革制成，以便给"权威女性"一种品质与优雅的格调。总的来说，卡尔文强调的是舒适与优雅——最终的效果依赖良好的仪容仪表与健康的流线型体格。美国时尚媒体建议，如果美国妇女想公开展示独特的品位，就应该购买日本或欧洲进口商品。

拉夫·劳伦和卡尔文·克莱恩坚持采用给他们带来成功的设计模式。克莱恩始终坚持线条的纯净，针对不同季度的系列设计，他通常只对剪裁、颜色、长度和比例做出微妙的改变。不过在 1983 年春夏系列中，克莱恩放弃了纤细苗条的美国女性形象，转而设计带有明显欧洲风格的服装。这些服装都是精确定制的，采用夹腰和凸出的蜂腰小裙摆。同年，克莱恩推出了一个非常成功的内衣系列——与男性风格相似，包括带有厚而有弹性且有醒目标示的腰带的三角裤和带前开口的四角裤。克莱恩设计的男性与女性内衣的性暗示广告存在争议，但是收到了一定的商业效果。

拉夫·劳伦仍然忠实于他最畅销的英伦贵族风格，但为了拓宽自己的视野，他到美国常春藤联盟和民间去寻找创作素材。劳伦特别有影响力的系列是"新西部"（New West）风格，这种风格源于他对新墨西哥州的印象，也被称为"印第安保留地时尚"（Indian reservation chic）。这种风格的服装包括带有醒目 Santa Fe 图案的手工针织毛衣和长麂皮裙，裙下隐约可见白色褶边棉衬裙。劳伦的目的是为更多的男士和女士提供能展示他们成功的服装，为此，他缔造了拉夫·劳伦

图255　卡尔文·克莱恩1985年的秋冬系列成衣展。克莱恩喜欢古典、极简主义风格。照片中的这款造型主要包括一套超大的男式剪裁西装、长上衣和高腰皮带裤，搭配马球领毛衣和相称的针织手套。整套服饰都是采用奢华材料制作而成。

图 256 在 20 世纪 70 年代末和 80 年代，拉夫·劳伦迷恋美国预科生的形象和英国贵族悠闲的状态。劳伦认为白色衬衫有纯真质朴的效果（照片中这件白色衬衫带有荷叶边衣领）。劳伦通常采用质量上乘的花呢和针织羊毛衫来设计搭配。一件与羊毛背心风格一样的羊毛开衫挂在椅子上；朴素的百褶裙和奶奶鞋搭配，勾勒出一副优雅知性的女性形象。

商业世界和经营理念。1986 年，位于纽约莱茵兰德的拉扶·劳伦旗舰店开业，能为家居与家庭打造体现拉夫·劳伦风格的整体方案。

纽约的两位女设计师唐娜·卡伦和诺玛·卡玛丽（Norma Kamali）于 20 世纪 80 年代崭露头角。唐娜·卡伦在帕森斯设计学院接受培训，后担任安妮·克莱恩（Anne Klein）的助理，开启了她的职业生涯，于 1974 年克莱恩去世时接任其职位。在合作伙伴路易斯·德洛利奥（Louis Dell'Olio）的参与下，她设计的纽约风格服装备受赞誉，这种混搭风格的服装是办公着装的理想选择，非常时髦，可以当晚礼服穿着。卡伦于 1985 年推出了她的第一个自有品牌系列。她了解繁忙职业女性的需求，并为她们提供极具实用性的"都市繁华"（big city sophistication）系列：套装外的宽大外套、可调节的围巾裙和不往上缩的女士紧身衣。她旨在迎合那些几乎没有购物时间的女性，为她们提供标配的黑色、白色和中性色并可选择点缀明亮色彩的服装。从一开始，她那从头到脚的服装和配饰的设计都在宣告"我的整个系列都基于可选择性和灵活性"。

诺玛·卡玛丽的设计作品显得有些古怪，但更加具有青春气息。卡玛丽从时装技术学院毕业后，于 1968 年和丈夫在纽约开设了一家精品门店。1977 年与丈夫离婚后卡玛丽把另一个精品店命名为"OMO"（On My Own），该精品店以其内部的混凝土结构和壮观的橱窗展示而闻名。由此，卡玛丽出售的生动活泼的时装款式受到了社会名流的欢迎。她具有开拓精神；她在纽约生产了第一条紧身热裤，并因其绗缝的羽绒睡袋外套而闻名。1981 年，卡玛丽用她那极具影响力的黑色、灰色、粉色和粉蓝色"汗衫"系列，将琼斯服装集团不起眼的棉质抓绒运动服改造成了高级时装。她采用俏皮的短裙和巨大的垫肩制作出曲线优美的上衣，并将其与模仿啦啦队服装的迷你半身裙或剪裁得像马裤一样的紧身裤组合在一起（紧身裤贴边长及膝盖）。这种设计非常容易被复制，复制成本也很低。因此，很快商业街连锁店便开始出售批量生产的柔和色调的款式，最畅销的是灰色。这种运动装棉上衣层层叠加，肩部自然下垂，但由厚腰带固定，由此形成个性化的风格。卡玛丽休闲系列的影响力几乎超过了她的其他系列作品，包括精致的晚礼服和性感的泳装。

被誉为美国时尚界"时尚先生"（Mr Pop）的佩里·埃利斯（Perry Ellis）的作品中也充满了这种青春气息。埃利斯从零售开始逐步进入这个行业，并于 1978 年推出他的个人系列。埃利斯将设计定位为以标新立异的服装款式吸引年轻的客户群体。他的设计主要以廓形上衣和裤子、宽大的裙子和毛衣而闻名。针织服装是他的主要产品，包括紧身胸衣和厚实的针织毛衣长裙。埃利斯出售针织套装，并在 1984 年因其针织系列而大获成功，该系列的设计灵感主要来自艺术家索尼娅·德劳内生动的几何绘画。1986 年埃利斯英年早逝，其事业也就此中断。

除了美国的大牌设计师之外，纽约和加利福尼亚也培养了一批小众设计师，他们不受大公司的财务支配，可以尝试采用非传统的生产方式和劳动密集型的工艺技术。在纽约，马克·雅可布（Marc Jacobs）和斯蒂芬·斯普劳斯（Stephen Sprouse）是这群有创新精神、有时甚至反传统的设计师中的佼佼者。虽然加州不属于国际时尚圈，但它是主流服装行业的重要载体，制造商在旧金山和洛杉矶专门从事休闲装和运动装的生产制造。除了詹姆斯·加兰诺斯等主要的高级时尚人物和埃斯普里（Esprit）等创新型成衣公司之外，美国西海岸的环境为艺术家和工匠们提供了灵感，他们在这里制作限量版服装和配饰。始于20世纪70年代的可穿戴艺术运动进一步发展，其倡导者出售的独家作品包括加扎邦（Gazaboen）复杂多彩的鞋子和艾娜·科泽尔（Ina Kozel）的防染印花丝绸和服。美国东海岸促进了美国与欧洲服装业的联系，而太平洋沿岸的加利福尼亚州则利用了东京和香港的文化枢纽地位发展自身业务。1987年10月19日黑色星期一的股市崩盘动摇了全球经济，直接导致了时尚行业的衰退，并对时装设计的风格产生了重大影响。

图257（左） 诺玛·卡玛丽推出的运动服，这是一种大胆的设计，同时也是实用和容易普及的高级时尚款式。卡玛丽在1981年春天推出的"汗衫"系列被大量复制和模仿，图中这套活泼的运动服装也是来自该系列，其标志性的大垫肩加宽了肩膀，自然下垂的裙摆式设计围在腰间，肥大的裤子在膝盖以下束进绑腿里。吸水性羊毛针织衫是运动者的必备，卡玛丽的设计为运动服增加了一个新的维度。

图258（右页） 佩里·埃利斯将休闲服装作为其业务的主要发展方向。埃利斯经常使用大胆、具象且有视觉张力的图案来制作青春靓丽、充满趣味的针织衫。1985年埃利斯用扑克牌红心皇后设计了一件有趣的无袖夏季毛衣，通过搭配裁剪精致的锥形裤和简约的无带鞋，这套服装使人们的注意力集中于具有强大视觉冲击力的平面图形设计上。

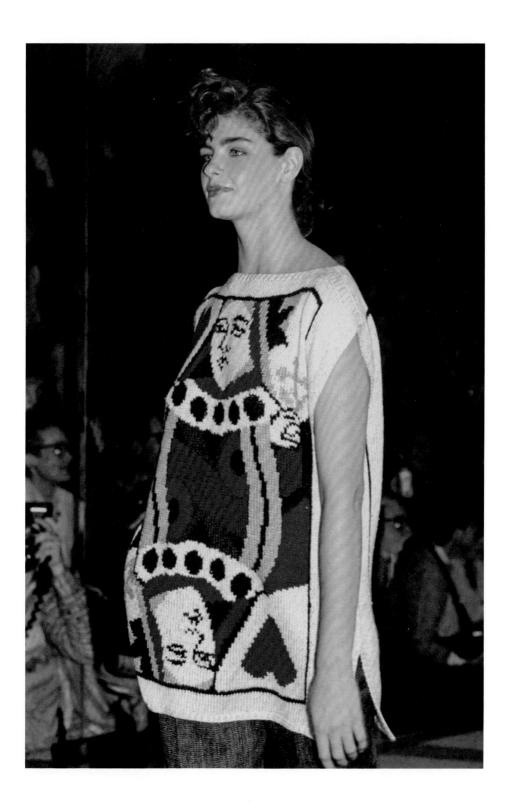

第九章
1989—1999 年：
时尚全球化

20 世纪 90 年代初的经济衰退时期，人们开始反对炫耀性消费（十年前的消费特征）。"设计师"变成了贬义词，被用来概括 20 世纪 80 年代所有的傲慢。社会生活更加节制，经济不景气导致人们的可支配收入降低，高级时装销售额下降。时装公司又受到海湾战争的进一步打击：海湾战争中断了它们与阿拉伯国家高利润的商业往来，也导致免税商品香水销售额的下降。服装设计开始反映人们对生态和内在精神的兴趣，就像在 20 世纪 60 年代末的危机时期一样。有些社群的服装和身体装饰不受国际时尚趋势影响，他们成了许多设计师灵感的来源。"真实个性"成为新的流行术语，亚文化风格和民族服装传统开始对时尚界产生重要影响。

一直以来，人们认为 T 台上的时装风格会慢慢演变成主流时尚，但多年来，越来越多的证据表明，事实完全相反。20 世纪 70 年代至 80 年代，"街头潮流"的呼声在高级时装界越来越高，但在 20 世纪 90 年代初期到 90 年代中期，时装系列开始对各种亚文化（包括过去的和现在的）兼收并蓄，其中包括杜嘉班纳（Dolce & Gabbana）的嬉皮风格、卡尔·拉格斐为香奈儿设计的 B-Boy 和 Surf 系列风格、里法特·沃兹别克设计的 Rasta 系列风格、卡尔文·克莱恩的 Ragga 系列风格、保罗·史密斯的"泰迪男孩"和 Mods 系列风格，以及让-保罗·高缇耶设计的民族亚文化混合风格。文身以及面部或身体其他部位穿孔用以佩戴饰品，也成为主流时尚的一部分。

20 世纪 90 年代早期，朋克和嬉皮风格结合在一起，形成了垃圾摇滚（Grunge）风格。这是一种色彩鲜艳、蓬乱不堪的风格，人们

把自制的、定制的或二手的衣服层层穿在身上，配上厚重的老式军靴。这种穿搭起源于西雅图的摇滚乐队"涅槃"（Nirvana）和"珍珠果酱"（Pearl Jam），从某种意义上来说是对 20 世纪 80 年代"进步"社会的一种反抗。垃圾摇滚风格在美国的影响力尤其大，安娜·苏（Anna Sui）和马克·雅可布将其引入了年轻人市场，唐娜·卡伦和拉夫·劳伦也推出了更多经典款的衍生品。漫不经心的时尚风格起源

图 259　让－保罗·高缇耶 1991 年春夏系列的插画。高缇耶在服装上不断挑战和模糊有关性别的正统观念（并于 1984 年推出了自己的男装系列）。值得一提的是这些服装在设计上的相似性，它们受到了亚文化摇滚、都市剪裁和民族服饰的影响。

于英国，在这里，垃圾摇滚元素与新时代旅行者的服装风格融合在一起，无论是在街头还是在时尚界都有二者的身影。显然这两种风格对高级时尚消费者而言都不太合适，他们的生活方式决定了他们需要更正式的服装。当然，他们也拒绝以 T 台时装的价格购买古旧风格的服装。

20 世纪 90 年代，时尚界对非西方传统服饰的诠释呈现出多种形式。瓦伦蒂诺、亚历山大·麦昆（Alexander McQueen）和约翰·加利亚诺从中国和日本文化中寻找设计灵感。范思哲改进了纱丽；罗密欧·吉利以俄罗斯芭蕾舞团的风格为基础，创造了东方幻想风格的服装；里法特·沃兹别克则赋予了自己的土耳其服饰一种浪漫的气质。从 20 世纪 90 年代中期开始，有几位设计师推出了各自设计的纱丽克米兹（Shalwar Kameez），这是巴基斯坦部分地区人们穿的一种传统服饰，由

图 260（下图左） 受舞蹈和古典服饰的启发，罗密欧·吉利为 1989 年至 1990 年秋冬系列设计了这件性感礼服。其特点是不对称的紧身上衣以及流畅飘逸的下裙。

图 261（下图右） 卡尔文·克莱恩设计的 1993 年春夏系列。克莱恩设计的服装有一种反时尚精英的风格，与 20 世纪 80 年代的权威穿着形象形成鲜明对比。模特凯特·莫斯的这一身很有"垃圾摇滚"范儿——头发蓬乱，戴着头巾，脸上明显没怎么化妆。但是，商业天才克莱恩让她穿上了一件存在感非常强的单品——用透视和飘逸的面料抓住了时尚潮流。

图 262　三宅一生 1994 年春夏系列。1993 年，三宅一生推出的轻如羽毛、可机洗、无褶皱聚酯纤维"三宅褶皱"（Pleats Please）系列大获成功，成为旅行服装的理想选择。虽然这种圆柱形服装是人们熟悉的西式服装廓形，却是围绕身体设计而成的，无须考虑传统的前后形制。颜色为明亮的彩虹色，整体造型令人联想到纸灯笼和折纸艺术。

长衬衫和脚踝处收紧的长裤组成。各路文化观察人士指出，在西方市场上推销正统的少数民族服装，会降低非西方文化的格调，使人们认为其不过是为最新时尚发声罢了。但有些设计师，特别是三宅一生、出生于伊朗的希琳·吉尔德（Shirin Guild）和出生于印度的设计师阿莎·沙罗白（Asha Sarabhai），以简化主义美学重新设计本国传统文化服装，成功地规避了模仿或怀旧的嫌疑，催生出了现代功能性服装，这些服装在许多方面也体现了跨文化风格。

　　为了适应 20 世纪 90 年代较为低调的着装氛围，许多男性（通常被媒体描述为敏感而有同情心的"新男性"）抛弃了宽垫肩、四四方方的"权力"西装，转而选择更柔软、剪裁更巧妙的斜肩修长款西装。单排扣夹克占主导地位，更为随意的尼赫鲁风格也成为时尚。英国的许多顶

图263（左） 里法特·沃兹别克的1990年春夏系列（他在伦敦的最后一场时装秀）。他用全白色的新世纪系列庆祝新的十年，展示了土耳其风潮（Turquerie）、俱乐部风格、街头风格和运动服装的影响。

图264（下图左） 芬迪的1995年春夏系列。1977年，以皮草和箱包设计而闻名的芬迪推出了成衣系列，随后在（对于某些品牌而言）繁荣的20世纪80年代，推出了手套、领带、文具、牛仔裤、家具、香水等系列，并推出了芬迪西姆（Fendissime）初级系列。图中为克劳迪娅·希弗身着日常短款运动服的造型。

图265（下图右） 希琳·吉尔德1996年春夏系列。受伊朗男装裁剪的启发，希琳·吉尔德采用英国最好的面料，设计了一款可以被称为民族极简主义风的造型。本图中的模特外穿阿巴（Abba）大衣——伊朗男性穿的一种服装款式，下身穿库尔德长裤，二者都是用棕色羊毛面料制成的，与方形马甲和淡蓝色棉质衬衫搭配，整体是一款适合在夏日的恶劣天气穿着的现代都市套装。

尖裁缝进入了定制行业，年轻的时尚男士对定制西装的需求显著增加。相反，美国引领了职场"便装"的潮流，一些公司没有上班要穿正装的规定，员工可以一直穿便装，从而使时尚休闲装取代了高管套装。

里法特·沃兹别克于1990年推出的新世纪全白系列极具影响力，集中体现了对精神启蒙的渴望。其他设计师也积极关注生态问题：凯瑟琳·哈姆内特支持环保面料和工艺；1992年，海伦·斯托里（Helen Storey）主张回收利用高级时装。斯托里将二手服装改头换面，设计出了"第二人生"（Second Life）系列服装，并将其与她设计的折中主义风格服装一同出售。天然纤维和以自然为灵感的纺织品设计在这十年中深受欢迎，且设计师选择面料和纱线时偶尔也会选用大麻纤维（在纺织品领域是合法的）。舒适结实的鞋类，包括软木底的勃肯凉鞋（Birkenstock）、厚实的步行靴和各种用皮革替代品制成的鞋履，是生态时尚的重要组成部分。根据这些时尚趋势，化妆品行业开发了一系列天然的植物性产品。

全球问题引发了人们对个人健康和安全的担忧。意大利休伯家（Superga）公司制造了防弹衣，内置空气污染防护面罩、酸雨防护装置和红外线夜视镜。露西·奥尔塔（Lucy Orta）是巴黎的一名概念设计师，她呼吁人们解决世界冲突、关注城市生活被破坏等问题。1992年她推出了避难服系列，该系列主打多功能的生存服，这种生存服可以当作帐篷和睡袋使用。

从20世纪90年代初开始，反皮草运动的呼声有所减弱。该运动本是由活跃的压力集团（通过施加政治压力以影响国家政策的团体）领导，并得到了社会名流的支持。许多设计师在自己的系列中使用了真正的皮草。人造皮草仍然很受欢迎，不过强烈反对皮草的人认为，逼真的人造皮草也应该被禁止，因为人造皮草可能意味着人们仍有穿"真品"的愿望。针对外界的批评，皮草行业指出，人造皮草易燃，不可生物降解，也不像真皮草那样保暖。冬季款服装一直流行采用现代绗缝工艺和衬垫的外套，这较少有争议。

20世纪90年代初期到中期，技术的发展和人们对未来世界的痴迷催生了赛博时尚，其灵感来自朋克、科幻小说、虚拟现实技术、邪典电影（如《疯狂的麦克斯》<Mad Max>，分别于1979年、1981年和1985年拍摄了三部）和新型的成人漫画角色。工业风和未来风服装采用了此前从未使用过的面料，尤其是氯丁橡胶、摇粒绒和高性能微纤维面料。赛博时尚还从恋物癖者钟爱的橡胶、PVC 和皮革材料，以及专业运动服中汲取灵感。所有这些材料和风格都融入了主流时尚和高级时尚。

20 世纪 90 年代最重要的时尚现象之一便是"超模"市场繁荣。琳达·埃万杰利斯塔（Linda Evangelista）、克里斯蒂·特灵顿（Christy Turlington）、辛迪·克劳馥（Cindy Crawford）、克劳迪娅·希弗（Claudia Schiffer）、娜奥米·坎贝尔（Naomi Campbell）、凯特·莫斯（Kate Moss）、斯特拉·坦南特（Stella Tennant）和奥娜·弗雷泽（Honor Fraser）等超模的名气与顶级电影明星和流行歌手不相上下。为持续吸引公众对高级时装的兴趣，她们做出了很多贡献。然而，20 世纪 90 年代初期到中期流行超瘦身材，模特们"骨瘦如柴"。人们认为这加重了整个社会上个体的营养失衡问题，因此对模特行业提出质疑和批评。平面模特也流行"瘦骨"风，模特们瘦得吓人，甚至像吸毒的瘾君子一样。人们同样对此表示谴责。1997 年至 1998 年，时尚界意欲使用尚未进入青春期的少男少女当模特，引发了更多的关注。

20 世纪晚期的时装业仍然是一种劳动密集型而非资本密集型产业。最高端的时装设计师仍然采用手工制作服装，这样的方式最精细复杂，也最耗时。计算机辅助设计（CAD）和计算机辅助制造（CAM）等技术的发展对产业的大规模生产和大规模设计而言是重大利好。然而，时装行业是出了名的不稳定行业，即便是大宗订单也经常被拆分，分包给小型制造部门和外包工人，他们再继续为行业贡献自己廉价的劳动力。尽管自 20 世纪初以来，立法无疑已取得进步，但在 20 世纪末的世界范围内，竞争激烈的时装和一般服装产业仍剥削着脆弱的劳动群体。

在经济衰退时期，消费者一般会非常挑剔，高质量的"投资品"无论价格如何通常都销量甚好。尽管在 1990 年，一件高级定制礼服的价格堪比一辆跑车的价格，一套定制西装的价格堪比乘坐一架协和式飞机飞越大西洋的价格，但一些女性仍追求着奢华名品。然而在 20 世纪 90 年代初，高级定制时装的客户数量处于历史最低水平，大概只有2000 人。尽管如此，这些经常高调亮相的人物会在重要活动中穿着某设计师设计的服装进行宣传，由此整个行业才得以为继。

269詹尼·范思哲一直保持着在行业中的领先地位，他为世界上最富有、最有魅力的男性和女性设计服装，其恋物癖主题和同性恋主题

的时装及广告活动产生了巨大的影响。1997年7月，范思哲在迈阿密的家附近被谋杀，其妹妹也是他的灵感缪斯多纳泰拉接管了设计事务。莫斯奇诺在三年前去世；1993年，即其去世的前一年，莫斯奇诺在米兰举办了"混乱的十年"回顾展，展出了他十年来在时尚领域充满戏谑和讽刺的设计。乔治·阿玛尼的设计一直保持着低调、时尚的特点，并因此受到好评。杜嘉班纳品牌的设计双雄——多梅尼科·多尔斯（Domenico Dolce）和斯特凡诺·嘉班纳（Stefano Gabbana）以其迷人、性感的设计为米兰时尚界注入新的活力。意大利南部的性感浪漫风格、罗伯托·罗西里尼（Roberto Rossellini）和卢奇诺·维斯康蒂（Luchino Visconti）的银幕形象以及亚文化风格和宗教服饰，都深深影

271

图266（上左）杜嘉班纳1992年春夏时装，模特为辛迪·克劳馥。20世纪时装（和美术）的部分代名词是兼容。这对设计搭档以其讽刺的风格而闻名，他们利用拼贴美学讥讽人们对时尚（设计师品牌和陈旧的浪漫风格）的迷恋。

图267（上右）帕特里克·凯利1989年至1990年秋冬成衣系列。凯利以其充满活力的设计、对流行音乐的热爱以及对非裔美国文化的运用而闻名。他是首个获准进入法国高级时装协会的美国人。例如图片中的这款服装，凯利完全了解超现实主义者和流行艺术家对嘴唇这一主题的喜爱——他将嘴唇元素与身体分离并进行错位设计，是一种性感的表达。

图 268（左） 乔治·阿玛尼 1996 年男装系列，由彼得·林德伯格（Peter Lindbergh）拍摄。阿玛尼的设计从 20 世纪 80 年代的造型过渡到 90 年代的精简风造型，作品呈现极致惬意。图中模特戴着太阳镜（该款最为畅销，是设计师的衍生产品），服装色彩对比微妙，面料有质感，剪裁线条柔和。围巾则增添了一种漫不经心的感觉。

图 269、图 270（下左和下右） 杜嘉班纳 1994 年春夏男装。这对设计搭档常表示，他们喜欢探索男性的女性气质和女性中男性化的一面。这套服装包括纱裙、白色罗纹背心、亚麻针织衫和层层叠叠带图案的亚麻织物（衬衫没有扎在裤子里），外搭一件马甲——模特则赤脚穿着圣经凉鞋。杜嘉班纳专门为新时代男性客户设计，并将其客户定义为寻找自己内心答案的灵魂旅者。

响了二人。二人设计的 1994 年春夏系列男装吸收了克里希那教徒的着装特点，以围裙搭配白色棉质背心为特色。20 世纪 90 年代末，米索尼设计的色彩鲜艳的几何图案针织衫再次占据了时尚报纸的头版头条。

从 20 世纪 90 年代初开始，巴黎迎来了一批国际时尚人才，包括在安特卫普皇家美术学院（Royal Academy of Fine Arts）接受过培训的比利时新晋设计师，他们思想前卫。其中最著名的或许要属马丁·马吉拉（Martin Margiela），1984 年至 1987 年，他担任让-保罗·高缇耶的设计助理，并于 1988 年设计了 1989 年春夏系列——这是他的首个巴黎系列。马吉拉的设计剪裁精细，成品非常注重细节，营造出一种人为的混乱感：衣袖似乎被扯掉，磨损的边缘、外部缝线和外露的衬里则是其精心设计、有意为之，这便是其设计的特色所在。1992 年，安·迪穆拉米斯特（Ann Demeulemeester）开始在巴黎举办时装秀，和马吉拉一样，她也喜欢单色。她的设计作品为层层叠叠、飘逸的服装，均由高质量面料制成，有时还带有非同寻常的纹理和古旧的光泽。从 1986 年开始，德克·毕肯伯格斯（Dirk Bikkembergs）就以其创新的男装而闻名。在 1995 年冬季系列中，德克·毕肯伯格斯展示了一组男女皆宜的服装，强调其设计的多功能性。德赖斯·范诺顿（Dries van Noten）的男装和女装系列体现了"城市民族风"的影响，这位设计师也因此走红。

1986 年至 1998 年，奥地利设计师赫尔穆特·朗（Helmut Lang）在巴黎展示了自己的女装系列（其 1998 年秋冬系列在纽约展出），1987 年后开始展示男装系列。他所谓的"无参照时装"包含了一些寡淡、永恒而优雅的设计，这些设计也绝对是当代杰作。另一位现代主义设计师是吉尔·桑达（Jil Sander），她的设计霸气时髦，剪裁讲究。1993 年，桑达开始在巴黎展示自己的作品，在此之前，她已经在德国创立了面向全球销售时装、眼镜、香水和化妆品的公司品牌。

薇薇安·韦斯特伍德仍在延续英国服装的裁剪方式和历史风格——其中掺杂着几分傲慢和老练。其独家金标（Gold Label）在巴黎展出，被誉为半高级定制，提供的个性化服务几乎达到了高级定制标准。她的分支系列——红标（Red Label）成衣则在伦敦展出。1998 年 3 月，韦斯特伍德推出"情迷英伦"（Anglomania）系列并在米兰展出，这是她自 70 年代以来最成功的设计中较为廉价的一个系列。

图 271　德赖斯·范诺顿 1997 年春夏系列。20 世纪 90 年代末的时装充满"国际范儿"，范诺顿的许多设计灵感都来自亚洲风格的服装。该图展示的是范诺顿邀请的一群各个种族的模特，他将剪裁考究的夹克、衬衫和无袖上衣与华丽的透视面料裙子（许多人将其穿在长裤外）相结合，让人联想到巴基斯坦的纱丽克米兹风格。

272　　　此外，韦斯特伍德还在"Mini-Crini"系列（1986 年春夏系列）中展出了厚底鞋。该鞋款虽然在 T 台上饱受嘲笑，却是 20 世纪 90 年代时尚鞋款的代表。

　　从 20 世纪 90 年代中期开始，巴黎的高定行业开始复苏，这在很大程度上得益于经济条件的改善以及慧眼如炬的伯纳德·阿尔诺——其雇用了特立独行的年轻设计师来重振老牌时装公司。1996 年，阿尔诺任命约翰·加利亚诺为纪梵希品牌的创意总监，这位设计师用他的梦幻时装吸引了一批新的年轻客户。次年，阿尔诺把加利亚诺调任至迪奥，他认为这位英国设计师的女性化和浪漫主义设计是公司创始人设计风格的自然转型。经过审慎思考，阿尔诺最终宣布，20 世纪 90 年代英国时尚界的开拓者亚历山大·麦昆将取代加利亚诺执掌纪梵希。

　　在创立自己的品牌之前，麦昆曾在中央圣马丁艺术与设计学院

图 272 薇薇安·韦斯特伍德 1993 年至 1994 年秋冬"情迷英伦"系列。从朋克无政府主义到精英高级定制，韦斯特伍德一直在运用格子织物，其设计引领了 20 世纪 90 年代手工制作和传统纺织品的流行。模特琳达·埃万杰利斯塔穿着一件马海毛格子夹克，搭配颜色对比鲜明的格子衬衫、领带和迷你裙，加上菱形花纹长筒袜和韦斯特伍德设计的黑色漆皮厚底鞋（虽然这款鞋名声欠佳）。

图273（上图左） 亚历山大·麦昆1995年至
1996年秋冬系列。在摆着石南花和蕨类植物的T
台上，"高地强暴"系列以透明、撕裂和明显的破
损为特色，多采用格子呢面料。麦昆认为在高地
清洗期间，英格兰对苏格兰土地造成了破坏（这
是一种强暴行为），此系列就是在为此发声——
许多批评人士对此产生了误解，他们认为这是对
女性的冒犯。

图274（左） 亚历山大·麦昆的1997年秋冬系
列——"外面便是丛林世界"（It's a Jungle Out
There，由西蒙·科斯汀 <Simon Costin> 设计），
秀场设置在伦敦的博罗水果市场。该系列中模特
妆扮成"具有动物本能的都市战士"，穿着带有
卷曲公羊角的塑身皮衣。

学习，并在业内积累了丰富的经验，曾为罗密欧·吉利和立野浩二（Koji Tatsuno）工作，还为在萨维尔街开设裁缝工作室的安德森与谢泼德和君皇仕工作过。1993 年 2 月，麦昆的首个商业系列（1993 年至 1994 年秋冬系列）以静态形式在伦敦丽兹酒店展出。电影《出租车司机》（Taxi Driver）中的照片被印在硬丝缎礼服外套和喇叭裙摆上，裙子搭配袖子长度达四英尺的黑色雪纺衬衫。从一开始，麦昆就展示了其高超的剪裁技巧以及震惊世人的时尚眼光。其 1995 年至 1996 年秋冬"高地强暴"（Highland Rape）系列以对 18 世纪苏格兰高地清洗的控诉为主题，特点为撕裂的紧身胸衣和裙子前后的 T 形连接链。超低腰"包屁裤"（Bumster，从后部开襟，露出臀沟）、时髦的长礼服、招摇的军装风格外套、蕾丝连衣裙和带有新月肩峰的定制夹克都是麦昆具有影响力的女性风格作品。

1997 年 1 月，麦昆推出了自己在纪梵希的首个高定系列，灵感来自希腊神话，以精致的雪纺女神礼服和亮闪的金色皮革角斗士礼服为特色。后来的系列包括 PVC、蕾丝和皮革材质的紧身连衣裙，以及染色蛇皮制成的长及脚踝的大衣。麦昆每季都设计五个系列：高级定制、成衣和纪梵希秀前系列（以经典单品为特色），以及自有品牌的男装和女装系列。他在伦敦以华丽的姿态展示了这些系列。对于每个系列，他都成功地将自己独特的创作才华、技艺专长和商业吸引力结合起来。

其他顶级时装公司也在寻找来自英国艺术学校的设计师。香奈儿雇用了针织服装设计师朱利安·麦克唐纳（Julien MacDonald），当时他还是伦敦皇家艺术学院的一名学生。毕业后，麦克唐纳推出了自己独创的蛛网编织系列。出生于爱尔兰的女帽设计师菲利普·崔西（Philip Treacy）也曾在皇家艺术学院接受培训，除了自己的定制系列和分支系列，他还参与了香奈儿和纪梵希两个品牌的设计。他的作品创意非凡，时尚感强，使帽子在 20 世纪 90 年代又流行起来。1997 年，蔻依任命保罗爵士（Sir Paul）和琳达·麦卡特尼（Linda McCartney）之女——毕业于圣马丁的斯特拉·麦卡特尼（Stella McCartney）为设计师。麦卡特尼的设计浪漫、剪裁流畅，立即成为与蔻依公司格调完美匹配的当代风格。前陶艺家戴·里斯（Dai Rees）于 1998 年创立了

图 275（对栏图右） 蔻依 1998 年春夏系列。斯特拉·麦卡特尼向蔻依在 20 世纪 60 年代末和 70 年代初的繁荣时期致敬，她将飘逸裙装和摇滚风巧妙地结合在一起，抓住了 90 年代末时髦的波西米亚的时尚基调。图中模特穿着合身的开领衬衫，搭配紧身胸衣，以及撩人的无扣修身长裙。

自己的品牌，他曾设计过立体感强、体现现代主义风格、有时看起来充满野性的配饰和女帽，亚历山大·麦昆和朱利安·麦克唐纳将之作为装饰运用在自己的设计系列中。美国设计师在巴黎也发挥了强大的影响力，如迈克·高仕（Michael Kors）对赛琳（Céline）的影响；罗意威（Loewe）受到纳西索·罗德里格斯（Narciso Rodriguez）的影响；阿尔伯·艾尔巴茨（Alber Elbaz）首先影响了姬龙雪，在1999年之后对伊夫·圣罗兰产生了影响；皮特·斯贝利奥普勒斯（Peter Speliopoulos）和马克·雅可布则分别影响了塞鲁蒂和路易威登。

尽管在20世纪90年代中期，顶级高定时装的知名度有所提高，但人们比以往任何时候都更习惯用成衣系列（曾经是高定时装的"穷亲戚"）来宣传特许商品。反过来，20世纪80年代很少有广告商投资的价格较低的分支系列也开始出现在了T台上。美国时装行业迅速地意识到市场的变化并做出反应，生产许多分支系列并调整现有产品线以适应当前的大环境，由此取得了巨大成功。拉夫·劳伦创立了20多个服装系列；唐娜·卡伦的DKNY系列最初专注于休闲服装，后来涵盖了更正式的服装；卡尔文·克莱恩以其年轻、简约和运动的设计以及香水销售而大获成功，同时其更奢华、精简的时装留住了一批忠实客户。汤米·希尔费格（Tommy Hilfiger）干净利落的运动装有着其他品牌难以匹敌的、几乎反时尚的地位，得到了都市一族的支持。1994年，希尔费格推出了一系列剪裁考究的男装，随后又推出了两款香水——Tommy（1996年）和Tommy Girl（1997年）。

在整个20世纪90年代，配饰都是时尚界的宠儿，其中箱包尤为重要。老牌公司改头换面，一批专业设计师进入市场，时装设计师也推出了自己的系列产品。储物式设计也渗透到了服装领域，尤其是在1992年至1993年秋冬系列中，艾萨克·米兹拉希（Isaac Mizrahi）推出了一款黑色皮夹克，用两个扣紧的手袋取代了衣服前的口袋；香奈儿展示了挂在皮带上的绗缝腰包；约翰·里士满（John Richmond）推出了骑装风格的夹克，该款夹克有多达10个带扣口袋被对称设计在衣服两侧。

意大利设计师缪西娅·普拉达（Miuccia Prada）凭借时尚而低调的服装设计和极简主义的尼龙包和帆布背包系列改变了普拉达品牌（创立于1913年，此前以皮革配饰闻名）。帆布背包也是20世纪90年代地位最高但又相对低调的配饰之一。美国时装设计师汤姆·福特

图 276 "天生顽皮"（Naughty by Nature）乐队的说唱歌手特雷奇（Treach）在汤米·希尔费格 1996 年春夏时装秀上身穿该品牌服装表演。希尔费格的运动服上都印有十分显眼的品牌名称。格兰德·蒲巴（Grand Puba）、库里奥（Coolio）和史诺普·道格（Snoop Dogg）等知名说唱歌手助阵，非常有利于向反文化群体和校园风群体推广这种款式的服装。

（Tom Ford）为古驰（Gucci）品牌带来了现代风格和黑色基调，而勇于创新的马丁·马吉拉被任命为爱马仕品牌的设计师。马克·雅可布为路易威登的箱包增添了新的活力，并推出了一个服装系列。1998 年，艾萨克·米兹拉希、理查德·泰勒、安·迪穆拉米斯特和赫尔穆特·朗都宣布将推出自己的包袋系列，推动作为衣橱时尚一部分的包袋时尚的发展。

　　进入 20 世纪以来，手提包的尺寸普遍增大——这反映了女性需

图 277（上图左） 1994 年春夏系列的 DKNY。从市场的各个层面来看，运动服装和由舒适的弹力面料制成的跑鞋是 90 年代流行的休闲穿搭。在分支系列 DKNY 中，唐娜·卡伦借鉴了美国棒球服的设计，创作了这条前襟拉链的连衣裙，侧身为深色，衣领为标志性圆领，造型可人。

图 278（上图右） 艾萨克·米兹拉希 1992 年至 1993 年秋冬系列。自 1987 年成立公司以来，米兹拉希以清晰的廓形、豪华的面料和实用的设计而闻名，其设计偶尔还会出现一些视觉意趣，比如这件经典款皮夹克上的口袋就是由一个带暗扣的手袋折叠而成。

求的变化，但 20 世纪 90 年代的一些设计师专门设计小号、适合特殊场合的手袋。美国设计师朱迪思·莱伯（Judith Leiber）就以这种设计风格著称，她设计的日常手包由爬行动物皮或鸵鸟皮制成，充满异国情调，精致的迷你晚宴手包则镶有水钻图案；意大利的埃马努埃莱·潘塔内拉（Emanuele Pantanella）用珍贵的木材制作精致的晚宴包；还有伦敦的露露·吉尼斯（Lulu Guinness）从花篮中汲取灵感，创作了相关的手包系列。

在 20 世纪最后的十年里，时尚迎来了一轮又一轮的复兴。90 年代初，60 年代末和 70 年代初的风格广受欢迎，80 年代的时尚元素也重回人们的视野——尤其是强调肩部线条的设计，当其与细致、精简的剪裁结合时，就成了极具当代风格的设计，吸引着人们的眼球。虽然时尚呈多元化发展，但服装在裁剪、色彩、面料和装饰等方面具有独特的季节性趋势，这一特点仍然可以在国际时装秀场上看到，时尚媒体也将其视作流行主题加以报道。

1998 年至 1999 年秋冬时装系列的主要造型包括剪裁简练干脆的设计、具有现代主义风格且以中性色调（尤其是灰色）为主的立体式设计，以及与之形成鲜明对比的色彩鲜艳、线条流畅的波西米亚风格设计。以上三者的制作材料都十分奢侈（主要为天然材料），包括品质一流的麂皮、羊绒、仿毛皮、异域羽毛、手工毛毡羊毛，以及刺绣和串珠粗花呢。特别值得一提的是，设计师们大量使用羊绒：美国的唐娜·卡伦展示了羊绒面料套装，迈克·高仕设计了长款羊绒开衫，拉夫·劳伦推出了最小号的羊绒单品——丁字裤！当时也流行精致的蕾丝、蛛网编织、欧根纱和雪纺服装，人们通常是通过层叠搭配来穿着。麦昆、范思哲和费雷以一种完全不同的方式展示了链式编织物和金属织物面料，向圣女贞德（Joan of Arc），也向帕高·拉巴纳的未

图 279　1966 年露露·吉尼斯设计的"花店的花篮"手袋。这种天马行空、精巧别致的设计加上红丝绒玫瑰，为特殊场合用的小手袋注入了时尚气息。

来主义作品致敬。

　　当时，简约修身的设计风格盛行，并且出现了极简风格的作训装和运动服：在琼·科洛纳（Jean Colonna）、马克·艾森（Mark Eisen）、吉尔·桑达、马丁·斯特本（Martine Sitbon）、卡尔文·克莱恩、DKNY 和尼科尔·法利（Nicole Farhi）的系列中可以看到带有绗缝、兜帽和拉链或魔术贴系扣的服装。20 世纪 50 年代，巴黎高定时装剪

图 280（左页） 朱利安·麦克唐纳设计的 1998 年秋冬系列。20 世纪 90 年代末，麦克唐纳彻底改变了针织衫，他将手工编织和机器编织相结合，采用黑色、亮闪的卢勒克斯丝线，设计出迷人的半透明晚礼服。他曾为香奈儿和亚历山大·麦昆设计过针织衫，2001 年被任命为纪梵希首席设计师，还为高街品牌德本汉姆设计过作品。
图 281（右） 1998 年，超模娜奥米·坎贝尔带着马克·雅可布为路易威登设计的新款皮箱抵达布尔歇机场。

裁精致、低调，尤其是巴黎世家和杰奎斯·菲斯的设计，为马丁·斯特本、马克·艾森、斯宝麦斯（Sportmax）和尼古拉·盖斯奇埃尔（Nicolas Ghesquière，巴黎世家设计师）提供了灵感——这些设计师的设计都以 20 世纪 50 年代带斗篷的挺括肩部和流畅的线条为特色。

渡边淳弥（Junya Watanabe）、山本耀司、纽约时装品牌 TSE 和田山淳朗（Atsuro Tayama）对面料进行分层，制作出剪裁精美的服装，其灵感来源多样，包括毕加索和布拉克的立体派艺术作品、现代主义建筑，以及 20 世纪 80 年代初日本设计师折纸艺术在服装中的运用等。罗密欧·吉利、让－保罗·高缇耶、马丁·斯特本、纪梵希和川久保玲对纺织品的运用充满活力，立体派的影响在这些设计师的作品中也有所体现。

各个市场层次的时装大量使用刺绣和亮片元素，那些热爱华丽时装的人可以充分得到满足，这些元素应用最为奢华的莫过于约翰·加利亚诺为迪奥之家举办的高级定制时装秀设计的作品。勒萨日为其作品制作了最昂贵的刺绣服装，花费了 2000 个工时。

艾特罗（Etro）、兰妮·基奥（Lainey Keogh）、玛妮·克洛伊

（Marni Chloé）、朱利安·麦克唐纳、克莱门茨·里贝罗（Clements Ribeiro）和里法特·沃兹别克引领了奢华波西米亚风格的潮流，他们用锦缎、厚天鹅绒和缀满流苏的面料制作了线条修长、层次感强的服装，所有这些服装都大量采用了琥珀色、陶土色、苔绿色、深紫色和金色等丰富的色彩，让人想起前拉斐尔派画家的作品。他们设计的图案大胆，有些灵感来自世纪之交的新艺术主义设计。

1998 年 10 月，时尚媒体报道称，1999 年春夏秀场标志着时尚产业再一次受到限制。亚洲金融危机的直接后果是，许多时装公司的利润下降。中国香港、日本和韩国的消费者对价格变得更加挑剔，对欧美品牌的喜爱程度普遍降低。市场趋势显示，他们对亚洲自身日益成熟的高级时装行业越来越有信心。因此，为了重新赢得这一关键市场（亚洲和太平洋地区占法国奢侈品销售总额的一半左右），许多设计师把重点放在可穿戴性、质量和产品价值上。

此时，澳大利亚迅速发展的高级时装产业适时地扮演了一个更重要的角色。1998 年，即悉尼时装周加入国际春夏时装秀的第四年，澳大利亚时装系列轻松优雅的风格受到全球媒体和买家的热烈欢迎。深得人们喜爱的有克莱特·蒂尼甘（Collette Dinnigan）的珠饰和刺绣雪纺连衣裙，以及华丽的粉色和绿色纱丽裙；五十川明（Akira Isogawa）精致的刺绣乔其纱和欧根纱直筒连衣裙；萨巴（Saba）的时尚都市系列，包括灰色和卡其色修身裤、收腰上衣和铅笔裙。此外，由于汇率的波动，澳大利亚的产品价格在海外市场更有竞争力，而高级时装进口量有所下降，澳大利亚设计师也从中获益。

纵然有此趋势，但在 20 世纪的最后几年，巴黎、米兰、纽约和伦敦仍然是全球的时尚之都，设计师们还是蜂拥至这些都市施展才华，试图功成名就。巴黎虽然仍最受欢迎，但时装业本身已不再由法国人主导：巴黎为来自世界各地的设计师举办时装秀，并聘请国际时尚优秀人才为自己的老牌时装公司创作。

在 1999 年，与过去的一个世纪一样，高级时装仍可作为最直接的文化产物之一，反映了社会经济和技术的发展。互联网通信疾如闪电，这对时尚业的发展至关重要，因为网站可以与电视频道一同提供每天 24 小时的居家购物服务。纺织产业在很大程度上需要运动服装

图 282（右页） 令人眼花缭乱的设计：约翰·加利亚诺为克里斯汀·迪奥设计的 1997 年春夏系列高级时装。该款式让人想起 20 世纪 30 年代晚礼服的剪裁风格，其面料精心制作，灵感来自古斯塔夫·克里姆特（Gustav Klimt）和索尼娅·德劳内的画作。

的推动才能取得了突破性的发展，因运动服装打破了以往服装的色彩、纹理和结构的界限。工程纺织品行业将天然织物与玻璃、金属和二氧化碳相结合，创造轻型复合材料；新型涂层采用了有机硅整理剂（用于减少游泳运动员在水中的阻力）以及全息材料；陶瓷纤维可以将太阳能转化为人们所需的能源，而微纤维则具有抗菌、自洁和释放

图 283　山本耀司 1999 年春夏 "新娘与寡妇" 系列成衣。这场时装秀被誉为山本耀司最高级别的时装秀系列之一。"新娘" 穿着带裙撑的白色连衣裙，在展示时一层层增加服装，而非脱下服装。山本耀司标志性的黑色剪裁看起来流畅、简约且低调，通常为中性风格，他的设计通过创新的剪裁和不寻常的细节给人耳目一新的感觉。

香气的特点。

　　20 世纪 90 年代，时装设计师在社会上比以往任何时候都更受重视，不仅是因为他们能设计出兼具功能性和创新性的产品来丰富人们的生活，还因为时装带来了贸易繁荣和就业增长。许多面向大众市场的商业街零售店和邮购公司意识到，委托顶尖人才来设计和宣传其产品具有重大的商业意义。因此在 20 世纪末，带有国际顶级设计师标志的时装不再像 20 世纪初那样被少数富人垄断，而是面向社会大众，为多数人拥有。

第十章
2000—2010 年：
经济衰退、传承与互联网

　　21 世纪的时尚具有发展迅速、多元化和包容性等特点。时尚消费人群规模庞大，且消费者的兴趣广泛。这在很大程度上得益于通信革命，通信革命则是由互联网的普及、国际贸易格局的改善、生产技术与分配方式的进步，以及社会阶层的流动等因素促成的。自 2008 年末开始，时尚行业不得不努力应对全球性经济衰退所带来的金融问题，并为此找到创新的解决方案。

　　除了巴黎、纽约、伦敦和米兰等主要的全球时尚中心，印度的新德里和孟买以及中国的北京和香港等新兴时尚中心也在蓬勃发展。2000 年，印度时装设计委员会（成立于 1998 年）组织了第一届印度时装周。此后，尽管时装行业的无序竞争引发了市场的混乱，但该行业还是得到了长足的发展。据估计，在印度政府的推动下，截至 2012 年该行业的产值为 9200 万英镑。印度的时装行业主要呈现出两种风格，但都以南亚次大陆丰富多样的纺织品为基础：一种是植根于印度传统服装的设计，另一种则是在印度纺织品的基础上融合西方的设计元素，形成的印度与西方糅合的风格。在宝莱坞明星的个人魅力和社会影响力的作用下，印度时装行业得以快速发展。宝莱坞明星会出席各种备受瞩目的时尚活动，例如在孟买举行的拉克梅时装周（Lakme Fashion Week）和在新德里举行的威尔斯生活方式印度时装周（Wills Lifestyle India Fashion Week），他们偶尔还会客串时装模特。萨比阿萨奇·慕克吉（Sabyasachi Mukherjee）、塔伦·塔希里安尼（Tarun Tahiliani）和 J.J. 维拉亚（J. J. Valaya）等印度本土设计师的作品也都受到了国际时尚媒体的关注。2007 年，塔希里安尼为伊丽莎白·赫利（Elizabeth Hurley）设计了粉色婚礼纱丽。2009 年，曼尼什·阿罗拉（Manish

Arora）凭借其活泼、艳丽的时尚设计而广受好评，并成为巴黎高级成衣设计师协会（Paris's Chambre Syndicale du Prêt-à-porter）的会员。

印度时装周是外国时尚买家和新闻记者定期参加的活动。同样，人们对中国时装周的兴趣也在增加，一些电影明星和歌手在这些场合中亮相，为时尚活动提升了知名度。中国以较低的劳动力成本实现了前所未有的经济增长，世界各地设计师所设计的各类服饰很多是在中国生产的，"中国制造"的标签随处可见。中国设计师们也同样雄心勃勃，努力在中国建立领先的时尚设计中心。与印度同行一样，他们中许多人在欧美国家接受过专业培训或者有相关从业经验，他们汲取优秀的设计经验，包括极品丝绸的精致剪裁经验，并将它们与中国最新的时尚流行趋势融合在一起。《时尚》杂志在韩国（1996 年 8月）、中国台湾（1996 年 8 月）、俄罗斯（1998 年 9 月）、日本（1999年 9 月）、希腊（2000 年 3 月）、葡萄牙（2002 年 11 月）和中国大陆（2005 年 9 月）都发行了新版本，印度版《时尚》杂志于 2006 年9 月开始发行，这些迹象都表明时尚讯息正在全球范围内快速传播。

进入 21 世纪，互联网的持续发展与普及对时尚业产生了深远的影响。人们通过互联网可以实时观看全球最新的时装秀，网络时尚媒体应运而生。互联网打破了时间和地域的限制，赋予网络购物极大的便捷性。即使在全球经济衰退时期，时尚业的网络销售额仍然呈现出井喷式增长的态势。最初，人们由于无法接触实物，且不确定服饰产品是否合身和称心，对时尚电子商务的可行性产生了一定的担忧，但随着一些创新型购物网站的涌现，人们的担忧很快消除。这些网站注重视觉吸引力以及用户购物的便利性，很多都配备语音交流系统，极大地提升了消费者的购物体验。此外，购物网站不断提升图片质量，并且还提供诸如变焦工具等新型应用，使消费者可以更加直观地察看面料的质地、服装的剪裁等细节。网络购物还具有省时、方便等特点，消费者可以在家检查、试穿，产品具有价格优势，消费者还可以享受商家提供的送货服务。此外，很多商家的退换货政策也十分人性化。时尚电子商务具有很强的吸引力，asos.com 和 net.a.porter 等网站也因此完全摆脱了实体店的束缚，只开展线上销售业务。互联网还极大地提高了消费者对时尚的参与度。以往的流行趋势都是通过印刷品或电视媒体等方式传播给大众，时尚博客则提供了一种互动性极强的参与方式。随着网络论坛的出现，

图 284 高桥盾为购物网站 Undercover 设计的 2005 年春夏系列。高桥盾取材于捷克导演杨·史云梅耶（Jan Svankmajer）1988 年拍摄的电影《爱丽丝》（*Alice*），对刘易斯·卡罗尔（Lewis Carroll）的《爱丽丝梦游仙境》（1865 年）做了另类诠释，服装看起来像是被闪电击中，而使用的面料看起来像剥落的墙纸和布娃娃的蕾丝衣服，营造出爱德华七世风格的氛围。

任何具备基本计算机操作技能的人都可以开通自己的博客，与他人交流自己的服饰喜好、时尚发现和看法。21 世纪初的知名时尚博主或博客等平台有 Style Bubble、盖伦斯·多雷（Garance Doré）、Facehunter，以及斯科特·舒曼（Scott Schuman）创立的街拍网站 thesartorialist.com 等。这些博主或博客等时尚平台提供最新的时尚新闻、信息以及设计灵感，吸引了大批忠实的粉丝，同时也赢得了时尚界的尊重。

287

21 世纪头十年，时尚业越来越频繁地邀请名人代言产品以增加销量。As Seen On Screen（asos.com）等网站专门销售名人服饰的原版和仿制品。同样，名人服饰资讯网 Coolspotters（coolspotters.com）虽然不是提供直接零售的网站，但它提供一站式服务，对名人本人及其所饰演角色穿过的服饰进行识别。专门研究名人时尚的杂志会对着装风格进行点评，给出详细的穿搭建议，还会刊登索取名人促销商品来源信息的读者来信。许多大牌明星甚至也开始抢超级模特的风头，频频出现在时尚杂志的封面上。大牌明星的加入在一定程度上推动了时尚产品销量的上涨。如同化妆品公司一样，服装公司的设计师也意识到名人的巨大影响力，他们纷纷与那些最能代表公司品牌形象的名人建立战略合作关系。除了为设计师的作品代言，一些名人也推出了以自己名字命名的时装系列，他们虽然缺乏专业的时尚素养，但同样赚得盆满钵满，其中包括维多利亚·贝克汉姆（Victoria Beckham）的"The Collection"系列，以及莎拉·杰西卡·帕克（Sarah Jessica Parker）为美国平价物品零售商史蒂夫和贝瑞（Steve & Barry's）推出的"Bitten"系列；詹妮佛·洛佩茨（Jennifer Lopez）的"JLO"系列；玛丽–凯特（Mary-Kate）和阿什莉·奥尔森（Ashley Olsen）以及贝丝·迪托（Beth Ditto）为 Evans 公司的 Plus Size 推出的"The Row"系列。除此之外，凯特·莫斯已然成为主流社会接受传统服装的催化剂，她为 Topshop 推出的同名系列便是在其古董装基础上设计的。2009 年，Topshop 在纽约开设了分店，标志着其在以年轻消费群体为主的高街时尚领域已取得了成功。

图 285（左）维多利亚·贝克汉姆在纽约发布的 2009 年秋冬系列。这款精致的黑色小礼服的设计灵感来自 20 世纪 60 年代的改款，是这位前辣妹（ex-Spice Girl）第二个低调高价礼服系列中的一款（礼服价格从 900 英镑到 5000 英镑不等）。很多名人都喜欢维多利亚在拍照和首次亮相时所穿的简约合身款礼服。

图 286（右页）2009 年 4 月超模和时尚偶像凯特·莫斯穿着她自己设计的一款时装，站在伦敦牛津街的 Topshop 旗舰店（店主为零售商菲利普·格林爵士 <Sir Philip Green>）的橱窗里进行展示，她的时装系列几乎是一上架便被抢购一空。

　　20世纪末至21世纪初，由于很多时尚媒体认为，与其通身穿着高街时装，不如将平价服装与昂贵的限量版单品进行混搭，这是一种既经济又不失时尚的做法，因此价格低廉的"快时尚"服装很快成为市场的主流。"快时尚"连锁店也许对自己"备货充足，售价低廉"的定位和市场认知感到满意，但它们很快又意识到，在保持产品价格亲民的同时改善设计风格和营销手段能带来更大的潜在效益。Zara（飒拉）为高街时尚的零售业务树立了新标杆。该公司于1975年在西班牙北部成立，并迅速

向国际市场扩张，到 2008 年，飒拉已在 60 多个国家设立了近 4000 家门店，超过 Gap（盖璞）而一跃成为全球最大的时装零售商。飒拉也因其创新能力强，周转效率高（该公司称其产品从设计、生产到上架销售仅需 4 个星期），行业引领作用大和商品陈列新颖而在业内备受推崇。例如，其内搭等性价比较高的服饰既炫丽又精致巧妙，甚至能够媲美奢侈品牌。其他高街品牌也认识到需要跟上这一趋势。

从 2004 年至 2009 年，瑞典连锁店 H&M（1947 年在瑞典设立首家门店）先后与顶级设计师卡尔·拉格斐、斯特拉·麦卡特尼、维特和罗夫（Viktor & Rolf）、罗伯特·卡沃利（Roberto Cavalli）、川久保玲和马修·威廉姆森（Matthew Williamson）签约并展开合作，共同打造胶囊系列，该系列产品几乎一上市就被抢购一空。2008 年，他们推出了更高端的品牌 COS，该品牌设计优雅，与店内流线型的装饰风格相映成趣。爱尔兰的服装零售商普里马克（Primark）成立于 1969 年，在低价的青年高街时尚服装领域处于引领地位。在其门店内，服装单品或挂满了货架，或高高堆叠在中岛柜上出售。2007 年，普里马克在伦敦牛津街开设大型旗舰店，开业首日盛况空前，甚至造成拥挤踩踏事件，其针对 35 岁以下人群提出的"花钱更少，穿得更好"的营销手段大获成功。与其他零售商一样，普里马克曾被指控存在不道德的商业行为，为了避免此类麻烦缠身，该公司一直强调自己是商业道德倡议组织（该组织致力于提高全世界工人的权利）成员。至此，

图 287（左页下） 位于荷兰（阿尔梅勒 <Almere>）的 Zara 门店内景。飒拉成立于 1975 年，隶属于由阿曼西奥·奥尔特加（Amancio Ortega）创立的爱特思集团（Inditex），该集团是一家垂直整合型零售企业（设计、生产、分销和零售皆在内部完成）。飒拉的门店都位于黄金地段，其装修设计看起来也都高端大气。
图 288（右） 2007 年 3 月超模莉莉·科尔（Lily Cole）为高街时尚公司 Accessorize 拍摄的广告大片。她四肢修长，一头靓丽而浓密的红色秀发几乎无可挑剔；她椭圆的脸庞白而细腻，神情天真，十分受公众欢迎。

从 Mango 到 Matalan，消费者已经可以从一众"快时尚"零售店中选购到自己合意的产品。

1984 年优衣库在日本成立。2001 年优衣库在英国开设门店，2006 年在纽约开设门店。优衣库主要以亲民的价格销售经典、舒适的休闲服饰。总部位于英国的曼休妮（Monsoon）成立于 1973 年，在亚洲拥有工艺纯熟的生产线，并推出了名为"Accessorize"的配饰品牌。截至 2009 年，其已经营平价人造珠宝和趣味配饰 25 年。在美国以及在 21 世纪第一个十年后期的英国，略显怪异的休闲风格品牌 Anthropologie 和大都会风格品牌 Urban Outfitters 满足了那些喜欢嬉皮士颓废风格的消费者。除了高街时尚的门店外，包括特易购（Tesco）、英佰瑞和阿斯达（Sainsbury's and Asda，英国）、不二价（Monoprix，法国）和沃尔玛（WalMart，美国）在内的大型商超也出售平价服装。20 世纪 90 年代，TK Maxx 的设计师品牌和高街品牌的折扣销售业务取得巨大成功，并

291

且从美国拓展到欧洲。其中许多门店在选用顶级设计师作品的同时也开发自己的产品线，以满足各自消费市场的审美和着装需要。

20世纪初，时装公司开始邀请体育明星为其产品代言。进入21世纪，时装设计师开始为运动服装公司设计系列服装。两大运动服装公司阿迪达斯和耐克都聘请顶级设计师，采用最新服饰生产工艺，利用体育明星的影响力和创意广告推广其产品，为运动服饰带来了彻底的改变。对于整个运动服装领域来讲，时尚感变得越来越重要。"Adidas by Stella McCartney"便是在时尚界占有一席之地的系列。耐克拥有庞大的代言人队伍，这些代言人都是备受拥趸的体育名人，耐克的标识和相关运动装备成为国际时尚标志。2005年，超级网球明星拉斐尔·纳达尔（Rafael Nadal）身穿赞助商耐克专门为其设计的服装赢得了第一个大满贯，其穿戴与20世纪90年代网球明星安德烈·阿加西（Andre Agassi）如出一辙。充分暴露手臂肌肉的鲜艳无袖球衫，长过膝盖的运动短裤，以及包裹飘逸长发的海盗头巾，将其打造为无数年轻人模仿的对象。2009年，耐克为纳达尔设计了全新的形象，赛场上他发型整洁，穿着短裤和带领的短袖网球衫。运动、医疗和防护服装的面料制造商不断提升面料技术水平，采用"智能"纤维纺织技术，主要包括温度调节、蚊虫防护和智能干燥因子等技术，随后这些技术也出现在时装面料中。21世纪初，全球变暖及臭氧层破坏等问题更加严峻，人们罹患皮肤癌的风险增加，而具有紫外线防护功能且透气的面料成为夏季和海滩时装的主要选择，在南半球更是如此。

加勒斯·普（Gareth Pugh）毕业于中央圣马丁艺术设计学院时装

图289　2005年6月，西班牙网球冠军拉斐尔·纳达尔在法国网球公开赛红土场决赛中对阵马里亚诺·普埃尔塔（Mariano Puerta）。这是拉斐尔·纳达尔的发球照片，他身着标志性的无袖球衫，露出强壮的手臂，球衫上带有醒目的耐克品牌标识。

专业，他秉持美学和创意至上的设计理念，作为东区时尚（Fashion East，专门为青年设计师提供指导和支持的非营利机构）的成员于2004年首次亮相伦敦时装周。加勒斯·普曾在英国国家歌剧院工作，他的结构化设计几乎完全是单色调的，造型夸张，并且充满了未来主义、恋物癖和戏剧化的氛围感。加勒斯·普以表演为主导的时装展示方式在很大程度上受到澳大利亚表演艺术家、模特和时装设计师雷夫·波维瑞（Leigh Bowery）的影响，可以看作20世纪80年代伦敦时装和夜舞场景风格的延续。克里斯托弗·凯恩（Christopher Kane）也在中央圣马丁艺术设计学院接受过专业培训，其特点是兼收并蓄、不拘一格。2006年，凯恩创立了自己的时尚品牌，并担任范思哲的顾问。2007年凯恩推出自己的首个春夏系列，该系列以鲜艳的荧光色短款绷带裹身裙为特色。他的2008年春夏系列的灵感主要来自前拉斐尔画派和哥特系青少年风，《人猿星球》则被公认为其2009年春夏系列的设计蓝本。凯恩的作品看似风格各异，实则由于其对表面图案和纹理的极致关注而自成一体。

图290　克里斯托弗·凯恩的2009年春夏伦敦时装秀。凯恩受史前主题电影的启发，推出了以奢华的皮革和欧根纱为主要面料的服装系列，服装上有扇形立体装饰，其灵感来自恐龙鳞片。连衣裙和T恤上则印有大猩猩迪特（Digit）的可怕照片。

图291 2006年秋冬时装秀上，加勒斯·普将恋物癖俱乐部服装、19世纪末的时尚、狄更斯式的流浪汉造型和丑角服装等元素夸张地结合在一起，打造出他标志性的戏剧化、丰满的雕塑式造型。

在2008年的纽约时装周上，罗达特（Rodarte）品牌和设计师林能平（Phillip Lim）因出色的设计而声名鹊起。罗达特是由凯特·穆里维（Kate Mulleavy）和劳拉·穆里维（Laura Mulleavy）二姐妹于2005年创立的时尚品牌。她们设计的硬纱和雪纺质地的晚礼服，飘逸而又凸显身材，受到众多一线女演员的青睐，引起了全球时尚媒体的关注。林能平于2005年推出了他的首个时装系列，并且在短短四年内，其时装系列的销售范围就拓展到了45个国家或地区。他的作品诸如风衣和长礼服等日常系列借鉴了很多经典设计，线条流畅、柔软，用独特的细节语言进行诠释。林能平以1942年创立的高定时装品牌格雷夫人作为其精致晚装的灵感来源。2007年，他推出了男装系列，并于2008年发布了他的"绿色达人行动"（Go Green Go）系列。

21世纪不仅涌现了一批具有影响力的新生代设计师，还诞生了一批风靡全球的时尚服装和配饰品牌。2005年秋冬，罗兰·穆雷（Roland

Mouret）的"银河"（Galaxy）系列连衣裙是其中被拍摄、报道和复制最多的，在各个市场层面得到演绎。时尚达人"必备"鞋款包括周仰杰（Jimmy Choo）和克里斯汀·路铂廷（Christian Louboutin）的超高跟鞋（后者的亮红色鞋底灵感源自 18 世纪的鞋履设计）。来自澳大利亚的厚实羊皮靴品牌 UGG 和德国实用的凉鞋品牌 Birkenstock，尤其是演员兼模特海蒂·克拉姆（Heidi Klum）为后者设计的凉鞋，备受名人青睐，经常出现在各种时尚杂志上。在时尚市场上，男士和女士的正装鞋和运动鞋开始采用一些专利技术和金属色效。时尚爱好者开始痴迷于一系列高价"it"包。芬迪在 1997 年至 1998 年推出的 Baguette 系列是

图 292　罗兰·穆雷的 2005 年春夏"银河"系列连衣裙在 2005 年奥林巴斯纽约时装周上首次亮相。许多名人，包括卡梅隆·迪亚兹（Cameron Diaz）和维多利亚·贝克汉姆都穿过该系列的连衣裙。优雅、现代、性感迷人的设计，使其成为众多名人必备的时尚单品，并因此被大量模仿。图片模特展示的款式在领口附近搭配了一个胸针。

图 293　克里斯汀·路铂廷的 "Differa" 系列凉鞋是 2009 年最受瞩目的鞋履之一，有多种颜色可供选择。照片中这款为白色漆皮，配有多条可调节搭扣系带和路铂廷特有红色鞋底。很多名人和模特都穿过这款凉鞋出镜，包括美国电视名人科勒·卡戴珊，这是她脚穿路铂廷凉鞋的特写镜头。

最早受到人们疯狂追捧的背包之一，随后是巴黎世家的机车包和 Lariat 系列（2001 年）、蔻依的帕丁顿（Paddington，2005 年）和马克·雅可布的 Stam 系列（2006 年）。2005 年香奈儿重新推出了 2.55 款手袋，以纪念该手袋诞生 50 周年。有些网站（fashionhire.co.uk 和 handbaghirehq. co.uk）还为经济实力较弱的消费者提供新款包的租赁服务，包包论坛（purseforum.com）则就消费者对奢侈品包的渴求展开讨论。

　　21 世纪初期，虽然出现了一些真正新颖且具有前瞻性的时尚设计，但总体来讲，该行业仍然沉浸在重新演绎过去的经典设计和风格的怀旧情绪中。老牌时尚公司通过深挖其时尚档案、更新原有的时尚系列，重振时尚业务。对于有经典传承的公司来讲这是精明的策略。伊夫·圣罗兰公司的设计师斯特凡诺·皮拉蒂（Stefano Pilati，自 2004 年起担任该公司的创意总监）和巴黎世家的尼古拉·盖斯奇埃尔（自 1997 年起担任该公司的创意总监）认真研究公司内部档案，并因此产生了创作灵感，推出全新的以及再版的"经典"（classic）系列。经由公司管理层的精心策划和充满灵性的创意传承，许多奢侈品配饰公司得以重整旗鼓，焕发生机。2002 年，布鲁诺·弗里索尼（Bruno Frisoni）成为意大利时尚集团 Tod's 旗下罗杰·维维亚的艺术总监，并与品牌大使伊娜·德拉弗拉桑热（Inès de la Fressange）一起为该品牌注入了新的活力。弗里达·贾娜妮（Frida Giannini）自 2005 年起担任古驰的创意总监，她以汤姆·福特的设计为创新基础，推出传统与现代相结合的系列设计，并因此取得巨大成功。2009 年，马克·雅可布开始担任路易威登的创意总监，他在高端市场推广活动中邀请麦当娜·西科尼（Madonna Ciccone）、肖恩·康纳利（Sean Connery）、弗朗西斯·福特·科波拉（Francis Ford Coppola）及其女儿索菲亚·科波拉（Sofia Coppola）作为品牌形象大使。

在英国，许多成功的"传统品牌"（heritage brands）将自己重新定位为时尚奢侈品牌，主要包括成立于 1924 年的实用型摩托车和军装供应商贝达弗（Belstaff）、皮具公司玛珀利（Mulberry）及博柏利。克里斯托弗·贝利（Christopher Bailey）从 2002 年起担任博柏利 – 珀松（Burberry Prorsum）的时尚设计总监，在时尚界颇具影响力。而在重塑品牌形象方面，总部位于巴黎的巴黎世家和朗万可能是做得最成功的奢侈品牌。这两个品牌都巧妙地恢复了传统的经典设计元素，并将其放在与现代时尚设计元素同样重要的地位。巴黎世家沿袭了本品牌街头文化和科幻小说的设计思路，并将其与克里斯托巴尔·巴伦西亚加标志性的戏剧化雕塑感廓形相结合，获得了公众的一致好评。在 2006 年的秋冬系列中，尼古拉·盖斯奇埃尔重新演绎了巴黎世家标志性的裙摆短外套、茧形大衣、高腰线和提花织物等经典设计。而在 2007 年春夏系列中，盖斯奇埃尔推出了瘦款、利落且中性化的系列设计，该系列使人联想到《星球大战》中身穿紧身裤的机器人 C-3PO 的形象。相比之下，朗万的款式造型恰如其分地营造出一种浪漫的情调。阿尔伯·艾尔巴茨曾担任杰弗里·比尼、姬龙雪和伊夫·圣罗兰等时尚品牌的设计师，并于 2002 年被任命为朗万首席设计师。公司创始人珍妮·朗万以其简约且富有女性魅力的设计、柔和的剪裁以及精致的细节装饰而闻名。阿尔伯·艾尔巴茨借鉴了这一传统，并利用现代技术融入新的元素，例如精致的毛边造型设计。卢卡斯·奥森德瑞弗（Lucas Ossendrijver）自 2005 年起担任朗万男装设计师，他将休闲风与欧洲贵族奢华风相结合，在男装设计中融入古典元素，并巧妙大胆地运用色彩搭配，打造出朗万的全新运动系列。在 2008 年春夏系列中，他推出了全新的男士睡衣剪裁方式以及全新的女装面料——轻型绸缎。罗莎和莲娜·丽姿的设计一度被批评为"刻板"，这两大品牌能够重新跻身知名时尚品牌行列，很大程度上归功于年轻的比利时设计师奥利维尔·泰斯金斯（Olivier Theyskens）的创造性工作，其哥特风的女性化设计从根本上改变了这两大品牌公司的形象。

　　比利时设计师拉夫·西蒙斯（Raf Simons）的简约、闲适且合体的设计，为男装时尚市场带来了新的推动力，使人们从当时大行其道的力量型设计中窥见可喜的转变。西蒙斯曾在维也纳学习，并在华特·范·贝伦东克（Walter Van Beirendonck）开启了他的职业生涯，其后于 1995 年推出了自己的男装品牌。21 世纪初，时尚媒体将他誉为世界上

图294（左页左图） 2004年5月拍摄于伦敦诺丁山的女演员西耶娜·米勒（Sienna Miller）。她不拘一格的波西米亚风格被大量模仿。2009年，她与担任时装设计师的姐姐萨凡纳（Savannah）共同创立了时装品牌 Twenty8Twelve.

图295（左页右图） 博柏利在2005年至2006年米兰时装秀上展示的秋冬男士成衣。博柏利以不经意的方式为现代市场重新诠释了曾被奉为经典的风衣设计：风衣由PVC制成，公司标志性的格纹里料被极为夸张地用作衣服的面料。在时装秀上，这件外套搭配了一枚有些不协调且女性化的花卉胸针。

图296（上） 艾迪·斯理曼为迪奥设计的2006年春夏系列中的一款。斯理曼对经典的两件套西装、衬衫和领带做了重新演绎，沿袭了亚文化的摩登风格。西装采用竖条纹的午夜蓝面料，搭配黑色衬衫和白色细领带，进一步强化了设计师标志性的极致修身的剪裁风格。

最具影响力的男装设计师。2005 年，西蒙斯被任命为吉尔·桑达的创意总监。艾迪·斯理曼（Hedi Slimane）的新款设计使 20 世纪 60 年代的迷你裙"抢购风"再次出现，这也是他的一大贡献。他于 2000 年被任命为迪奥·桀傲（Dior Homme）的设计总监。由于迪奥做男装设计的历史较短，斯理曼不必受该品牌以往设计的制约，相反，他从 20 世纪 90 年代的青年亚文化和大卫·鲍伊的"瘦白公爵"形象中寻找灵感，创造出完全不同于以往的现代男装系列。斯理曼的系列设计对男装时尚产生了深远影响，该影响甚至波及所有市场层面。2009 年，斯理曼宣布离开迪奥，他的比利时助手克里斯·万艾思（Kris Van Assche）接替了他的位置。与斯理曼不同，万艾思摈弃了过于纤细的廓形，其设计灵感来源于克里斯汀·迪奥早期的高定服装设计，即从女装中提取精致的设计细节元素，并运用于较为宽松的男装系列。纪梵希的创意总监里卡多·提西（Riccardo Tisci）设计的男装系列则更为大胆地借用了其女装的经典元素，其设计的 2009 年春夏男装系列大量使用了蕾丝和高饱和度粉色面料。

早在 20 世纪 60 年代就有人提出，由著名的法国高级时装协会领导的巴黎高定时装的统治时期已经结束。在长达四十多年的时间内，人们对巴黎高定时装的批评之声不绝于耳，在平价"快时尚"文化盛行的 21 世纪，高定时装被指为过时且无关紧要。然而高定时装还是被保留下来，继续作为奢华和实验性时尚设计的展示平台，让传统技艺（包括精美的刺绣以及女帽、丝带、手套和纽扣的制造）能够得以传承，否则它们将面临消失的危险。法国高级时装协会努力坚持，并制定相应的策略，维护其时尚引领者的形象。为了能够持续地为时尚行业输送优秀的设计人才，巴黎时装公会学校（Ecole de la Chambre Syndicale）更新了其备受推崇的四年制时装设计和制衣技术课程（伊夫·圣罗兰、安德烈·库雷热、三宅一生和瓦伦蒂诺均毕业于该校）。在整个 21 世纪初期，越来越多的外国设计师选择在巴黎发布他们设计的成衣作品。2007 年，时尚界的领军人才纷纷受邀参加巴黎高定时装周，由伦敦设计师组合罗威·布罗奇和布莱恩·柯克比（Zowie Broach and Brian Kirkby）创立的前卫时尚品牌布迪卡（Boudicca）是第一个正式受邀的独立英国设计公司。马丁·马吉拉同样受邀在巴黎发布他的高定时装系列，即马丁·马吉拉所称的"手工之美"（artisanal）

系列，每件衣服或配饰都出自他在巴黎的设计工作室，都是以手工精心制成。2009年，法国高级时装协会邀请亚历山大·马修（Alexandre Matthieu）和黎巴嫩设计师拉比·凯鲁兹（Rabih Kayrouz）在春夏的高定时装秀中展示他们的作品。法国高级时装协会巧妙地利用了巴黎和时尚的双重诱惑吸引其他潜在买家，据统计在2007年有近200名高定时装买家。法国买家仍然是高定时装和顶级成衣的重要客户群体，国际买家则主要来自中国、沙特阿拉伯、俄罗斯和巴西等国家。顶级高定时装秀的壮观场面仍然吸引着媒体的注意力，而顶级奢侈品牌也为该行业树立了可效仿的创意标准。2002年在蓬皮杜中心，伊夫·圣罗兰向大批观众展示了他最后的系列以及从业40年的经典设计回顾；他于2008年去逝。2007年，克里斯汀·迪奥在凡尔赛宫举办了一场盛大的时尚活动，庆祝品牌成立60周年。迪奥品牌为举办大型时尚活动投入了巨额资金。据2009年《泰晤士报》的报道，由约翰·加利阿诺设计的一场迪奥时装秀耗资约200万英镑，它展示了一系列奇幻的以及由新风貌所启发的卓越设计。这样超级华丽的时尚活动引起了人们对高定时装界的广泛兴趣，在各个博物馆、服装学院所举办的时尚展也是如此，尤其是在大都会艺术博物馆服装学院、纽约时装技术学院、巴黎时尚与纺织品博物馆，以及伦敦的维多利亚和阿尔伯特博物馆所举办的时尚展。特别有影响力的包括2002年大都会艺术博物馆举办的"艾德里安：美国魅力"时装展，2006年在巴黎时尚与纺织品博物馆举办的"巴黎世家·巴黎"经典回顾展，以及2007年维多利亚和阿尔伯特博物馆举办的"高级定制的黄金时代：巴黎和伦敦，1947—1957"等。

从20世纪90年代后期开始，"复古"、"古董"或"早期"服装成为现代时装的理想替代品。时尚潮流呈现新的发展趋势，其中之一便是拒绝同质化的主流时尚，支持个性化着装，私人定制成为一种发展趋势。自20世纪20年代以来，艺术专业学生、着装怪异者和不羁的文人都会利用历史服饰打造个性造型，许多人的灵感都来自化装舞会中经常出现的仿古服装。在21世纪初，穿戴复古服装成为彰显品位和个性的方式，这种观念也许有些令人惊讶，但在时尚媒体的鼓动下又不断被强化。传统上是新潮和昂贵时尚品牌天下的时尚杂志不断为复古风格站台，而各种时尚指南也提供相关销售信息和购买建议，帮助人们选择合适的复古服装和配饰。1997 年，由时尚大师贝·加尼特（Bay Garnett）和基拉·祖列夫（Kira Jolliffe）创办的杂志 *Cheap Date* 则对二手货文化表达了不屑的态度。复古风格还受到相当一部分社会名流的喜爱，而这些人的着装是当代时尚界最重要的风向标。2001 年，朱莉娅·罗伯茨（Julia Roberts）身着极其优雅的流线型黑白复古华伦天奴礼服领取了她的奥斯卡小金人，而詹妮弗·加纳（Jennifer Garner）身着华伦天奴早期的亮橙色礼服裙出席了 2004 年奥斯卡颁奖典礼。2009 年的奥斯卡颁奖活动现场大兴复古风：佩内洛普·克鲁兹（Penélope Cruz）身着一件 20 世纪 50 年代皮埃尔·巴尔曼的原版蕾丝薄纱舞会礼服，而其他"红毯"礼服，包括安吉丽娜·朱莉（Angelina Jolie）所穿的由巴黎高定设计师艾

图 297（下图左） 朱莉娅·罗伯茨身着华伦天奴复古晚礼服出席 2001 年 3 月举办的第 73 届奥斯卡颁奖典礼。她因在电影《艾琳·布罗科维奇》（*Erin Brockovich*）中的出色表演斩获最佳女主角奖。当她从华伦天奴 1992 年晚礼服系列里选中这款白色绲边黑色礼服时，品牌商激动不已。

图 298（下图右） 2009 年 2 月，安吉丽娜·朱莉和布拉德·皮特（Brad Pitt）抵达好莱坞柯达剧院参加第 81 届奥斯卡颁奖典礼的照片在世界各地被大量转载。她身穿黎巴嫩设计师艾莉·萨博设计的低胸、无肩带黑色长裙，搭配洛琳·施华滋（Lorraine Schwartz）设计的亮绿色耳环。布拉德·皮特则身着汤姆·福特的精致燕尾服套装。

莉·萨博（Elie Saab）设计的黑色无肩带紧身礼服裙，也都沿袭了 20 世纪 50 年代晚礼服的设计思路。

对于现金充裕、时间拮据的人来说，他们没有时间去寻找既时尚又经济的服饰，复古精品专卖店为他们提供了顶级设计师设计的精选复古服饰。洛杉矶前歌舞表演艺术家卡梅隆·西尔弗（Cameron Silver）在洛杉矶开设的 Decades 专卖店满足了好莱坞影迷对复古服饰的需求，巴黎的迪迪埃·吕多（Didier Ludot）精品店汇集了这座城市早期的高定时装，而曾经是时装设计师的凯妮·瓦伦蒂（Keni Valenti）也成为纽约的"复古之王"。各大百货商场也很快捕捉到这一趋势，包括伦敦利伯提百货和法国的巴黎春天百货（Printemps）在内的百货商场也相继设立了高端复古精品专柜。伦敦的牛津马戏团（Oxford Circus）的 Topshop 精心挑选其 20 世纪六七十年代的原创服装上架出售，甚至慈善商店也会将优质的"复古"服装与普通的二手服装分开陈列。

穿戴复古服饰也体现了个体对消费主义文化的蔑视和对环保的关注，时尚产业固有的浪费、资源低利用率、宣扬过度消费已广受诟病。根据《泰晤士报》2008 年的统计，自 2005 年以来，随着高街零售商和超级卖场不断推出"超值"时尚产品，服装价格骤降 25% 左右，个人购买衣服的数量则增加 40% 左右，因此，纺织品成为增长最快的垃圾产品之一。不同于高品质面料服装，大量用廉价劣质的合成材料尤其是黏胶制成的服装是无法回收的，最终被扔进了垃圾场。从 20 世纪 90 年代中期开始，设计师和制造商着手解决时尚的环保问题，包括浪费和破坏性的生产过程。生态倡导者凯瑟琳·E.哈姆内特主张采用可持续的方式种植棉花和生产被誉为"公平贸易时尚先锋"的人树（People Tree）品牌的产品。他还联手塔库恩·帕尼克歌尔（Thakoon Panichgul）、保拉·阿卡苏（Bora Aksu）等设计师与斯特拉·麦卡特尼公司合作开发胶囊系列有机服装。2005 年，阿里·休森（Ali Hewson）和波诺（Bono）创办了 Edun Live 公司，这是一家规模不大但知名度高且具有生态意识的企业，为发展中国家的公平贸易实践和可持续就业项目提供支持。2006 年，伦敦手工艺委员会举办了"走向健康时尚：英国的生态风格"展览，强调时尚可以兼顾格调和环保，倡导环保材料和生产工艺流程应该推动时尚产业的进一步发展，而当前生态时尚高居不下的价格无益于该行业的发展。21 世纪初，许多顶级时装设计师将皮草用于奢侈服装和配饰，而大众服装生产商也纷纷追随这一潮流。为了扭

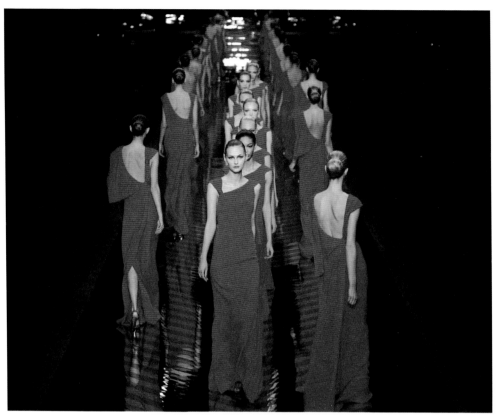

图 299　华伦天奴在 2008 年春夏季推出了其最后一个高定时装系列，为他 45 年的时尚生涯画上了句号。他的设计新颖大胆、美艳灼人且富丽华贵，为其在时尚界赢得了崇高的声誉。作为一位国际顶级设计大师，华伦天奴在时装秀的最后让所有模特穿着同款"华伦天奴红"加长款晚礼服，该晚礼服线条流畅优美，领口采用不对称设计。

转这种趋势，声势浩大的皮草抵制运动发布了立场鲜明的宣传广告，并邀请时装设计师和明星共同抵制。善待动物组织（PETA）不遗余力地嘲讽着穿着皮草的消费者并且抵制皮草时尚产品。Beyond Skin 是一家成立于 2001 年以生产非皮革纯素鞋为主的环保型制鞋公司，确保可持续性是其经营宗旨。

时尚媒体还为消费者提供"富穿或穷穿"的不同着装方案，让人们联想到二战时期的"修补"建议；它们向人们推荐用新配饰搭配过季的旧衣服或从旧货店购得的平价衣服，各时尚专栏还推荐用新款宽腰带为过季时装带来变化，以及用"百搭"手袋搭配各种风格的服装，让服饰"物尽其用"。而在另一个极端，时尚杂志毫不掩饰地为各种奢侈品做宣传，推荐价格高得离谱的秀场高定和走秀款商品，例如日本设计师银座田中（Ginza Tanaka）的铂金和钻石手包——

世界上第一只价格达百万英镑的手包；美国品牌斯图尔特·韦茨曼（Stuart Weitzman）镶有坦桑石宝石的绑带晚装凉鞋售价为150万英镑，恐怕只有极少数人能买得起；还有英国设计师史考特·韩歇尔（Scott Henshall）的钻石蜘蛛网连衣裙，售价高达500万英镑。2009年由时尚界最著名的大腕之一克里斯托弗·狄卡宁（Christophe Decarnin）为巴尔曼设计的极显身份的一条无装饰牛仔裤，售价超过1000英镑。

包括米索尼、范思哲、菲拉格慕和卡瓦利（Cavalli）在内的知名意大利品牌继续推出带有感官暗示的奢华都市季节系列。2000年，纽约古根海姆博物馆举办了乔治·阿玛尼经典作品的大型回顾展以宣传公司形象，但同时也招致时尚评论家毫不留情的批评。2008年，瓦伦蒂诺在卸任前发布了最后一个高定系列，该系列相当出彩，秀场上身穿华伦天奴标志性红色晚礼服的模特们簇拥着他向观众鞠躬，做最后的道别。意大利品牌普拉达有20世纪90年代所取得的成功做基础，在21世纪初仍然是消费者最想拥有的品牌。劳伦·魏丝伯格（Lauren Weisberger）2003年的小说《穿普拉达的女王》（The Devil Wears Prada）在2006年被搬上大银幕，该品牌因此再次名声大振。其男装和女装仍然沿用简单且流畅的标志性设计，采用豪华单色或黑色纺织品和皮革面料，并融入黏合、褶皱、金属质感化和水洗处理等现代制衣工艺。皮草重获时尚界的青睐，设计师采用全新裁剪工艺来减轻其重量和增加其柔韧性。意大利政府提议通过税收优惠和补助等措施帮助该行业度过21世纪初的金融危机。

在三宅一生、山本耀司以及川久保玲和渡边淳弥的掌控下，日本时尚仍然处于上升期。有时，出自这些设计师之手的21世纪时装系列中会出现一些叛逆设计。Comme des Garçons在2009年为H&M设计的黑色带褶裥和蕾丝边的"哥特风"连衣裙就参考了日本青少年的街头风格，这种风格出现在20世纪80年代，并在21世纪初风靡一时。在日本大多数都市的街头，人们都可以看到这些非正统的款式，但东京原宿区的年轻人展示的却是最张扬且前卫的风格，这些风格在互联网和一系列出版物中都有完整记录。这些年轻人会在周末成群结队出现在街头，头戴荧光假发，化着怪异的妆容，他们呈现了从哥特系洛丽塔到日式恐怖等不同风格——如同夸张戏剧造型的万花筒。日本设计师高桥盾（Jun Takahashi）在2002年发布其首个巴黎系列前，就在设计中探索激情与设计的双重性和张力，由此在日本拥有一批狂热追随者。其"疮疤"（Scab）系列的特点是：服装看起来像是用彩色的丝

图 300　2004 年萨曼莎·蒙巴（Samantha Mumba）在电影《蜘蛛侠2》（*Spider-man 2*）的首映式上身穿史考特·韩歇尔设计的珍贵礼服——由钻石和铂金织成的蛛网。该礼服随后在 2005 年伦敦自然历史博物馆的"钻石"（Diamonds）展览中展出。

线进行了精心制作，并进行了掩饰、撕破与重构。在 2004 年春夏系列走秀中，他特意选用了同卵双胞胎模特展示同款服装的两个版本，双胞胎结伴亮相，其中一位穿着正常版，而另一位穿着同款的"破损"版。渡边淳弥在 Comme des Garçons 的支持下，于 2001 年与路易斯皮革（Lewis Leathers）、李维、耐克、法国鳄鱼（Lacoste）、坎戈尔袋鼠（Kangol）、戈尔特斯（GORE-TEX）和布克兄弟合作推出了自己的男装系列，将创新剪裁与现代实用功能相结合。Comme des Garçons 品牌的全系单品以及川久保玲亲自挑选的其他品牌时装在伦敦的多佛街市场上都可以买到，而在雷克雅未克、香港、格拉斯哥、柏林和新加坡的短租店（也称"快闪店"或"游击店"）内也可以买到主线产品。

　　第七大道时尚名人堂于 2000 年落成，仿照好莱坞的电影明星名人堂，这是纽约市时尚中心项目的一部分，目的是重振曼哈顿著名服装区。卡尔文·克莱恩和拉夫·劳伦在 2000 年获赠第七大道时尚名人堂奖牌，2001 年唐娜·卡伦也加入他们的行列。在整个 21 世纪初，这些新世纪的时尚先锋不断推出代表美国多样性的时尚系列——从都市时尚风到乡村周末休闲风。著名的美国时装设计师委员会（CFDA）拥有近 400 名会员，致力于推动时装设计行业的发展，尤其是为新人的成长提供支持。汤姆·福特 2004 年从古驰集团辞职，2007 年推出了自己的男装品牌，仅仅一年后，他凭借剪裁完美和面料奢华的经典系列获得了 CFDA 年度男装设计师大奖。丹尼尔·克雷格（Daniel Craig）多次穿着福特为其设计的套装走红毯，他在《量子危机》（*Quantum of Solace*，2008 年）中饰演的詹姆斯·邦德（James Bond，007）同样穿着福特设计的流线型西装。

马克·雅可布一直是备受争议的人物，从未远离舆论中心。21 世纪初，他的名字频繁出现在各种时尚和八卦专栏中。他被誉为时尚

图 301　2010 年米兰时装周上普拉达春夏男装秀。精致的商业系列服装，采用带有光学印花和镂空图案的面料，全系为黑色、白色和灰色三色，营造出黑白电影的效果。模特们梳着干净、整齐的短发，强化了每件衣服的合体剪裁和廓形。

图 302　影星丹尼尔·克雷格在《皇家赌场》（*Casino Royale*，2006 年）的续集《量子危机》中扮演詹姆斯·邦德。这一幕是在维珍大西洋航空公司用于员工培训的波音 747-400 飞机上拍摄的，他坐在头等舱的酒吧里，身着设计精致、剪裁完美的西装，搭配干净的衬衫和略带光泽的灰色领带，手里端着一杯鸡尾酒（"摇匀，不要搅拌"）。

王子，其设计不拘一格，博采过去和当今设计师之长，呈现出独特的活力，并将年轻的时尚风格与前卫设计完美结合。纽约时装周不仅鼓励年轻的本土设计师参与，还欢迎欧洲的时尚设计人才参与竞争，这些欧洲时尚设计人才包括英国的爱丽丝·坦伯利（Alice Temperley）和马修·威廉姆森（Matthew Williamson），后者与亚历山大·麦昆和斯特拉·麦卡特尼合作，在曼哈顿新时尚的肉库区开设时装店。在艰难的经济衰退期，米歇尔·奥巴马成为美国时尚界的优雅典范，第一夫人身材高挑而匀称，穿着得体而自信。在官方场合，她更喜欢穿着美国设计师塔库恩·帕尼克歌尔、吴季刚（Jason Wu）、迈克·高仕、伊莎贝尔·托莱多（Isabel Toledo）和艾萨克·米兹拉希设计的服装。她的搭配诀窍之一就是用 Gap 和 J. Crew 的时尚开衫搭配无袖紧身连衣裙。2009 年 3 月，她接受了美国《时尚》杂志的采访并登上该杂志封面，她透露自己对时尚采取严肃的路线，且喜欢穿各种美国本土品牌。

从 2008 年开始，金融危机在全球蔓延，严酷的现实导致高价时装的客户大量流失，因此包括克里斯汀·拉克鲁瓦、奇安弗兰科·费雷、山本耀司和爱斯卡达在内的许多顶级设计师和公司纷纷申请破产。在这个经济动荡的时期，时尚品牌的倒闭和并购屡见不鲜，经常登上媒体的头版头条。变化是时尚的固有属性，也是时尚的本质。曾有预测称，21世纪的人类将统一穿着类似未来机器人穿的服装，事实证明这种预测完全错误。从宏观上看，时尚只发生了微小的变化。它继续受到既有的季节性时装系列的驱动，而时装公司在媒体的刺激下仍然在大力推广最新的款式和设计。第二次世界大战后，亚文化和反文化的青年风对主流设计的统治地位发起了挑战，拉响道德警报，并引发大量争议。迄今为止，21世纪还未催生任何主要的"新"风格。整个时尚领域一旦有任何新动向，就会立即被精明而贪婪的时尚产业捕捉，并加快速度推动其发展。如今的时尚呈现出明显的多元化、多文化和发展迅速的特点，人们能够接受任何奇装异服。这是一个"万事皆可"的时代，而激进时尚的概念也因此将不复存在。

图303 照片拍摄于2008年6月3日，美国总统奥巴马和他的妻子米歇尔前往明尼苏达州的圣保罗参加胜利之夜集会。米歇尔·奥巴马此行低调优雅的着装风格广受赞誉，大获成功。途中，她身着玛丽亚·平托（Maria Pinto）的洋红色紧身连衣裙，腰系阿瑟丁·阿拉亚的黑色镶嵌腰带，外面搭配一款最受欢迎的实用黑色短款羊毛开衫单品。

第十一章
2010—2020年：
时尚与激进主义

在2010年至2020年之间，时尚界最典型的一个特征是，该行业及行业中的消费者和社交媒体粉丝积极关注社会问题，包括反种族歧视、反性别歧视等方面的问题，以及身体、肤色和年龄多样性问题，还有心理健康、移民、劳动力剥削与全球可持续发展问题。时尚行业被迫变得比以往任何时候都更加透明，业内人士对自己的行为要更加负责。本书前几章重点分析了设计师主导的时尚，而本章将阐释在上述背景下的时尚内涵，因此重点会有所转移。

2000年至2020年，全球服装产量几乎翻了一番。2020年初，全球时装行业估值为2.4万亿美元，全球从业人员约7500万人，其中大部分为女性。时装业是仅次于小麦、玉米、水稻、甘蔗和棉花等作物生产的世界上耗水量最大的产业之一，产生了世界上约20%的废水，每年向海洋排放50万吨合成微纤维。此外，根据联合国可持续时尚联盟（UN Alliance for Sustainable Fashion）的数据，时装产业的碳排放量占全球的8%至10%。由此可见，这一全球化创意产业的影响之大，不可估量。

在此期间，2010年推出的社交网络平台照片墙成为主流社交媒体，该平台兼容36种语言，至2018年月活跃用户数超过10亿。在中国，于2015年推出的集生活、时尚和美容于一体的社交媒体平台小红书在短短5年内就吸引了约3亿用户。由此人们创造了一个新词

"网络红人"（influencer），用来描述那些因分享自己的生活、个人风格或政治观点而在社交媒体上吸引了大量粉丝的人。"网络红人"广受网民追捧，人们认为他们的建议具有权威性，因此许多"网络红人"公开发表言论时会获得报酬，在这种情况下，一些不道德的行径就会暴露出来。其中于2014年注册的非常有名的照片墙账号之一、

意大利时尚媒体账号 Diet Prada，曝光了品牌剽窃、缺乏创意和剥削劳动力等问题。模特有了强大的个人和政治影响力，可谓史无前例。许多模特自称是活动家，在社交媒体上分享着自己的生活经历。以前，超模给人一种遥不可及、傲慢冷漠的感觉，人们曾经担心如果他们与公众交流，他们的独特魅力则会不如从前。

性别和身份成为人们关注的焦点，因为人们逐渐接受一种观点：性虽然由生理决定，性别却是一种社会建构。越来越多的人拒绝承认自己是"二元性别"模式中的男性或女性，因此需求也随之产生——所有类型的服装都要提供适合所有人体型的尺码。所谓的中性或非二元性别时尚发展显著，时尚形象设计、营销和广告都印证了这一点，比如橱窗中展示非二元性别的人体模型。

顶尖设计师如扬-扬·范埃舍（Jan-Jan van Essche）于 2010 年在比利时成立工作室，将自己的产品风格定义为中性——其年度系列都会参考世界各地的服装风格；而 2016 年由塞尔哈特·伊斯克（Serhat Isik）和本杰明·亚历山大·哈塞比（Benjamin Alexander Huseby）同合作者一起创立于柏林的德国品牌 GmbH 与范埃舍一样，拒绝快时尚，而是使用"滞销库存"（dead stock）材料，以可持续方式制作"衣橱必需品"。加拿大设计师拉德·胡拉尼（Rad Hourani）是中性设计领域的先驱。2007 年，他推出了个人中性品牌，因以黑色为主、充满未来感的定制设计而名声大噪，其设计作品有时会加入垂褶元素——从传统上讲这是女装专属装饰。伦敦品牌"Art School"由伊顿·洛斯（Eden Loweth）和汤姆·巴勒特（Tom Barratt）创立于 2017 年，他们将奢侈时尚作为一种交流工具，探索自己的非二元性别身份。二人将自己的风格定义为"颓废的极简主义"，其作品包括剪裁讲究的连衣裙和长裤、不对称垂褶服装、僧侣风格的长袍和紧身上衣，通常采用黑白面料，搭配施华洛世奇水晶装饰等奢华元素。包括 Zara 在内的高街商店也推出了 T 恤等中性基本款服装。

从 2010 年初开始，一种被称为"normcore"（纽约潮流预测集团 K-Hole 在 2013 年创造的一个词）的时装潮流兴起。在这种潮流下，人们穿着低调、不加修饰的中性休闲装，如 T 恤、灯芯绒裤和运动鞋等，这是一种"反时尚"风格。在高街商店（如 Gap、Cos 和优衣库）就可以购买到这类风格的单品，且其价格实惠，稍微加以搭配就

313

图 304　拉德·胡拉尼 2011 年春夏 "RAD" 系列成衣。这些设计以及模特成对地登台展示，体现了胡拉尼独特的风格。2013 年，胡拉尼受邀加入法国高级时装协会，成为首位出席巴黎高级定制时装秀的加拿大人及中性风格服装设计师。

成为中性造型；从设计师方面来说，菲比·斐洛（Phoebe Philo）为巴黎品牌赛琳（创立于1945年）设计的时装便是例证。

在斐洛的创意引领下，从2009年至2018年（2018年，艾迪·斯理曼接替其职位），赛琳成长为气质最为独特的主导品牌之一，其销售利润增长了两倍。斐洛将自己的时尚审美与个人的人格魅力联系起来，吸引了一群忠实的女性粉丝，她们不仅认为斐洛的设计时尚、

图305 由菲比·斐洛设计的赛琳2018年春夏系列成衣。得益于斐洛的创意指导，柔和的剪裁和米色系成为赛琳品牌的标志。图中风衣上优雅的打圈下摆细节设计的灵感源自设计师本人的亲身实践：她在雨中飞奔时，将外套披在肩上，一只胳膊下夹着手袋以免被雨水打湿。

现代、可穿戴性强、极具吸引力，还被其个人气质所折服——她直言不讳地表达了自己是个顾家的人。2011 年当斐洛在巴黎春夏时装秀鞠躬谢幕时，她脚上那双阿迪达斯的斯坦·史密斯（Stan Smith）运动鞋一夜之间成为主流时尚。斐洛引领了男装廓形的女装的时尚潮流——剪裁讲究的宽松衬衫、夹克、长裤、风衣和克龙比大衣，这些都采用米色和焦糖色调；体现其风格的还有旅行袋、毛皮衬里的勃肯凉鞋、中长裙、宽松柔软的皮革长裤和 T 恤衫。

　　另一个重要趋势是运动休闲风的流行——日常穿着运动服不再局限于锻炼。主要的运动休闲品牌包括露露乐蒙（Lululemon）、开幕式（Opening Ceremony）、英国设计师斯特拉·麦卡特尼与阿迪达斯的合作款（Adidas by Stella McCartney）和山本耀司设计的阿迪达斯 Y-3系列。在这十年里，各种潮流中都少不了运动鞋的身影。阿迪达斯（1949 年创立于德国）和耐克（1964 年创立于美国）这两家跨国公司是主要的运动鞋制造商。在这十年里，坎耶·维斯特（Kanye West）的 Yeezy（椰子鞋系列，详见下文）和碧昂丝（Beyoncé）与 Topshop合作创办的运动品牌 Ivy Park 系列也进入人们的视野。许多音乐人和电视"名人"（大多是英裔美国人）或进入时尚和美容行业，或与设计师和品牌合作，均大获成功，韦斯特和碧昂丝即是如此。

　　与 T 台时装展示相比，名人的穿衣风格更易成为流行趋势，且在某些方面更具包容性与可选性。2019 年 1 月，《卫报》上的一篇文章写道："名人可以销售任何东西：且看卡戴珊家族如何改变时尚。"西林·卡勒（Sirin Kale）的这篇专题文章关注的是美国奢侈生活真人秀《与卡戴珊同行》（Keeping Up with the Kardashians）的主角们，该真人秀于 2007年首播，吸引了约 5.5 亿人在照片墙上关注卡戴珊家族的成员。2014 年，金·卡戴珊（Kim Kardashian）成为国际时尚偶像，她以穿着凸显身材曲线的紧身服装而名声大噪。PrettyLittleThing、Boohoo（市值 10 亿英镑的时尚帝国产业，其老板过着富豪名流的生活，但因其供应商的工厂在英国莱斯特剥削劳工而受到指控，并面临警方调查）和 FashionNova 等时尚公司将金·卡戴珊的风格加以调整，以适应大众市场。

　　设计师一贯偏爱零号身材，与他们所引领的时尚不同，名人风格往往推崇深色皮肤之美以及更丰满、更有曲线的女性身材。外在魅力尤为重要——她们十分注重保养和打扮，包括贴假睫毛、通过化妆凸显面部轮廓、保持长发顺滑有光泽、美甲（染指甲或在指甲上装饰珠宝等），以及美黑。这些行业蓬勃发展，现在几乎每条商业街都有美

图 306　2014 年 5 月，美国真人秀明星金·卡戴珊被拍到离开巴黎的女性派对。她身穿由奥利维尔·鲁斯汀设计的巴尔曼 2012 年秋冬款迷你晚礼服，搭配朱塞佩·萨诺第（Giuseppe Zanotti）设计的裸色"Yvette"宫廷鞋。这件衍缝礼服上镶有珍珠装饰，其灵感来自理查德·伯顿（Richard Burton）送给伊丽莎白·泰勒的一枚法贝热（Fabergé）彩蛋。为参加这次晚宴，卡戴珊从巴尔曼档案馆借走了这条价值 1.2 万英镑的连衣裙。

甲店。运动装成为主流，而且女性穿运动装也可以打扮得十分性感迷人，例如身穿超短紧身运动连衣裙，脚踩"恨天高"高跟鞋。和许多 T 台潮流一样，这种性感造型备受争议，被描述为"色情时尚"和为后女权主义赋权，这也给穿者自身带来了压力。人们渴望完美身材，这使得健身房会员的数量激增，填充文胸的销量攀升，唇部、乳房和臀部填充手术的需求量大增。最终，人们认识到（不仅仅是因为高得惊人的年轻男性自杀率），男性也在努力追求的流行形象几乎是无法实现的，因为纸质媒体报道的理想形象通常经过了数字化增强处理。

316

　　2014 年，金·卡戴珊与说唱歌手兼音乐制作人坎耶·维斯特成婚。维斯特曾与一些时尚品牌合作，包括 Bape（安逸猿，2007 年合作）、

A.P.C.（2013 年合作）、路易威登（2009 年合作）、耐克（2009 年和 2012 年合作）以及马丁·马吉拉（2013 年合作）。维斯特的品牌创意总监是维吉尔·阿布洛（Virgil Abloh）。2018 年，阿布洛被任命为路易威登男装系列的艺术总监，同时也是其个人品牌 Off-White 的首席执行官。2015 年，维斯特与阿迪达斯合作推出了个人时尚品牌 Yeezy；他设计的高性能跑鞋价格高昂，立即成为最畅销的生活类运动鞋。这款跑鞋的特点在于鞋面运用 Primeknit（一种透气结构，能像袜子一样包裹脚面）编织方法；鞋子主要采用单色调，有独特的鞋底。2020 年 3 月，维斯特在巴黎时装周上展示了其第八季秋冬系列；同年 7 月，他宣布与 Gap 达成为期十年的合作，推出更便宜、更大众化的系列——Yeezy Gap，该系列隶属于维斯特的个人品牌，就在这个月，金·卡戴珊也成为亿万富翁。

　　"适度时尚"指通过遮盖身体的某些部位来表现自我意识的时尚趋势，是另一种独特的成长型时尚市场。美国设计师唐娜·卡伦和奥斯卡·德拉伦塔分别于 2014 年和 2015 年专门推出了斋月系列。2015 年，高街零售商 H&M 选择玛丽亚·伊德里斯（Mariah Idrissi）作为本品牌第一个戴头巾的模特，参加公司的"闭环"（Close the Loop）视频活动，推动回收利用，H&M 由此成为媒体焦点。次年，杜嘉班纳推出了头巾和阿拉伯长袍系列，因其未使用穆斯林模特而受到严厉批评。在高街品牌中，穆斯林设计师田岛花奈（Hana Tajima）从 2015 年开始就与优衣库合作；西班牙服装品牌 Mango 于 2016 年推出了"适度时尚"系列；耐克则在 2017 年推出了首款运动头巾。"适度时尚"博主 Ruba Zai、优酷主播 Dina Tokio 和视频博主 NabiilaBee（2018 年，其 YouTube 账号视频吸引了超过 1650 万名观看者）都倡导人们关注适度时尚，并在线提供相关穿搭建议。

　　人们越来越希望在网络上展示靓丽的一面，由此面部修容成为大众时尚——金·卡戴珊的化妆师马里奥·德迪瓦诺维奇（Mario Dedivanovic，2018 年他在照片墙上的粉丝超过 500 万）是这一趋势的幕后推手。2015 年，卡戴珊同父异母的妹妹凯莉·詹娜（Kylie Jenner，美国真人秀明星兼企业家，在 2019 年年仅 22 岁的她就已经是亿万富翁）推出的个人品牌"凯莉彩妆"也迎合了这一市场需求。超模兼演员卡拉·迪瓦伊（Cara Delevingne）引领了浓眉潮流，并为一系列新产品（例如互联网美妆品牌 Glossier 的产品以及永久性眉纹）

图 307（上）"适度时尚"
设计师田岛花奈和身穿其作
品的人体模型。田岛花奈与
优衣库建立了合作关系，旨
在为不同背景、年龄、种
族、文化或信仰的女性设计
穿戴舒适的服装。
图 308（右） 2019 年，卡
塔尔"古德伍德赛马节"在
英国奇切斯特举办，慈善
赛事"木兰杯"女子赛马
结束后，卡迪贾·迈拉赫
（Khadijah Mellah）庆祝夺
冠。卡迪贾是第一个佩戴头
巾参加比赛的英国穆斯林女
骑师。该头巾出自耐克品牌
的设计，蝴蝶印花上衣则
由玛丽·卡特兰佐（Mary
Katrantzou）设计。

做推广。同样，精心修饰的胡须时尚也催生了大量的专业产品。

　　首尔时装周创立于 2000 年，到 2010 年时首尔已经成为一个成熟的时尚之都，主要以街头服饰闻名，引领了一场迎合男性品位的美丽革命。韩国流行音乐文化盛行——男子组合 Big Bang 成员权志龙（G-Dragon）和太阳（Taeyang，本名东永裴）引领了男性风尚，成为帅气偶像——这也是男性美容产品和化妆品需求增长的核心因素。这座城市也因中性都市运动奢侈品品牌而闻名，较著名的有成立于 2002 年的吴阳米（Wooyoungmi，又称于美英）和成立于 2007 年的 Jununj——二者都在巴黎展出了本品牌系列。虽然巴黎在全球时尚界仍然有一定的地位，且扮演着奢侈品时尚中心的角色，但首尔已经占领了男性美容市场。2018年，香奈儿甚至在首尔推出了首个男性化妆品系列 Boy de Chanel。

　　"奢侈"是这十年中的另一个流行词，巴黎的高定时装便是例证——全世界约有 4000 名女性穿着巴黎高定时装。高定时装圈包括阿玛尼女装品牌 Giorgio Armani Privé、巴尔曼（自 2011 年起，巴尔曼的创意总监由奥利维尔·鲁斯汀 <Olivier Rousteing> 担任）、香奈儿（卡尔·拉格斐于 2019 年去世，接替他工作的是维吉妮·维娅 <Virginie Viard>，后者自 1987 年起便在香奈儿工作）、迪奥（玛利亚·格拉西亚·基乌里 <Maria Grazia Chiuri> 于 2016 年被任命为该公司首位女性总监）、让 -保罗·高缇耶、纪梵希（里卡多·提西、克莱尔·维特·凯勒 <Clare Waight Keller> 和马修·威廉姆斯 <Matthew Williams> 曾担任其创意总监）、艾里斯·范荷本（Iris van Herpen）、乔治斯·荷拜卡（Georges Hobeika）、齐亚德·纳卡德（Ziad Nakad）、艾莉·萨博、圣罗兰（艾迪·斯理曼将伊夫·圣罗兰更名为圣罗兰，后由安东尼·瓦卡莱洛 <Anthony Vaccarello> 接替其位）、詹巴迪斯塔·瓦利（Giambattista Valli）、华伦天奴（2016 年基乌里离开后，皮耶尔保罗·皮乔利 <Pierpaolo Piccioli> 成为创意总监）、范思哲高定、拉夫 & 卢索（Ralph&Russo）、维特萌（Vetements，详见下文）以及重振旗鼓的夏帕瑞丽、维奥内和波烈。

　　"历史传统"则是另一个焦点——投资者对老品牌的喜爱程度明显高于新品牌。成立于 2007 年的伦敦时装公司拉夫 & 卢索则是个例外，其设计师受邀参加 2013 年巴黎高级定制时装的官方时装秀（至今仍是其品牌的一项殊荣）。该公司由澳大利亚人塔玛拉·拉夫（Tamara Ralph）和迈克尔·卢索（Michael Russo）创办，为时尚界保持多样性做出了诸多贡献——在历史上，澳大利亚设计师只遵循法式风格。曾几何时，即便是历史最悠久的时装公司也很少会保留历史档案，如今保留历史档案成为

320

图 309　艾迪·斯理曼为伊夫·圣罗兰设计的 2013 年春夏系列成衣。斯理曼于 2012 年至 2016 年担任创意总监，在这四年里，他重塑了这家巴黎时装公司的品牌形象，他还将创始人伊夫的名字从品牌名中去除。图片中的系列给人一种浪漫摇滚女孩的感觉，又带有垃圾摇滚的风格。2015 年，该公司重振了整个高级时装业。

行业惯例，因为许多新一代成衣设计师意识到，历史档案可以为公司的未来发展保驾护航。一些最著名的设计师聚焦不同历史时期和不同主题的专题时装展吸引了数十万名参观者。特别值得一提的便是"亚历山大·麦昆：野性之美"，该展览于2011年在大都会艺术博物馆的服饰馆展出，安德鲁·博尔顿（Andrew Bolton）为策展人；后由克莱尔·威尔科克斯（Claire Wilcox）加以改进，在维多利亚和阿尔伯特博物馆展出。

遗憾的是，亚历山大·麦昆在2010年结束了自己的生命。其标志性的头骨与玫瑰图案在16—17世纪的虚空派绘画中象征着服装的脆弱，可能也预见了他的结局。后来，该团队由核心成员莎拉·伯顿（Sarah Burton）担任创意总监，她将麦昆非凡的创意和想象力与她自己的设计特色相结合，树立了行业典范。玫瑰是设计中反复出现的主题：在连指式皮手包上的"情欲红色"喷漆金属上，可以看见明艳诱人的玫瑰元素；在连衣裙上，大量织物面料旋转成玫瑰花冠状，也引人注目。

花卉是时尚界的主题，在2010年至2020年，花卉主题更为常见，比如用于图案设计为造型提供灵感或以鲜花做造型用作T台头饰。艾尔丹姆（Erdem，成立于2005年）、罗素·塞奇（Russell Sage，成立于2005年）、华伦天奴品牌和时尚花艺师德赖斯·范诺顿展示了各种以花卉为灵感的时装，而二宫启（Noir Kei Ninomiya，成立于2012年）品牌的现代主义服装好似垂直的三维立体玫瑰。东京花卉艺术家兼植物雕塑家东信康仁（Azuma Makoto）将鲜花封冻于巨型冰块中，以此惊人地改造了范诺顿2017年的春夏秀场；而发型师奥迪尔·吉尔贝特（Odile Gilbert）为Rodate 2019年春夏时装秀设计了精致的鲜花头饰，包括玫瑰冠。

复古时装的流行程度仍有增无减，然而，在不属于本地区社区的人（主要为白人）中间穿着各式各样的民族、地区或民俗服装被谴责为"文化挪用"。许多设计师会考虑自己的身份，借鉴一种或多种文化服装，例如阿施施·古普塔（Ashish Gupta，同名品牌阿施施成立于2005年）强调多元文化和包容性问题（他为高街连锁店Topshop设计了10个系列，从而让自己的作品更容易被大众接受），他创造了"性别流动"系列，将印度面料和装饰与西方服装（通常是运动装）廓形相结合。为了抗议英国脱欧，古普塔在2017年春季时装秀上身穿一件印有"IMMIGRANT"（移民）字样的T恤。普拉巴·高隆（Prabal Gurung，同名品牌成立于2009年）在德里学习并开始了时尚事业，随后又去纽约学习和工作。他的设计参考范围非常广泛，汲取了他尼泊尔童年经历中的文化元素、跨文化传统服装元素，以及现代运动装和高定时装的魅力；他还关注女强人和女权主义。除了涉足时尚界，普拉巴·高隆还在尼泊尔运营着 Shikshya 基金会，旨在为贫困儿童提供教育；他也为获释的女性罪犯提供生活上的帮助。

人们通过社交媒体可以即时分享新闻，因此，先锋派活动和亚文化的蓬勃发展极易引发人们的关注。泰迪男孩、光头党和朋克等亚文化仍然存在，但对于千禧一代和 Z 世代而言，街头风格才是主流。就如同追求亚文化一样，人们盲目追捧某些均出自大牌公司的服装，那些喜欢 Supreme、Palace、Bape、Off-White 和 Yeezy 等限量版街头服饰品牌的人（通常为男性），被称为"盲目的追潮族"（Hyperbeasts）。新时尚的独特性不再主要由奢侈品和支付能力来定义。街头潮流服饰品牌的商品供不应求的情况相当严重，消费者会在街上排队数小时以获得梦寐以求的最新款商品，以至于零售商雇用保安来管控购买人群，同时，某些拥有特权的客户可以通过网络很快购得大量商品。大肆宣传商品被称为"炒作"（另一个新关键词），而且有些人通过转售商品获得了丰厚的利润。

"带货女孩"（Haul girls）指那些经常在卧室里在线分享最近一次疯狂购物中买到的时尚服装和美容产品的女性博主，她们制作"带货视频"并上传到 YouTube 上。尽管名字是"带货"，但这一群体会向观众强调按需购买而不是盲目跟风；她们的短视频都创意十足。

2015 年，亚历山德罗·米歇尔（Alessandro Michele）任职于古驰，在其指导下，古驰引领了"越多越好"的极繁主义潮流，包括混搭和错配鲜艳色彩、图案、纹理（大量采用褶边）和装饰。这种风格不拘一格，主要参考了街头服饰、世界各地服装、70 年代迪斯科风格、80 年代和 90 年代流行文化等。范思哲、艾特罗和缪缪（Miu Miu）的系列中也明显体现了这一风格。米歇尔称，他在古驰的使命是在街上寻找一种新的能量。毫无疑问，米歇尔是一位极具创造力和原创精神的革新者，但在 2017 年，古驰不得不承认米歇尔为秋冬巡回系列设计的一件灯笼袖上衣，与达珀·丹（Dapper Dan，来自纽约黑人住宅区哈莱姆区的时装设计师）的设计极其相似。讽刺的是，达珀·丹的作品印有 LV 标志，由棕色貂皮制成，且带有皮质 LV 印花袖子，是 1989 年为奥运会短跑运动员戴安·狄克逊（Diane Dixon）设计的。

达珀·丹在服装设计方面无师自通，并在 1982 年创立了自己的公司，因非法大量盗用奢侈品牌标志而出名。他的许多黑人客户都觉得自己被奢侈品零售市场所排斥，且奢侈品牌常常缺少合适他们的尺码，

322

因此他们欣赏丹的颠覆性设计。丹以设计带有路易威登和古驰标志的"盗版"皮革而名声大噪，他将这些皮革与运动服的材质和剪裁结合在一起。他设计的奢华昂贵的服装迎合了 20 世纪 80 年代嘻哈文化夸张的审美。说唱歌手 Eric B. & Rakim 在拍摄他们的首张专辑 *Paid in Full*（1987 年发行）封面时就穿着达珀·丹设计的服装。

1992 年，达珀·丹因奢侈品牌的起诉而破产。在来自 Diet Prada 和其他社交媒体批评的压力中，2017 年古驰与丹合作了一个项目，以资助丹在哈莱姆区的工作室重新开业，并邀请这位当时赫赫有名的设计师参加其成衣业推广宣传活动。这样的冒险行为并非史无前例：米歇尔没有起诉涂鸦艺术家特雷弗·安德鲁（Trevor Andrew，他在布鲁克林和曼哈顿的墙上用涂鸦方式画了古驰的品牌标志，故被戏称为"古驰幽灵"），而是邀请他一同合作 2016 年秋冬系列。

梅赛德斯－奔驰俄罗斯时装周于 2000 年启动，第比利斯、莫斯科和基辅成为主要的时尚城市。2010 年前后，西方时尚媒体用"后苏联"定义东方阵营的设计师作品，例如戈沙·卢布琴斯基（Gosha Rubchinskiy，同名品牌于 2008 年成立于莫斯科）、德姆纳·格瓦萨利亚（Demna Gvasalia，于 2009 年创办维特萌）和造型师罗塔·沃尔科娃（Lotta Volkova）的作品，这些人都是最前沿的设计师。他们的风格参考了 20 世纪 90 年代的溜冰者风格、带有城市主题的街头风格、西里尔字

图 310　2018 年，达珀·丹在自己的工作室拍摄了这张照片。这位哈莱姆区的时装设计师因盗用和仿制顶级设计师的标志而名声大噪。照片中，人体模型身上穿的上衣印有两个相扣的古驰专属标志的字母 G，衣服颜色为绿、红、金相间。

图 311　杜罗·奥罗武 2011 年秋冬系列成衣。奥罗武是一名资深律师，同时也是一名艺术策展人，他的印花系列独具特色。他将五颜六色、具有不同纹理、带有不同图案的织物混搭，使成品看上去新颖独特。同时，他的垂饰技艺娴熟，这些设计都使他闻名时尚界。

母设计风格，也有品牌挪用（这一点将在下文进一步讨论）。卢布琴斯基在莫斯科的一个体育场展示了他本人的首个全自费系列，自 2012 年以来，他一直隶属于著名品牌川久保玲旗下。卢布琴斯基的合作伙伴包括李维、马汀博士（Dr. Martens）、锐步（Reebok）和博柏利。格瓦萨利亚在皇家美术学院学成后，继续领导马吉拉和路易威登的设计团队（2013 年，尼古拉·盖斯奇埃尔被任命为路易威登的创意总监）。

　　梅赛德斯－奔驰基辅时装日于 2009 年由达利亚·夏波维洛娃（Daria Shapovalova）发起。在基辅，有一个精通使用照片墙的秘密时尚圈，由设计师玛莎·瑞瓦（Masha Reva，同名品牌成立于 2016年）、尤利娅·叶菲姆丘克（Yulia Yefimtchuk，同名品牌成立于 2011年）和安东·贝林斯基（Anton Belinskiy，同名品牌成立于 2009 年）领导，其中安东·贝林斯基以分层运动装和写实照片的印花设计闻名，并且经营着一个规模更大的商业部门。2016 年，德米特里·伊万科（Dmitriy Ievenko）成立了 Ienki Ienki，该品牌面向全球顶级时尚商店销售高端鹅绒夹克。朱莉·帕斯卡尔（Julie Paskal，同名品牌成立于 2010 年）以其精致的形式主义设计而闻名，她的设计采用黑白和糖果色，并带有激光切割的花瓣装饰和网格图案。另一个顶级品牌卡欣妮亚·施奈德（Ksenia Schnaider，成立于 2011 年）以剪裁时尚的拼接牛仔裤而闻名。基辅也因其拥有定向概念店而声名鹊起。

2015 年，索菲娅·茨孔妮亚（Sofia Tchkonia）联合其他 10 名设计师发起了梅赛德斯 - 奔驰第比利斯时装周；2019 年，参与的设计师增加到 40 名，其中一些设计师面向全球推广自己的作品。第比利斯被视为主要的新型人才孵化地。这些顶级设计师中有名流们最喜欢的阿卡·普罗迪亚什维利（Aka Prodiashvili，其品牌成立于 2018 年）、受"垃圾摇滚风"影响的比尔科万格（Blikvanger，其品牌成立于 2016 年）和极简主义者亚力克桑德·阿卡卡茨什维利（Aleksandre Akhalkatsishvili，其品牌成立于 2018 年）。2014 年在巴黎展出的维特萌是他们最引以为傲的推广品牌，维特萌的时尚单品包括 2015 年敦豪速递（DHL）快递员的 T 恤衫和 2016 年 Bic 系列的轻跟袜靴。2015 年，巴黎世家任命格瓦萨利亚为品牌的创意总监，并由其继续担任维特萌的首席设计师，格瓦萨利于 2019 年离职。另一位声名远扬的设计师是戴维·科马希泽（David Komakhidze，其伦敦品牌为戴维·科马，成立于 2009 年），他设计的晚礼服对穿戴者的身材要求甚高。

尼日利亚的拉各斯成为新的时尚之都。2004 年，在拉各斯长大的伦敦时装设计师杜罗·奥罗武（Duro Olowu）创立了自己的品牌，并立即受到好评，获得了米歇尔·奥巴马的赞助。正因如此，拉各斯引起了时尚界的关注。2011 年由奥摩耶米·阿克瑞勒（Omoyemi Akerele）发起的拉各斯时装周成为一年一度的冬季盛会，推动了尼日利亚时尚产业的发展。其顶级设计师及品牌包括阿迪尔（Adire）、阿塔夫（Atafo）、杰梅因·布勒（Jermaine Bleu）、克里斯蒂·布朗（Christie Brown）、丽萨·福拉维欧（Lisa Folawiyo，其系列也在国际上展出）、艾米·卡斯比特（Emmy Kasbit）、阿瓦·梅特（Awa Meité）和乌曼（Wuman），而奥林奇·考特尔（Orange Culture，设计中性时装）和马琪·奥（Maki Oh，在纽约参展）的品牌则是前沿的街头服饰品牌。鲜艳的色彩和传统的非洲纺织品，如蜡染和阿迪尔蓝染布（尼日利亚约鲁巴妇女制作的靛蓝布料）很受欢迎，当地的服装制作有时还会与西方剪裁讲究的廓形结合起来。

Studio 189 也在拉各斯展出作品。该品牌在加纳成立，旨在推广非洲创意元素和技艺，如天然植物靛蓝染色、手工蜡染和肯特布（一种

图 312 威尔士·邦纳 2016 年秋冬系列 T 台造型在伦敦时装周男装秀场上展出。同年，这位 2014 年毕业于中央圣马丁艺术与设计学院的设计师获得了业内知名的 LVMH 新秀奖。图中这款作品名为"灵歌"（Spirituals），该系列的装饰中含有施华洛世奇水晶元素，其令人赏心悦目的剪裁广受好评。

加纳手织彩色布料）制作。2013 年，Studio 189 的首个系列展出，以纪念"10 亿人崛起"运动（旨在结束对妇女的暴力行为）。Studio 189 在阿克拉和纽约均有店面，并与芬迪、颇特（Net a Povter）、开幕式和 The Surf Lodge 展开合作。迪奥的玛利亚·格拉西亚·基乌里雇用非洲工人，使用非洲纺织品，并与一个妇女协会（该协会旨在复兴当地的手工技艺）合作设计了 2020 年游轮系列，该系列在马拉喀什展出。

"黑人人权运动"（Black Lives Matter，由帕特里塞·库拉斯 <Patrisse

326

Cullors>、艾丽西亚·加尔萨 <Alicia Garza> 和奥珀尔·托梅迪 <Opal Tometi> 于 2013 年发起）是一项在非裔美国人社区内发起的争取种族平等和正义的运动，并在时尚行业内逐渐产生越来越大的影响。格蕾丝·威尔士·邦纳（Grace Wales Bonner）是一位才华横溢的伦敦设计师，也是一名非裔欧洲人，他对自己的身份进行了思考，颠覆了人们对黑人男性"异国情调"和过度男性化的刻板描述，并在自己的作品中融入了 20 世纪 70 年代的黑人运动主题。纽约设计师特尔法·克莱门斯（Telfar Clemens）的品牌成立于 2005 年，他基于美国经典服装设计了颠覆性、无性别的运动装。克莱门斯通过裁剪和设计复古服装开启了其职业生涯，并保留了这种重组的美学；他认为争取包容性是他的使命。

2009 年，蕾哈娜（Rihanna）登上意大利版《时尚》杂志封面——少数族裔能成为封面人物是件了不起的事。2017 年，加纳出生的爱德华·艾宁弗（Edward Enninful，前 W 杂志创意总监和 i-D 杂志时尚总监）被任命为英国版《时尚》杂志的编辑，他宣布该杂志将贯彻多样性的宗旨。他上任后的第一期杂志发行于 12 月，以史蒂文·迈泽尔（Steven Meisel）为阿德沃·阿巴（Adwoa Aboah）拍摄的照片为杂志封面。阿巴是一名带有加纳血统的英国模特，她在线上社区平台 Gurls Talk（创立于 2015 年）上分享了她与毒品和心理健康问题斗争的经历。

2018 年 9 月，8 名黑人女性登上世界主流时尚杂志封面：碧昂丝、伊萨·雷（Issa Rae）、蒂芙尼·哈迪斯（Tiffany Haddish）、诺基亚公主（Princess Nokia）、蕾哈娜、特蕾西·埃利斯·罗斯（Tracee Ellis Ross）、斯利克·伍兹（Slick Woods）和赞达亚（Zendaya）被《乌木》（Ebony，创刊于 1945 年，以报道和反映非裔美国人的生活为主）、《世界时尚之苑》（Elle）、LadyGunn、《美丽佳人》（Marie Claire）和《时尚》杂志刊登照片进行报道。人们认为黑人登上杂志封面会影响其销量，但这一观点随着这些杂志的大卖而瓦解。阿杜特·阿克赫（Adut Akech）曾是南苏丹难民，她在肯尼亚最大的难民营卡库马度过了人生的前六年，随后搬至澳大利亚。2016 年，她在澳大利亚被伊夫·圣罗兰看中；2020 年，她已经荣登许多杂志（包括约 15 个国际版《时尚》杂志）的封面；她还是华伦天奴总监皮耶尔保罗·皮乔利（自 2011 年起担任创意总监）的缪斯女神；她参加了 30 多场 2020 年春夏时装秀。阿克赫还与联合国难民署合作，致力于推进时尚行业的多元化。1948 年，塞西

327

图 313（右页） & Other Stories 2015 年的秋冬系列活动。这家瑞典时尚公司聘请了一个全跨性别团体拍摄了这张照片，模特瓦伦蒂金·德·亨和哈里·内夫都是跨性别活动家。

尔·比顿为查尔斯·詹姆斯的礼服拍摄了一张照片；2020年春夏时装秀上，皮乔利重新设计了这款服装，并邀请黑人担任模特（见图315）。

在整个21世纪的第二个十年，跨性别活动人士都在关注跨性别者的生活和权利。截止到2020年，本书仍在撰写之时，还没有哪个国际顶级时装设计师公开自己的跨性别身份，但业内的其他人已经有所行动。来自洛杉矶的名为莱昂·吴（Leon Wu）的跨性别者是夏普

西装（Sharpe Suiting，创立于 2014 年）的创始人，该品牌在 2016 年被《今日美国》（*USA Today*）杂志评选为美国成衣行业十大服装制造商之一。夏普西装以及其他明确面向酷儿（认为自己既非男性也非女性，或者既是男性也是女性）的企业，在酷儿人群的积极支持下，业务量都有所增长。2015 年，瑞典零售商 & Other Stories 的秋冬广告因起用了一个全跨性别团队而受到人们的褒扬，该团队包括摄影师阿莫斯·马克（Amos Mac）、造型师洛夫·贝利（Love Bailey）、化妆师妮娜·蓬（Nina Poon）以及模特瓦伦蒂金·德·亨（Valentijn de Hingh）和哈里·内夫（Hari Nef）。作为一个致力于可持续发展的品牌，& Other Stories 以极简主义美学为指导，设计运动风格的服装。巴尼斯纽约（Barneys New York）和玫珂菲（Make-up Forever）也曾与全跨性别团队合作。尽管有人担心这本身可能成为一种趋势，但这些团队之间的合作无疑加强了人们对跨性别群体的认识。

　　2012 年，前奥运会游泳运动员凯西·莱格勒（Casey Legler）成为第一位与福特模特公司（Ford Models）签约并担任独家男装模特的女性，为奥斯陆·格蕾丝（Oslo Grace）等非二元性别的跨性别模特开辟了一条新道路。哈里·内夫是美国顶级经纪公司 IMG 签约的首位公开跨性别身份的模特，她是古驰"花悦"香水（Bloom，

329

图 314　尼古拉·盖斯奇埃尔为路易威登设计的 2014 年秋冬系列 Petit Malle 小旅行包。这款迷你包根据路易威登的一款箱包设计，需要 30 位裁缝合作完成，价格接近 3000 英镑，引领了迷你包的潮流。

于 2017 年 5 月推出）的代言人。卡门·卡雷拉（Carmen Carrera）、伊希斯·金（Isis King）、伊内斯·劳（Ines Rau）、门罗·波道夫（Munroe Bergdorf）、巴西变性超模莉·T（Lea T）、安德烈·皮吉斯（Andreja Pejić）等都是顶级跨性别女性时装模特。跨性别男性模特群体规模较小，包括艾第安·道林（Aydian Dowling）和本杰明·梅尔泽（Benjamin Melzer），本杰明曾现身善待动物组织于 2016 年 4 月发起的"宁愿裸体，不穿皮草"运动，肯尼·伊森·琼斯（Kenny Ethan Jones）则曾出现在高街商店 River Island 的 2018 年 LoveNotLabels Pride 活动现场，而切拉·曼（Chella Man）是一位著名的聋哑艺术家兼模特。其他坚持选用跨性别模特的设计师和品牌包括蔻驰（Coach）、让 – 保罗·高缇耶、纪梵希、普拉巴·高隆、马克·雅可布、艾考斯·拉塔（Eckhaus Latta）、马丁·马吉拉和缪缪。

21 世纪的第二个十年，"大码"或"体胖"（对于一些人而言，这个说法早有耳闻，故没有那么敏感）模特在 T 台走秀且参加活动的现象显著增加，更多的人将他们视为榜样。阿什利·格雷厄姆（Ashley Graham）是世界上收入最高的模特之一，她自认为身材"曲线优美"；珍爱·李（Precious Lee）、麦莎（Maiysha）、珍妮·润科（Jennie Runk）和克丽丝特尔·雷恩（Crystal Renn）等模特也非常成功。2017 年，流行歌手兼设计师、哈佛人道主义奖得主蕾哈娜公开展示自己曲线优美、起伏有致的身材轮廓，许多人受此激励，从而产生了积极乐观的"身体态度"（这是一个让人又爱又恨的新短语）。蕾哈娜的内衣品牌 Savage X Fenty 提供各种尺码，各种体型的人都能挑选到适合自己的内衣，其化妆品品牌 Fenty 也针对所有肤色的人提供产品。

2020 年至 2040 年，许多国家人口的平均年龄将呈上升趋势，这会对时尚行业产生重大影响。2017 年《观察家报》（Observer）刊载了一篇名为《时尚唤醒老年女性》的文章，凯伦·凯（Karen Kay）在文章中指出了婴儿潮一代的经济实力，她写道："英国 65 岁以上人群在服装上的花费为 65 亿英镑。"20 世纪 40 年代末到 60 年代初，《时尚》杂志是"成熟"女性时尚的先锋，该杂志曾邀请头发花白、年逾 60 岁的"埃克塞特夫人"模特玛戈特·斯迈利（Margot Smyly）拍摄封面照片，照片中她身穿优雅而低调的套装。随着时间的推移，由于老年女性购买力和时尚感日益增强，她们逐渐在时尚市场斩获一席之地。20 世纪 90 年代以来，50 岁及以上女性的时尚活力、外形条件和文化内涵得到了大量出版物和有影响力网站的认可。

2005 年，纽约大都会博物馆服饰部举办"稀世珍宝：艾瑞斯·阿普菲尔藏品精选"（Rara Avis: Selections from the Iris Apfel Collection）展览，展示了当时已 84 岁高龄的艾瑞斯·阿普菲尔华丽的着装。2008 年，艾莉森·沃尔什（Alyson Walsh）启动个人网站"那不是我的年龄：成熟女性大风格指南"（That's Not My Age: The grown-up guide to great style），该网站内容极具洞察力，涵盖时尚、生活方式、健康和美容等各领域内容，还有播客文章和对特定年龄的杰出女性的采访。阿里·赛斯·科恩（Ari Seth Cohen）的《高级风格》（Advanced Style，由 Powerhouse Books 出版社于 2012 年出版）赞扬了老年女性的风韵和外貌，其同名博客有成千上万名粉丝。

凯伦·凯还强调，各大品牌越来越多地选择年长的时尚偶像以及年长的时尚达人运营的知名博客和照片墙账号，这些人包括 2020 年已 92 岁高龄的肯塔基州的时尚怪咖海伦·鲁斯·范温克尔（Helen Ruth van Winkle）和 2020 年已 67 岁的纽约时尚先锋林·斯莱特教授（Professor Lyn Slater）。2013 年，布鲁姆斯伯里出版社出版了朱莉娅·特威格（Julia Twigg）的沉浸式作品《时尚与年龄：着装、身体和晚年生活》（Fashion and Age: Dress, the Body and Later Life），该书参考了大量文献。菲比·斐洛选 82 岁的作家琼·迪迪安（Joan Didion）为赛琳拍摄 2015 年春夏系列的广告得到了大量的正面宣传。继埃克塞特夫人之后，爱德华·艾宁弗选择了 85 岁高龄的朱迪·丹奇女爵（Dame Judi Dench），这位留着银白色海胆发型的女性登上了 2020 年 6 月的《时尚》杂志封面。

手袋仍然是时尚界的头条新闻，并且和香水一样，是许多品牌赢利的产品。2018 年，手袋在路易威登的销售额中占比约为 75%，在普拉达（仍由缪西娅·普拉达领导，2020 年 4 月拉夫·西蒙斯加入，担任创意总监，但他也继续经营个人品牌）和古驰的销售额中占比分别为 45% 和 40%。2010 年代，最流行的手袋款式有：普拉达的 Galleria 系列（于 2007 年推出）、赛琳的 Luggage Tote 系列（于 2010 年推出）、香奈儿的 Boy Bag 系列、纪梵希的 Antigona 系列、路易威登的 Capucines 系列（于 2011 年推出）、圣罗兰的 Sac du Jou 系列（于 2013 年推出）、克里斯汀·迪奥的 Diorama 系列、蔻依的 Faye 系列（于 2015 年推出）、路易威登的 Petite Malle 系列（于 2014 年推出，尼古拉·盖斯奇埃尔担任秋冬创意总监的首个系列）、玛珀利的 Bayswater 系列（于 2003 年推出，2016 年由约翰尼·柯卡 <Johnny Coca> 更新款式）和古驰的 Marmont Matelasse 系列单肩包（于 2016 年推出）。特尔法·克莱门斯设计的人造革托特包（于 2014 年推出，定价为 140 美元至 240 美元，是上述包款中的一员），带有提手和肩带，正面印有设计师标志，有三种尺寸和九种颜色，这种设计被时尚编辑认为是未来十年里的标志性配饰。

为了抵制"快时尚"消费，"可持续时尚"和"慢时尚"消费出现了。"快时尚"是指人们购买平价衣服，仅穿几次然后丢弃，并频繁地更换款式。近十年来，人们追求和信奉的几乎都是快时尚。2019年3月，在内罗毕举行的联合国环境大会上，联合国可持续时尚联盟成立，其使命是制止时尚界破坏环境和社会秩序，并鼓励该行业积极改善全球生态系统。研究显示，与 2005 年相比，2019 年消费者的平均服装购买量增加了 60% 左右，而持有时间只有 2005 年的一半。

2010 年，棉花约占所有纺织纤维产量的 30%。据李维公司估计，一条牛仔裤的整个生命周期（从生产到家庭洗涤）大约要消耗 3000 升水。2017 年，英国威尔士亲王与纺织和服装企业的首席执行官团体共同发起了"2025 年可持续棉花挑战"（2025 Sustainable Cotton Challenge）活动，目标是到 2025 年将可持续棉花的使用量增加 50% 以上。阿迪达斯、博柏利、H&M、开云集团（Kering）、李维公司和耐克都参与其中。

2015 年，全球鞋类产量达 230 亿双。在全球所销售的鞋里，每五双中就有三双是由中国制造的；作为最大的鞋类市场，中国几乎消耗了全球五分之一的运动鞋。2012 年，阿迪达斯发布了回收与循环利用的"可持续足迹"项目（Sustainable Footprint）。此外，阿迪达斯还与海洋环保组织 Parley for the Oceans 联合设计了一款 100% 可回收的运动鞋，名为可循环跑鞋（Futurecraft Loop）。Parley for the Oceans 组织与创意产业合作，旨在提高人们保护海洋的意识，并制定保护海洋的战略。

对于希望为良心企业投资助力的消费者而言，循环利用、升级再造、可靠溯源、地方性和可持续性成为吸引他们的重要因素——这类消费者选择购买质量更高、可以穿很多年的服装。即使有磨损并经过修补，他们依然十分珍惜，故而服装购买数量会有所减少。由于更换纽扣或给裤脚折边这种最基本的修补技能已经失传，人们学习缝纫和织补技艺，并称之为创造性活动，同时将这种行为看作自己的荣誉徽章。2020 年，李维公司、博柏利、英国居家品牌 Toast、J. Crew、户外运动品牌巴塔哥尼亚（Patagonia）和优衣库等品牌提供免费修补或服装改动服务。这些举措至关重要，尤其是因为目前流行的通过回收服装纤维来生产新衣服装再造技术很不理想，以至于用该技术生产

的服装中近五分之三最终被焚烧或填埋。仅在英国，每周就有 1100万件衣服被扔进垃圾填埋场。

1963 年成立于巴黎的开云集团是一家国际公司（2020 年估值约为 150 亿欧元），专注于奢侈品和可持续发展，其旗下的时尚品牌有巴黎世家、古驰、圣罗兰和亚历山大·麦昆。成立于 2001 年的斯特拉·麦卡特尼（2018 年之前一直属于开云集团）一直拒绝在品牌系列中使用皮革和皮毛，坚持使用可持续性材料。2020 年春夏系列中，其 75%的作品由环保材料制成。LVMH 是另一家具有影响力的时尚集团，集团旗下包含了赛琳、迪奥、芬迪和纪梵希等品牌的设计师，且集团部分资产归路易威登所有。LVMH 通过其 LIFE（LVMH Initiatives For the Environment，LVMH 环保倡议）项目，大力支持可持续发展和生物多样性，并于 2019 年推出了《动物原材料采购宪章》（Animal-based Raw Materials Sourcing Charter）。

确保可持续性是时尚产业在发展进程中应坚持的核心理念，可持续发展成为许多新一代设计师的生活方式。伦敦在该领域处于世界领先地位，其中许多顶级设计师都毕业于中央圣马丁艺术与设计学院。同时，由伦敦时装学院（与前者都隶属于伦敦艺术大学）的戴利斯·威廉姆斯（Dilys Williams）主理的可持续时尚中心（Centre for Sustainable Fashion）在全球倡议和辩论中扮演着核心角色。前卫设计师菲比·英格利希（Phoebe English，同名品牌成立于 2011 年）曾在中央圣马丁艺术与设计学院接受培训，她能够保证从服装设计到生产的全过程的所有活动距离其伦敦南部工作室不超过 15 英里。她非常重视制作工艺和可持续材料的使用，包括用牛奶蛋白制成的纽扣和可堆肥包装。还有一些设计师正在开发无扣、无装饰的服装，这种设计不仅经济实惠，而且便于穿着、保养和回收。

据估计，2018 年约有 2490 万人是强迫劳动的受害者。在牵涉其中的行业里，制鞋业和服装业规模最大——产值为 3 万亿美元，从业工人数量在 6000 万人至 7500 万人之间，其中三分之二为女性。在招聘方式和保护外来务工人员方面，相比于许多奢侈品牌，GAP、H&M、香蕉共和国（Banana Republic）和普里马克等公司，以及阿迪达斯和露露乐蒙等运动品牌的认知更强，承诺更多。或许出人意料的是，一件时尚单品越贵并不一定意味着其生产过程越符合道德标准。

图 315（左页） 皮耶尔保罗·皮乔利设计的 2019 年春夏高级时装，由阿杜特·阿克赫担任模特，阿克赫也是华伦天奴品牌的代言人。在这个系列中，设计师以 1948 年比顿拍摄的新颖独特的礼服为蓝本进行重新设计，并选用黑人模特身穿其设计的花朵形状的立体晚礼服（见图 1）。

后　记

334

　　本书即将完成之时，发生了两件举世瞩目的事件，全世界都因此而改变。第一个事件是新冠疫情的出现。2020 年 3 月 12 日，世界卫生组织总干事宣布大流行病暴发，随后各国进入"封锁"状态，至2020 年 7 月，许多人因此失去生命。

　　同年 5 月 25 日，美国白人警察德里克·肖万（Derek Chauvin）的暴力执法导致黑人乔治·弗洛伊德（George Floyd，46 岁）死亡。世界各地展开了以"黑人人权运动"为主题的和平抗议活动。

　　对于那些仍在工作以及生活在富裕社会中的人，他们的工作模式发生了重大转变——居家办公和线上会议开始兴起。当然，在这种新形势下，时尚业发生了倒退；人们首先考虑的是舒适感，因此设计师们便在头部和身体躯干上下功夫——这样的转变在电视上可见一斑。实际上，只适合特定场合的休闲鞋和手袋变得多余。各地社区大力实施隔离措施，并且倡导为医护人员生产口罩和个人防护装备。博柏利和普拉达以及许多独立设计师如同在战时状态那样，重新调整生

335

产方向以满足一线需求。最重要的是，全球污染水平由此大幅降低，我们见证了全球生态环境迅速而积极的转变。

　　2020 年，时装行业因新冠疫情大规模取消春夏订单，时装工作室、制造商和零售网点关闭，大小时尚相关企业纷纷倒闭，失业率直线上升。一如既往的是，最弱势的群体受到的苦难最严重。孟加拉国是仅次于中国的世界第二大服装出口国，其成衣行业出口额占出口总额的 84%，2019 年约为 5 亿美元。孟加拉国服装制造商报告称，时装零售商已经搁置了超过 30 亿美元的订单，至少有 100 万名工人被解雇或被迫休假，且没有遣散费，他们仅靠基本工资生活，存不下

钱，穷困潦倒——世界上还有数百万人与他们一样困难。

2020 秋冬时装秀大多选择了数字走秀的形式，意料之中的是，秋冬系列普遍体现了极简主义的回归。两家大型时装公司拍摄了两部美轮美奂的时尚短片：《迪奥神话》（Le Mythe Dior）和《优雅与光辉》（Of Grace and Light）。前者由马提欧·加洛尼（Matteo Garrone）执导，参考了 1945 年的"时装剧院"展览；后者则为华伦天奴的宣传片，由尼克·奈特（Nick Knight）导演，灵感来自 19 世纪末 20 世纪初现代舞蹈和运用戏剧光影的先驱洛伊·富勒。尼克·奈特因摄影佳作无数而享誉国际，自 2001 年以来一直通过自己的网站 SHOWstudio 扩展时尚电影和创意数字技术的边界。罗意威创意总监乔纳森·安德森（Jonathan Anderson，2013 年起担任该职位）则提供了一种完全沉浸式和多感官体验的时装秀——客人们不必出席秀场，而是收到了他送来的"盒中秀场"（Show-in-a Box）。每个实体盒中设置了弹出装置，还包含一套内含模特照片的折叠相册、一份时装图纸、可供试戴的太阳镜 3D 打印件、面料样品以及一系列造型设计，客人可以将它们粘在一起，制作 3D "模型时装"。值得一提的是，安德森还在盒中放入了员工工作时的肖像剪影，以展现他们高超的技艺。

世界瞬息万变，我们的生活方式将会改变，我们的时尚模式和着装方式亦是如此。时尚无法预测未来，但庞大的全球时尚产业及其消费群体或许会引领时尚走向一个更加稳定和包容的时代。

参考文献

本书首次出版时，时尚研究的主要资料来源为实体书籍。此后，包括《时尚理论》（Fashion Theory）、《奢侈品与时装》（Journal of Luxury and Fashion）、《电影》（Film）、《时尚与消费》（Fashion & Consumption）在内的学术期刊以及互联网开始越来越多地提供各种严谨的、富有挑战性的最新信息和观念。在此，我们继续将书籍作为关注点。有一部分新加内容《博物馆、时装模特儿和展览》反映的是人们对时尚策展兴趣的不断增加以及时尚展览的普及；另一部分《身份》（Identity）也在考虑之中，但由于时尚、着装和身份的内容互相交织且密不可分，相关书籍已列入《一般时尚参考文献》部分。与21世纪高度相关但并非仅属于21世纪的主题，如可持续性和数字时尚的主题也被纳入《一般时尚参考文献》部分。部分内容重叠在所难免，所以请查阅与您的搜索内容相关的章节。例如，鞋类设计师 Manolo Blahnik 被纳入以主题呈现作品的设计师的部分，而未归入《配饰》部分。

一般时尚参考文献

Adburgham, Alison, *Shops and Shopping 1800–1914*, Allen & Unwin, London, 1964

—, *View of Fashion*, Allen & Unwin, London, 1966

Arnold, Janet, *A Handbook of Costume*, Macmillan, London, 1973

Arnold, Rebecca, *Fashion, Desire and Anxiety: Image and Morality in the 20th Century*, I. B. Tauris, London; Rutgers University Press, New Brunswick, 2001

Bartlett, Djurdja, *Fashion East: The Spectre that Haunted Socialism*, The MIT press, Cambridge, Mass., 2010

— (ed.), *Fashion & Politics*, Yale University Press, New Haven and London, 2019

Barwick, Sandra, *A Century of Style*, Allen & Unwin, London, 1984

Beaton, Cecil, *The Glass of Fashion*, Weidenfeld & Nicolson, London, 1954

—, *Fashion: An Anthology by Cecil Beaton*, exhibition catalogue, HMSO, London, 1971

Bensimon, Kelly Killoren, *American Style*, Assouline, New York, 2004

Bertin, Célia, *Paris à la mode*, Victor Gollancz, London, 1956

Birnbach, Lisa (ed.), *The Official Preppy Handbook*, Workman Publishing, New York, 1980

Black, Sandy, *The Sustainable Fashion Handbook*, Thames & Hudson, London, 2012

Blackman, Cally, *Fashion Central Saint Martins*, Thames & Hudson, London, 2019

Blaszczyk, Regina Lee and Ben Wubs (eds), *The Fashion Forecasters*, Bloomsbury, London, New Delhi, New York and Sydney, 2018

Bolton, Andrew, *Wild: Fashion Untamed*, Yale University Press, New Haven and London, 2004

—, *AngloMania: Tradition and Transgression in British Fashion*, The Metropolitan Museum of Art, New York, 2006

Boucher, François, *A History of Costume in the West*, rev. ed., Thames & Hudson, London, 1996

Braddock, Sarah E. and Marie O'Mahoney, *Techno Textiles: Revolutionary Fabrics for Fashion and Design*, Thames & Hudson, London and New York, 1998

Braddock Clark, Sarah E. and Jane Harris, *Digital Visions for Fashion + Textiles: Made in Code*, Thames & Hudson, London, 2012

Brady, James, *Superchic*, Little, Brown, Boston, Mass., 1974

Breward, Christopher, *Fashion*, Oxford University Press, Oxford and New York, 2003

—, *Fashioning London: Clothing and the Modern Metropolis*, Berg, Oxford, 2004

—, Becky Conekin and Caroline Cox, *The Englishness of English Dress*, Berg, Oxford and New York, 2002

Breward, Christopher and Caroline Evans, *Fashion and Modernity*, Berg, Oxford and New York, 2005

Breward, Christopher and David Gilbert (eds), *Fashion's World Cities*, Berg, Oxford and New York, 2006

Bullis, Douglas, *California Fashion Designers*, Gibbs Smith, Salt Lake City, Utah, 1987

Burman, Barbara (ed.), *The Culture of Sewing: Gender, Consumption and Home Dressmaking*, Berg, Oxford and New York, 1999

Byrde, Penelope, *A Visual History of Costume: The Twentieth Century*, B. T. Batsford, London, 1986

Carter, Ernestine, *Twentieth Century Fashion. A Scrapbook, 1900 to Today*, Eyre Methuen, London, 1975

—, *The Changing World of Fashion*, Weidenfeld & Nicolson, London, 1977

—, *Magic Names of Fashion*, Weidenfeld & Nicolson, London, 1980

Chillingworth, J. and H. Busby, *Fashion*, Lutterworth Press, Cambridge, 1961

Clark, Judith, *Spectres: When Fashion Turns Back*, Victoria and Albert Museum Publications, London, 2004

Cohen, Ari Seth, *Advanced Style*, Powerhouse Books, New York, 2012

Colchester, Chloë, *Textiles Today: A Global Survey of Trends and Traditions*, Thames & Hudson, London and New York, 2007

Cumming, Valerie, *Understanding Fashion History, Costume and Fashion Press*, Batsford, London, 2004

De Marly, Diana, *The History of Couture 1850–1950*, B. T. Batsford, London, 1980

Derycke, Luc and Sandra Van de Veire, *Belgian Fashion Design*, Ludion, Ghent and Amsterdam, 1999

Deslandres, Yvonne and F. Müller, *Histoire de la mode au XXe siècle*, Somogy Editions d'Art, Paris, 1986

Dorner, Jane, *The Changing Shape of Fashion*, Octopus Books, London, 1974

Ehrman, Edwina (ed.), *Fashioned from Nature*, V&A Publishing, London, 2018

Entwistle, Joanne and Elizabeth Wilson, *Body Dressing*, Berg, Oxford and New York, 2001

Evans, Caroline, *Fashion at the Edge: Spectacle Modernity and Deathliness*, Yale University Press, New Haven and London, 2003

—, *The Mechanical Smile: Modernism and the First Fashion Shows in France and America, 1900-1929*, Yale University Press, New Haven and London, 2013

— and Minna Thornton, *Women and Fashion: A New Look*, Quartet Books, London and New York, 1989

Ewing, Elizabeth, *History of Twentieth Century Fashion*, B. T. Batsford, London, 1974

—, *Women in Uniform*, B. T. Batsford, London, 1975

—, *Fur in Dress*, B. T. Batsford, London, 1981

Fairchild, John, *Chic Savages: The New Rich, the Old Rich and the World They Inhabit*, Simon & Schuster, New York, 1989

Fairley, Roma, *A Bomb in the Collection: Fashion with the Lid Off*, Clifton Books, Brighton, Sussex, 1969

Finnane, Antonia, *Changing Clothes in China: Fashion, History, Nation*, Hurst and Co., London; Columbia University Press, New York, 2008

Foulkes, Nick, *The Trench Book*, Assouline, New York, 2007

Fraser, Kennedy, *Scenes from the Fashionable World*, Alfred A. Knopf, New York, 1987

Gale, Colin and Jasbir Kaur, *Fashion and Textiles: An Overview*, Berg, Oxford and New York, 2004

Garland, Madge, *Fashion*, Penguin, Harmondsworth, Middx, 1962

—, *The Changing Form of Fashion*, J. M. Dent, London, 1970

— and J. Anderson Black, *A History of Fashion*, Orbis Publishing, London, 1975

Geczy, Adam, *Fashion and Orientalism: Dress, Textiles and Culture from the 17th to the 21st Century*, Bloomsbury, London, New Delhi, New York and Sydney, 2013

Giacomoni, Silvia, *The Italian Look Reflected*, Mazzotta, Milan, 1984

Glynn, Prudence, *In Fashion: Dress in the Twentieth Century*, Allen & Unwin, London, 1978

Goodrum, Alison, *The National Fabric: Fashion, Britishness and Globalization*, Berg, Oxford and New York, 2005

Gregson, Nicky and Louise Crewe, *Second Hand Cultures*, Berg, Oxford and New York, 2003

Grumbach, Didier, *Histoires de la mode*, Editions du Seuil, Paris, 1993

— et al., *Fashion Show: Paris Style*, Museum of Fine Arts, Boston, 2006

Hall, Lee, *Common Threads: A Parade of American Clothing*, Little, Brown, Boston, Mass., 1992

Hall Marian et al., *California Fashion: From the Old West to New Hollywood*, Abrams, New York, 2002

Halliday, Leonard, *The Fashion Makers*, Hodder & Stoughton, London, 1966

Hartman, R., *Birds of Paradise: An Intimate View of the New York Fashion World*, Delta, New York, 1980

Haye, Amy de la, *The Fashion Source Book*, MacDonald Orbis, London, 1988

— (ed.), *The Cutting Edge: 50 Years of British Fashion: 1947–1997*, Victoria and Albert Museum Publications, London, 1997

Haye, Amy de la and Ehrman, Edwina (eds), *London Couture: British Luxury 1923–75*, V&A Publishing, London, 2015

Hayward Gallery, *Addressing the Century: 100 Years of Art & Fashion*, exhibition catalogue, Hayward Gallery Publishing, London, 1998

Hinchcliffe, Frances and Valerie Mendes, *Ascher: Fabric, Art, Fashion*, Victoria and Albert Museum Publications, London, 1987

Holman Edelman, Amy, *The Little Black Dress*, Simon & Schuster, New York, 1997

Howell, Georgina, *In Vogue: Six Decades of Fashion*, Allen Lane, London, 1975

—, *Sultans of Style: Thirty Years of Fashion and Passion*, Ebury Press, London, 1990

Ironside, Janey, *Fashion as a Career*, Museum Press, London, 1962

Jani, Abu and Sandeep Khosla, *India Fantastique Fashion*, Thames & Hudson, London, 2016

Jarnow, A. J. and B. Judelle, *Inside the Fashion Business*, John Wiley & Sons, New York, 1965

Join-Diéterle, Catherine et al., *Robes du soir*, exhibition catalogue, Musée de la Mode et du Costume de la Ville de Paris, Palais Galliéra, Paris, 1990

Kawamura, Yuniya, *The Japanese Revolution in Paris Fashion*, Berg, Oxford and New York, 2004

Kidwell, C. and Valerie Steele (eds), *Men and Women: Dressing the Part*, Smithsonian Institution, Washington D.C., 1989

Kjellberg, Anne and Susan North, *Style and Splendour: The Wardrobe of Queen Maud of Norway 1896–1938*, Victoria and Albert Museum Publications, London, 2005

Koda, Harold, *Extreme Beauty: The Body Transformed*, Yale University Press, New Haven and London, 2001

—, *Goddess: The Classical Mode*, Yale University Press, New Haven and London, 2003

— and Andrew Bolton, *Superheroes: Fashion and Fantasy*, Yale University Press, New Haven and London 2008

Koren, Leonard, *New Fashion Japan*, Kodansha International, Tokyo, 1984

Lacroix, Christian et al., *Christian Lacroix on Fashion*, Thames & Hudson, London and New York, 2008

Lansdell, Avril, *Wedding Fashions, 1860–1980*, Shire Publications, Princes Risborough, Bucks, 1983

Latour, Amy, *Kings of Fashion*, Weidenfeld & Nicolson, London, 1958

Laver, James, *Style in Costume*, London, 1949

—, *Costume through the Ages*, Thames & Hudson, London, 1964

— and Amy de la Haye, *Costume and Fashion: A Concise History*, rev. ed., Thames & Hudson, London and New York, 1995

Lee, Sarah Tomerlin, *American Fashion*, André Deutsch, London, 1975

Lewis, Reina, *Modest Fashion: Styling Bodies, Mediating Faith*, I. B. Taurus, London and New York, 2013

Ling, Wessie and Simone Segre-Reinach (eds), *Fashion in Multiple Chinas: Chinese Styles in the Transglobal Landscape*, Bloomsbury, London, New Delhi, New York and Sydney, 2018

Lynam, Ruth (ed.), *Paris Fashion*, Michael Joseph, London, 1972

Lynch, Annette and Katalin Medvedev, *Fashion, Agency & Empowerment: Performing Agency, Following Script*, Bloomsbury, London, New Delhi, New York and Sydney, 2020

McCrum, Elizabeth, *Fabric and Form: Irish Fashion since 1950*, Sutton Publishing, Stroud, Gloucestershire; Ulster Museum, Belfast, 1996

Mansfield, Alan and Phyllis Cunnington, *Handbook of English Costume in the 20th Century, 1900–1950*, Faber and Faber, London, 1973

Martin, Richard, *Fashion and Surrealism*, Thames & Hudson, London, 1997; Rizzoli, New York, 1998

—, *Cubism and Fashion*, Metropolitan Museum of Art, New York, 1998

— and Harold Koda, *Orientalism: Visions of the East in Western Dress*, Metropolitan Museum of Art, New York, 1994

—, *Haute Couture*, Metropolitan Museum of Art, New York, 1995

Mauriès, Patrick, *Androgyne: Fashion and Gender*, Thames & Hudson, London and New York, 2017

Mendes, Valerie, *Black in Fashion*, Victoria and Albert Museum Publications, London, 1999

Metropolitan Museum of Art, The Costume Institute, *American Women of Style*, exhibition catalogue, New York, 1972

—, *Vanity Fair*, exhibition catalogue, New York, 1977

Milbank, Caroline Rennolds, *Couture*, Thames & Hudson, London; Stewart, Tabori and Chang, New York, 1985

—, *New York Fashion*, Abrams, New York, 1989

Mulvagh, Jane, *Vogue History of 20th Century Fashion*, Viking, London, 1988

Musée de la Mode et du Costume de la Ville de Paris, Palais Galliéra, *1945–1975 Elégance et création*, exhibition catalogue, Paris, 1977

—, *Hommage aux donateurs*, exhibition catalogue, Paris, 1980

Museo Poldi Pezzoli, *1922–1943: Vent'anni di moda Italiana*, exhibition catalogue, Centro Di, Florence, 1980

Newark, Tim, *Camouflage*, Thames & Hudson, London, 2007

Niessen, Sandra et al. (eds), *Re-Orienting Fashion: The Globalization of Asian Dress*, Berg, Oxford and New York, 2003

O'Neill, Alistair, *London After a Fashion*, Reaktion Books, London, 2007

Palmer, Alexandra and Hazel Clark (eds), *Old Clothes, New Looks: Second Hand Fashion*, Berg, Oxford and New York, 2005

Phizacklea, Annie, *Unpacking the Fashion Industry: Gender, Racism and Class in Production*, Routledge, London, 1990

Pool, Hannah, *Fashion Cities Africa*, Intellect, Bristol, 2016

Probert, Christina, *Brides in Vogue since 1910*, Thames & Hudson, London; Abbeville Press, New York, 1984

Pyen, Kyunghee and Aida Yuen Wong, *Fashion, Identity and Power in Modern Asia*, Palgrave Macmillan, New York, 2018

Quinn, Bradley, *Techno Fashion*, Berg, Oxford and New York, 2002

Remaury, Bruno, *Fashion and Textile Landmarks: 1996*, Institut Français de la Mode, Paris, 1996

Richards, F., *The Ready-to-Wear Industry 1900–1950*, Fairchild Publications, New York, 1951

Root, Regina A. (ed.), *The Latin America Fashion Reader*, Berg, Oxford and New York, 2005

Roscho, Bernard, *The Rag Race*, Funk & Wagnalls Co., New York, 1963

Roselle, Bruno du, *La Mode*, Imprimerie Nationale, Paris, 1980

— and I. Forestier, *Les Métiers de la mode et de l'habillement*, Marcel Valtat, Paris, 1980

Rothstein, N. (ed.), *Four Hundred Years of Fashion*, Victoria and Albert Museum Publications, London, 1984

Saillard, Olivier and Anna Zazzo (translated by Elizabeth Heard), *Paris Haute Couture*, Flammarion, Paris, 2012

Scheips, Charlie, *American Fashion*, Assouline, New York, 2007

Schmiechen, J. A., *Sweated Industries and Sweated Labour: The London Clothing Trades 1860–1914*, Croom Helm, London, 1984

Scott-James, Anne, *In the Mink*, Michael Joseph, London, 1952

Société des Expositions du Palais des Beaux Arts, *Mode et art 1960–1990*, exhibition catalogue, Brussels, 1995

Squire, Geoffrey, *Dress and Society 1560–1970*, Studio Vista, London, 1974

Stanfill, Sonnet, *New York Fashion*, Victoria and Albert Museum Publications, London, 2007

Steele, Valerie, *Paris Fashion: A Cultural History*, Oxford University Press, Oxford and New York, 1988

—, *Women of Fashion: Twentieth Century Designers*, Rizzoli, New York, 1991

—, *Fetish: Fashion, Sex & Power*, Oxford University Press, Oxford, 1996

—, *Fifty Years of Fashion*, Yale University Press, London and New Haven, 1997

—, *China Chic: East Meets West*, Yale University Press, New Haven and London, 1999

—, *Black Dress*, Collins Design, New York, 2007

— (ed.), *A Queer History of Fashion; From the Closet to the Catwalk*, Yale University Press, New Haven and London, 2014

Stevenson, Pauline, *Bridal Fashions*, Ian Allan, Addlesdown, Surrey, 1978

Tam, Vivienne and Martha Huang, *China Chic*, Regan Books, Los Angeles and New York, 2006

Tarlo, Emma and Annalies Moors (eds), *Islamic Fashion & Anti Fashion*, Bloomsbury, London, New Delhi, New York and Sydney, 2013

Taylor, Lou, *Mourning Dress*, Allen & Unwin, London, 1983

Teunissen, José and Jan Brand (eds), *Global Fashion Local Tradition: On the Globalisation of Fashion*, Terra Uitgeverij, Arnhem, 2006

Tompkins-Buell, Suzie, *Forty Years of Esprit*, 68/08, Esprit, 2008

Tucker, Andrew, *The London Fashion Book*, Thames & Hudson, London; Rizzoli, New York, 1998

Tulloch, Carol, *The Birth of Cool: Style Narratives of the African Diaspora*, Bloomsbury, London, New Delhi, New York and Sydney, 2016

Twigg, Julia, *Fashion & Age: Dress, The Body and Later Life*, Bloomsbury, London, New Delhi, New York and Sydney, 2013

Vassiliev, Alexandre (translated by Antonina W. Bouis and Anya Kucharev), *Beauty in Exile: The Artists, Models and Nobility who fled the Russian Revolution and influenced the World of Fashion*, Abrams, New York, 1998

Vecchio, W. and R. Riley, *The Fashion Makers*, Crown, New York, 1968

Vergani, Guido, *The Sala Bianca: The Birth of Italian Fashion*, Electa, Milan, 1992

Vinken, Barbara et al., *6+ Antwerp Fashion*, Ludion, Antwerp, 2007

Volker, Angela, *Wiener Mode und Modefotografie, Die Modeabteilung der Wiener Werkstätte, 1911-1932*, Schneider-Henn, Munich and Paris, 1984

Waugh, Norah, *The Cut of Women's Clothes 1600-1930*, Faber and Faber, London, 1968

Welters, Linda and Patricia Cunningham (eds), *Twentieth-Century American Fashion*, Berg, Oxford and New York, 2005

Wilcox, Claire (ed.), *Radical Fashion*, Victoria and Albert Museum Publications, London, 2001

— and Valerie Mendes, *Modern Fashion in Detail*, Victoria and Albert Museum Publications, London, 1991

Williams, Beryl, *Fashion Is Our Business*, John Gifford, London, 1948

Wilson, Elizabeth and Lou Taylor, *Through the Looking Glass*, BBC Books, London, 1989

— and J. Ash (eds), *Chic Thrills: A Fashion Reader*, Pandora Press, London, 1992

Worth, Rachel, *Fashion for the People: A History of Clothing at Marks and Spencer*, Berg, Oxford and New York, 2006

Wray, M., *The Women's Outerwear Industry*, Gerald Duckworth & Co., London, 1957

Zidianakis, Vassilis, *RRRIPP!! Paper Fashion*, Atopos, Athens, 2007

时尚史文献

1900s–1930s

Arnold, Rebecca, *The American Look: Sportswear, Fashion and the Image of Women in 1930s and 1940s New York*, I. B. Tauris, London and New York, 2008

Battersby, Martin, *Art Deco Fashion*, Academy Editions, London, 1974

Caffrey, Kate, *The 1900s Lady*, Gordon & Cremonesi, London, 1976

Coleman, Elizabeth Ann, *The Opulent Era: Fashions of Worth, Doucet and Pingat*, Brooklyn Museum with Thames & Hudson, New York and London, 1989

Dorner, Jane, *Fashion in the Twenties and Thirties*, Ian Allan, Addlesdown, Surrey, 1973

French Fashion Plates in Full Colour from the 'Gazette du Bon Ton', 1912–1925, Dover Publications, New York, 1979

Ginsburg, Madeleine, *The Art Deco Style of the 1920s*, Bracken Books, London, 1989

Guenther, Irene, *Nazi Chic? Fashioning Women in the Third Reich*, Berg, Oxford and New York, 2004

Herald, Jacqueline, *Fashions of a Decade: The 1920s*, B. T. Batsford, London, 1991

Kaplan, Joel H. and Sheila Stowell, *Theatre and Fashion: Oscar Wilde to the Suffragettes*, Cambridge University Press, Cambridge and New York, 1994

Laver, James, *Women's Dress in the Jazz Age*, Hamish Hamilton, London, 1975

Lupano, Mario and Alessandra Vaccari (eds), *Fashion at the Time of Fascism: Italian Modernist Lifestyle 1922–1943*, Damiani, Bologna, 2009

Musée de la Mode et du Costume de la Ville de Paris, Palais Galliéra, *Grand Couturiers Parisiens 1910–1929*, exhibition catalogue, Paris, 1970

—, *Paris Couture – années trente*, exhibition catalogue, Paris, 1987

Olian, Joanne (ed.), *Authentic French Fashions of the Twenties: 413 Costume Designs from 'L'Art et la mode'*, Dover Publications, New York, 1990

Penn, Irving and Diana Vreeland, *Inventive Paris Clothes, 1900–1939*, Thames & Hudson, London, 1977

Robinson, Julian, *The Golden Age of Style*, Orbis Publishing, London, 1976

—, *Fashion in the 30s*, Oresko Books, London, 1978

Stevenson, Pauline, *Edwardian Fashion*, Ian Allan, Addlesdown, Surrey, 1980

Troy, Nancy J., *Couture Culture: A Study in Modern Art and Fashion*, The MIT Press, Cambridge, Mass., 2003

Victoria and Albert Museum and Scottish Arts Council, *Fashion, 1900–1939*, exhibition catalogue, Idea Books, London, 1975

Zaletova, L. et al., *Costume Revolution: Textiles, Clothing and Costume of the Soviet Union in the Twenties*, Trefoil Books, London, 1989

1940s–1950s

Baker, P., *Fashions of a Decade: The 1950s*, B. T. Batsford, London, 1991

Cawthorne, Nigel, *The New Look*, Hamlyn, London, 1996

Charles-Roux, Edmonde et al., *Théâtre de la mode*, Rizzoli, New York, 1991

Disher, M. L., *American Factory Production of Women's Clothing*, Devereaux, London, 1947

Dorner, Jane, *Fashion in the Forties and Fifties*, Ian Allan, Addlesdown, Surrey, 1975

Drake, Nicholas, *The Fifties in Vogue*, Heinemann, London, 1987

Geffrye Museum, *Utility Fashion and Furniture 1941–1951*, exhibition catalogue, London, 1974

Laboissonnière, W., *Blueprints of Fashion: Home Sewing Patterns of the 1940s*, Schiffer Publishing, Atglen, Pa., 1997

McDowell, Colin, *Fashion and the New Look*, Bloomsbury Publishing, London, 1997

Palmer, Alexandra, *Couture and Commerce: The Translantic Fashion Trade in the 1950s*, UBC Press, Vancouver, 2001

Paulicelli, Eugenia, *Fashion under Fascism: Beyond the Black Shirt*, Berg, Oxford and New York, 2004

Robinson, Julian, *Fashion in the 40s*, Academy Editions, London, 1976

Schooling, Laura, *50s Fashion*, Taschen, Cologne, 2007

Sheridan, Dorothy (ed.), *Wartime Women: A Mass Observation Anthology*, Mandarin, London, 1991

Sladen, Christopher, *The Conscription of Fashion*, Scolar Press, Aldershot, Hants, 1995

Stitziel, Judd, *Fashioning Socialism: Clothing, Politics and Consumer Culture in East Germany*, Berg, Oxford and New York, 2005

Veillon, Dominique, *Fashion under the Occupation*, Berg, Oxford and New York, 2002

Walford, Jonathan, *Forties Fashion: From Siren Suits to the New Look*, Thames & Hudson, London, 2008

Waller, Jane, *A Stitch in Time: Knitting and Crochet Patterns of the 1920s, 1930s and 1940s*, Gerald Duckworth & Co., London, 1972

Wilcox, Claire, *The Golden Age of Couture: Paris and London, 1947–57*, Victoria and Albert Museum Publications, London, 2007

Wood, Maggie, *We Wore What We'd Got: Women's Clothes in World War II*, Warwickshire Books, Exeter, 1989

1960s

Bender, Marilyn, *The Beautiful People*, Coward-McCann, New York, 1967

Bernard, Barbara, *Fashion in the 60s*, Academy Editions, London, 1978

Buruma, Anna, *Liberty & Co in the Fifties and Sixties: A Taste for Design*, Antique Collector's Club, Woodbridge, 2008

Cawthorne, Nigel, *Sixties Source Book*, Virgin Publishing, London, 1989

Coleridge, Nicholas and Stephen Quinn (eds), *The Sixties in Queen*, Ebury Press, London, 1987

Connickie, Yvonne, *Fashions of a Decade: The 1960s*, B. T. Batsford, London, 1990

Drake, Nicholas, *The Sixties: A Decade in Vogue*, Prentice Hall, New York, 1988

Edelstein, A. J., *The Swinging Sixties*, World Almanac Publications, New York, 1985

Harris, J., S. Hyde and G. Smith, *1966 and All That*, Trefoil Books, London, 1986

Lobenthal, Joel, *Radical Rags: Fashions of the Sixties*, Abbeville Press, New York, 1990

Salter, Tom, *Carnaby Street*, M. and J. Hobbs, Walton-on-Thames, Surrey, 1970

Schooling, Laura, *60s Fashion*, Taschen, Cologne, 2007

Wheen, Francis, *The Sixties*, Century, London, 1982

1970s–1990s

Barr, Ann and Peter York, *The Official Sloane Ranger Handbook*, Ebury Press, London, 1982

Baudot, François and Jean Demachy, *Elle Style: The 1980s*, Filipacchi, 2003

Coleridge, Nicholas, *The Fashion Conspiracy*, Mandarin Heinemann, London, 1988

Drake, Alicia, *The Beautiful Fall: Fashion, Genius and Glorious Excess in 1970s Paris*, Little, Brown, New York, 2006

Fraser, K., *The Fashionable Mind: Reflections on Fashion 1970–1982*, Nonpareil Books, New York, 1985

Herald, Jacqueline, *Fashions of a Decade: The 1970s*, B. T. Batsford, London, 1992

Johnston, Lorraine (ed.), *The Fashion Year*, Zomba Books, London, 1985

Jones, Terry and Avril Mair (eds), *Fashion Now*, Taschen, Cologne, 2003

Khornak, L., *Fashion 2001*, Columbus Books, London, 1982

Love, Harriet, *Harriet Love's Guide to Vintage Chic*, Holt, Rinehart & Winston, New York, 1982

McDowell, Colin, *The Designer Scam*, Hutchinson, London, 1994

Milinaire, C. and C. Troy, *Cheap Chic*, Omnibus Press, London and New York, 1975

O'Connor, Kaori (ed.), *The Fashion Guide*, Farrol Kahn, London, 1976

—, *The 1977 Fashion Guide*, Hodder & Stoughton, London, 1977

—, *The 1978 Fashion Guide*, Hodder & Stoughton, London, 1978

Polan, Brenda (ed.), *The Fashion Year*, Zomba
    Books, London, 1983
—, *The Fashion Year*, Zomba Books, London, 1984
Schooling, Laura, *70s Fashion*, Taschen, Cologne,
    2006
York, Peter, *Style Wars*, Sidgwick and Jackson,
    London, 1978

2000s–2020s

Bee, Deborah, *Couture in the 21st Century*, A & C
    Books, London, 2011
English, Bonnie, *A Cultural History of Fashion
    in the 20th and 21st Centuries*, Bloomsbury,
    London, New Delhi, New York and Sydney,
    2018
Lee, Suzanne, *Fashioning the Future: Tomorrow's
    Wardrobe*, Thames & Hudson, London, 2005
Oakley Smith, Mitchell and Alison Kubler, *Art/
    Fashion in the 21st Century*, Thames & Hudson,
    London, 2013

设计师和品牌

Azzedine Alaïa

Assouline, Prosper, *Alaia: Livre de Collection*,
    Assouline, New York, 2018
Baudot, François, *Alaïa*, Thames & Hudson,
    London; Universe Publishing, New York, 1996

Hardy Amies

Amies, Hardy, *Just So Far*, Collins, London, 1954
—, *Still Here*, Weidenfeld & Nicolson, London,
    1984
Pick, Michael, *Hardy Amies*, ACC Editions,
    Suffolk, 2012

Giorgio Armani

Celant, Germano and Harold Koda, *Armani*, Royal
    Academy of Arts/The Solomon R Guggenheim
    Foundation, New York, 2003
Krens, Thomas et al., Giorgio Armani,
    Guggenheim Publications, New York, 2000
Martin, Richard and Harold Koda, *Giorgio
    Armani: Images of Man*, Rizzoli, New York,
    1990

Laura Ashley

Sebba, Anne, *Laura Ashley*, Weidenfeld &
    Nicolson, London, 1990

Cristóbal Balenciaga

Arzalluz, Miren, *Cristóbal Balenciaga: The Making
    of a Master*, V&A Publishing, London, 2011
Deslandres, Yvonne et al., *The World of
    Balenciaga*, exhibition catalogue,
Metropolitan Museum of Art, The Costume
    Institute, New York, 1973
Jouve, Marie-Andrée and Jacqueline Demornex,
    Balenciaga, Editions du Regard, Paris, 1988
Miller, Lesley Ellis, *Cristobal Balenciaga*,
    B. T. Batsford, London, 1993
—, *Balenciaga*, Victoria and Albert Museum
    Publications, London, 2007
Musée Historique des Tissus, *Hommage à
    Balenciaga*, exhibition catalogue, Lyons, 1985
Walker, Myra, *Balenciaga and his Legacy: Haute
    Couture from the Texas Fashion Collection*, Yale
    University Press, New Haven and London, 2006

Pierre Balmain

Balmain, Pierre, *My Years and Seasons*, Cassell,
    London, 1964
Musée de la Mode et du Costume de la Ville
    de Paris, Palais Galliéra, *Pierre Balmain:
    40 années de création*, exhibition catalogue,
    Paris, 1985
Salvy, Gérard-Julien, *Pierre Balmain*, Editions
    du Regard, Paris, 1996

John Bates

Lester, Richard, *John Bates: Fashion Designer*,
    Antique Collector's Club, London, 2008

Geoffrey Beene

Beene, Geoffrey, *Beene Unbound*, Fashion
    Institute of Technology and Geoffrey Beene
    Inc., New York, 1994
— et al., *Beene by Beene*, Vendome Press, New
    York, 2005
Cullerton, Brenda, *Geoffrey Beene: The Anatomy
    of his Work*, Abrams, New York, 1995

Biba

Hulanicki, Barbara, *From A to Biba*, Hutchinson,
    London, 1983
— and Martin Pel, *The Biba Years: 1963–1975*,
    V&A Publishing, London, 2014
Turner, Alwyn, *Biba: the Biba Experience*, Antique
    Collector's Club, Woodbridge, 2004

Manolo Blahnik

Blahnik, Manolo, *Fleeting Gestures and
    Obsessions*, Rizzoli, New York, 2015
Fisac, Christina Carrillo de Albornoz, *Manolo
    Blahnik: The Art of Shoes*, Rizzoli, New York,
    2017

Roberto Capucci

Bertelli, Carlo et al., *Roberto Capucci*, Editori
    Fabbri, Milan, 1990

Pierre Cardin

Langle, Elizabeth, *Pierre Cardin: Fifty Years of Fashion and Design*, Vendome Press, New York, 2005

Mendes, Valerie (ed.), *Pierre Cardin, Past, Present and Future*, Dirk Nishen, London, 1990

Oleg Cassini

Cassini, Oleg, *In My Own Fashion: An Autobiography*, Pocket, New York, 1987

—, *A Thousand Days of Magic: Dressing Jacqueline Kennedy for the White House*, Rizzoli, New York, 1995

Jean-Charles de Castelbajac

Castelbajac, Jean-Charles de et al., *J. C. de Castelbajac*, Michel Aveline, Paris, 1993

Coco Chanel

Baillen, C., *Chanel Solitaire*, Collins, London, 1973

Baudot, François, *Chanel*, Thames & Hudson, London; Universe Publishing, New York, 1996

Charles-Roux, Edmonde, *Chanel*, Jonathan Cape, London, 1976

—, *Chanel and Her World: Friends, Fashion, and Fame*, Weidenfeld & Nicolson, London, 1981; Vendome Press, New York, 2005

Edmonde, Charles-Roux, *Chanel and her World*, Weidenfeld & Nicolson, London, 1982

Fiemeyer, Isabelle, *Intimate Chanel*, Flammarion, Paris, 2011

Haedrich, Marcel, *Coco Chanel: Her Life, Her Secrets*, Robert Hale, London, 1972

Haye, Amy de la, *Chanel: Couture and Industry*, V&A Publishing, London, 2011

Leymarie, Jean, *Chanel*, Rizzoli, New York, 1987

Madsen, Axel, *Coco Chanel: A Biography*, Bloomsbury Publishing, London, 1990

Morand, Paul, *L'Allure de Chanel*, Hermann, Paris, 1976

Chloé

Ascoli, Marc and Sarah Mower, *Chloé: Attitudes*, Rizzoli, 2013

Comme des Garçons

Bolton, Andrew, *Rei Kawakubo/Comme des Garcons – Art of the In-Between*, Metropolitan Museum of Art, New York, 2017

Grand, France, *Comme des Garçons*, Thames & Hudson, London; Universe Publishing, New York, 1998

Kawakubo, Rei, *Comme des Garçons*, Chikuma Shobo, Tokyo, 1986

Shimizu, Sanae, *Comme des Garçons Unlimited*, Heibonsha, New York and Tokyo, 2005

Sudjic, Deyan, *Rei Kawakubo and Comme des Garçons*, Fourth Estate, London, 1990

André Courrèges

Guillaume, Valérie, *Courrèges*, Thames & Hudson, London; Universe Publishing, New York, 1998

Charles Creed

Creed, Charles, *Maid to Measure*, Jarrolds Publishing, London, 1961

Sonia Delaunay

Damase, Jacques, *Sonia Delaunay Fashion and Fabrics*, Thames & Hudson, London and New York, 1991

Christian Dior

Bordaz, Robert et al., *Hommage à Christian Dior 1947–1957*, exhibition catalogue, Musée des Arts et de la Mode, Paris, 1986

Chenoune, Farid, *Dior*, Assouline, New York, 2007

Dior, Christian, *Talking about Fashion to Elie Rabourdin and Alice Chavanne*, Hutchinson, London, 1954

—, *Dior by Dior*, Weidenfeld & Nicolson, London, 1957

Fury, Alexander and Adélia Sabatini, *Dior Catwalk: The Complete Collections*, Thames & Hudson, London, 2018

Giroud, Françoise, *Dior: Christian Dior 1905–1957*, Thames & Hudson, London, 1987

Graxotte, Pierre, *Christian Dior et moi*, Amiot Dumond, Paris, 1956

Keenan, Brigid, *Dior in Vogue*, Octopus Books, London, 1981

Martin, Richard and Harold Koda, *Christian Dior*, exhibition catalogue, Metropolitan Museum of Art, New York, 1996

Palmer, Alexandra, *Dior*, V&A Publishing, London, 2009

Dolce & Gabbana

Casadio, Mariuccia, *Dolce & Gabbana*, Thames & Hudson, London; Gingko Press, Corte Madera, Calif., 1998

Dolce & Gabbana et al., *10 Years of Dolce and Gabbana*, Abbeville Press, New York, 1996

Mower, Sarah, *20 Years of Dolce and Gabbana*, 5 Continents Editions, Milan, 2005

Perry Ellis

Moor, Jonathan, *Perry Ellis: A Biography*, St Martin's Press, New York, 1988

Jacques Fath
Guillaume, Valérie, *Jacques Fath*, Editions
    Paris-Musées, Paris, 1993

Louis Feraud
Baraquand, Michel et al., *Louis Feraud*, Office
    du Livre, Fribourg, 1985

Tom Ford
Foley, Bridget, *Tom Ford*, Rizzoli, New York, 2017

Mariano Fortuny
Deschodt, A. M., *Mariano Fortuny, un magicien de
    Venise*, Editions du Regard, Paris, 1979
Desvaux, Delphine, *Fortuny*, Thames & Hudson,
    London; Universe Publishing, New York, 1998
Kyoto Costume Institute, *Mariano Fortuny
    1871–1949*, exhibition catalogue, Kyoto,
    1985
Los Angeles County Museum, *A Remembrance
    of Mariano Fortuny, 1871–1949*, exhibition
    catalogue, Los Angeles, Calif., 1967
Musée Historique des Tissus, *Mariano Fortuny
    Venise*, exhibition catalogue, Lyons,
    1980
Osma, Guillermo de, *Fortuny, His Life and His
    Work*, Aurum Press, London, 1980

John Galliano
McDowell, Colin, *Galliano*, Weidenfeld &
    Nicolson, London, 1997
Taylor, Kerry, *Galliano: Spectacular Fashion*,
    Bloomsbury, London, New Delhi, New York
    and Sydney, 2020

Jean-Paul Gaultier
Chenoune, Farid, *Jean Paul Gaultier*, Thames &
    Hudson, London; Universe Publishing, New
    York, 1996

Rudi Gernreich
Moffitt, Peggy and William Claxton, *The Rudi
    Gernreich Book*, Rizzoli, New York, 1991

Bill Gibb
Webb, Iain R., *Fashion and Fantasy*, Victoria and
    Albert Museum Publications, London, 2008

Hubert de Givenchy
Join-Diéterle, Catherine, *Givenchy: 40 Years of
    Creation*, Editions Paris-Musées, 1991

Madame Grès
Martin, Richard and Harold Koda, *Madame Grès*,
    Metropolitan Museum of Art, New York, 1994

Mears, Patricia, *Madame Grès: Sphinx of Fashion*,
    Yale University Press, New Haven and
    London, 2008

Gucci
Giannini, Frida, *Gucci: The Making Of*, Rizzoli,
    New York, 2011
McKnight, Gerald, *Gucci: A House Divided*,
    Sidgwick and Jackson, London, 1987

Halston
Gaines, Steven, *Simply Halston: The Untold Story*,
    Penguin Putnam, New York, 1991
Mears, Patricia and Steven Bluttal, *Halston*,
    Phaidon, New York and London, 2011

Norman Hartnell
Hartnell, Norman, *Silver and Gold*, Evans Bros.,
    London, 1955
Museum of Costume, Bath, and Brighton
    Museum, *Norman Hartnell*, exhibition
    catalogue, Bath and Brighton, 1985
Pick, Michael, *Be Dazzled: Norman Hartnell, Sixty
    Years of Glamour and Fashion*, Pointed Leaf
    Press, New York, 2008

Elizabeth Hawes
Hawes, Elizabeth, *Radical by Design: The Life and
    Style of Elizabeth Hawes*, Dutton, New York, 1988

Charles James
Coleman, Elizabeth Ann, *The Genius of Charles
    James*, exhibition catalogue, Holt, Rinehart
    & Winston for the Brooklyn Museum, New
    York, 1982
Koda, Harold and Jan Glier Reeder, *Charles James:
    Beyond Fashion*, Metropolitan Museum of
    Art, New York, distributed by Yale University
    Press, New Haven and London, 2014
Long, Timothy A., *Charles James: Designer in
    Detail*, V&A Publishing, London, 2015
Martin, Richard, *Charles James*, Thames &
    Hudson, London, 1997

Stephen Jones
Bowles, Hamish, *Stephen Jones and the Accent of
    Fashion*, ACC Art Books, Woodbridge, 2010

Donna Karan
Sischy, Ingrid, *Donna Karan*, Thames & Hudson,
    London; Universe Publishing, New York, 1998

Kenzo
Davy, Ross, *Kenzo: A Tokyo Story*, Penguin,
    Harmondsworth, Middx, 1985

Calvin Klein

Gaines, Steven and Sharon Churcher, *Obsession: The Lives and Times of Calvin Klein*, Birch Lane Press, New York, 1994

Krizia

Vercelloni, Isa Tutino, *Krizia: Una storia*, Skira, Milan, 1995

Christian Lacroix

Baudot, François, *Christian Lacroix*, Thames & Hudson, London; Universe Publishing, New York, 1997

Lacroix, Christian, *Pieces of a Pattern: Lacroix by Lacroix*, Thames & Hudson, London and New York, 1997

Mauriès, Patrick, *Christian Lacroix: The Diary of a Collection*, Thames & Hudson, London, 1996

Karl Lagerfeld

Piaggi, Anna, *Karl Lagerfeld: A Fashion Journal*, Thames & Hudson, London and New York, 1986

Jeanne Lanvin

Barillé, Elisabeth, *Lanvin*, Thames & Hudson, London, 1997

Clark, Judith, *Lanvin Paris: Dialogues*, Fosun Foundation, Shanghai, 2019

Merceron, Dean and Alber Elbaz, *Lanvin*, Rizzoli, New York, 2007

Ralph Lauren

Canadeo, Anne and Richard G. Young (eds), *Ralph Lauren: Master of Fashion*, Garrett Editions, Oklahoma, 1992

Trachtenberg, J. A., *Ralph Lauren*, Little, Brown, Boston, Mass., 1988

Lucien Lelong

Demornex, Jacqueline, *Lucie Lelong*, Thames & Hudson, London, 2008

Lesage

Palmer White, Jack, *The Master Touch of Lesage*, Editions du Chêne, Paris, 1987

Christian Louboutin

Louboutin, Christian and Philippe Garcia, *Christian Louboutin*, Rizzoli, New York, 2016

Lucile

Etherington-Smith, Meredith and Jeremy Pilcher, *The IT Girls*, Hamish Hamilton, London, 1986

Gordon, Lady Duff, *Discretions and Indiscretions*, Jarrolds Publishing, London, 1932

Mendes, Valerie and Amy de la Haye, *Lucile: London, Paris, New York and Chicago 1890s–1930s*, Victoria and Albert Museum Publications, London, 2009

Maison Martin Margiela

Debo, Kaat, *Maison Martin Margiela*, ModeMuseum, Antwerp, 2008

Margiela, Martin, *Maison Martin Margiela*, Rizzoli, New York, 2009

Claire McCardell

Kohle, Yohannan, *Claire McCardell: Redefining Modernism*, Abrams, New York, 1998

Alexander McQueen

Bolton, Andrew, *Alexander McQueen: Savage Beauty*, Metropolitan Museum of Art, New York, 2014

Wilcox Claire (ed.), *Alexander McQueen*, V&A Publishing, London, 2015

Missoni

Casadio, Mariuccia, *Missoni*, Thames & Hudson, London; Gingko Press, Corte Madera, Calif., 1997

Vercelloni, Isa Tutino (ed.), *Missonologia*, Electa, Milan, 1994

Issey Miyake

Benaïm, Laurence, *Issey Miyake*, Thames & Hudson, London; Universe Publishing, New York, 1997

Holborn, Mark, *Issey Miyake*, Taschen, Cologne and Japan, 1995

— (introduction), *Irving Penn Regards the Work of Issey Miyake*, Jonathan Cape, London and Little Brown, Boston, 1999

Koike, Kazuko (ed.), *Issey Miyake: East Meets West*, Heibonsha, Tokyo, 1978

Miyake Design Studio, *Issey Miyake by Irving Penn*, Tokyo, 1989, 1990 and 1993–95

Franco Moschino

Casadio, Mariuccia, *Moschino*, Thames & Hudson, London; Gingko Press, Corte Madera, Calif., 1997

Moschino, Franco and Lida Castelli (eds), *X Anni di Kaos! 1983–1993*, Edizioni Lybra Immagine, Milan, 1993

Thierry Mugler

Baudot, François, *Thierry Mugler*, Thames & Hudson, London; Universe Publishing, New York, 1998

Mugler, Thierry, *Thierry Mugler: Fashion, Fetish and Fantasy*, Thames & Hudson, London; General Publishing Group, Santa Monica, Calif., 1998

Jean Muir

Leeds City Art Galleries, *Jean Muir*, exhibition catalogue, Leeds, 1980

Stemp, Stinty, *Jean Muir: Beyond Fashion*, Antique Collector's Club, Woodbridge, 2006

Bruce Oldfield

Oldfield, Bruce and Georgina Howell, *Bruce Oldfield's Seasons*, Pan Books, London, 1987

Rick Owens

Owens, Rick and Danielle Levitt, *Rick Owens Fashion*, Rizzoli, New York, 2019

Madame Paquin

Arizzoli-Clémentel, P. et al., *Paquin: une rétrospective de 60 ans de haute couture*, exhibition catalogue, Musée Historique des Tissus, Lyons, 1989

Jean Patou

Etherington-Smith, Meredith, *Patou*, Hutchinson, London, 1983

Polle, Emmanuelle, *Jean Patou: A Fashionable Life*, Flammarion, Paris, 2013

Paul Poiret

Baudot, François, *Paul Poiret*, Thames & Hudson, London, 1997

Deslandres, Yvonne, *Paul Poiret*, Thames & Hudson, London, 1987

Iribe, Paul, *Les Robes de Paul Poiret racontées par Paul Iribe*, Société Générale d'Impression, Paris, 1908

Koda, Harold and Andrew Bolton et al., *Poiret*, Yale University Press, New Haven and London, 2007

Musée de la Mode et du Costume de la Ville de Paris, Palais Galliéra, *Poiret et Nicole Groult*, exhibition catalogue, Paris, 1986

Musée Jacquemart-André, *Poiret le magnifique*, exhibition catalogue, Paris, 1974

Palmer White, Jack, *Paul Poiret*, Studio Vista, London, 1973

Poiret, Paul, *My First Fifty Years*, Victor Gollancz, London, 1931

Thea Porter

McLaws Helms, Laura and Venetia Porter, *Thea Porter: Bohemian Chic*, V&A Publishing, London, 2015

Porter, Venetia (ed.), *Thea Porter's Scrapbook*, Unicorn Press, Oxford, 2019

Prada

Frankel, Susannah, *Prada Catwalk: The Complete Collections*, Thames & Hudson, London, 2019

Prada, Miuccia and Patrizio Bertelli, *Prada*, Fondazione Prada, Milan, 2009

Emilio Pucci

Casadio, Mariuccia, *Pucci*, Thames & Hudson, London; Universe Publishing, New York, 1998

Kennedy, Shirley, *Pucci: A Renaissance in Fashion*, Abbeville Press, New York, 1991

Mary Quant

Lister, Jenny, *Mary Quant*, V&A Publishing, London, 2019

London Museum, *Mary Quant's London*, exhibition catalogue, London, 1973

Quant, Mary, *Quant by Quant*, Cassell, London, 1966

Paco Rabanne

Kamitsis, Lydia, *Paco Rabanne*, Editions Assouline, Paris, 1997

Oscar de la Renta

Mower, Sarah, *Oscar de la Renta*, Assouline, New York, 2002

Zandra Rhodes

Monsef, Gity, *Zandra Rhodes*, Antiques Collector's Club, Woodbridge, 2005

Rhodes, Zandra and Anne Knight, *The Art of Zandra Rhodes*, Jonathan Cape, London, 1984

Nina Ricci

Pochna, Marie-France, Anne Bony and Patricia Canino, *Nina Ricci*, Editions du Regard, Paris, 1992

Marcel Rochas

Mohrt, Françoise, *Marcel Rochas: 30 ans d'élégance et de créations*, Jacques Damase, Paris, 1983

Sonia Rykiel

Rykiel, Sonia, Madeleine Chapsal and Hélène Cixous, *Rykiel par Rykiel*, Editions Herscher, Paris, 1985

Saillard, Oliver (ed.), *Sonia Rykiel*, Rizzoli, New York, 2009

Yves Saint Laurent

Benaïm, Laurence, *Yves Saint Laurent*, Grasset Fasquelle, Paris, 1993

Bergé, Pierre, *Yves Saint Laurent*, Thames & Hudson, London; Universe Publishing, New York, 1997

—, *Yves Saint Laurent*, Assouline, New York, 2008

Duras, M., *Yves Saint Laurent: Images of Design 1958–1988*, Alfred A. Knopf, New York, 1988

Madsen, Axel, *Living for Design: The Yves Saint Laurent Story*, Delacorte Press, New York, 1979

Menkes, Suzy, *Yves Saint Laurent Catwalk: The Complete Haute Couture Collections 1962–2002*, Thames & Hudson, London, 2019

Musée des Arts et de la Mode, *Yves Saint Laurent*, exhibition catalogue, Paris, 1986

Rawsthorn, Alice, *Yves Saint Laurent: A Biography*, HarperCollins, London, 1996

Saint Laurent, Yves et al., *Yves Saint Laurent*, exhibition catalogue, Metropolitan Museum of Art, New York, 1983

Bellville Sassoon

Sassoon, David and Stemp Stinty, *The Glamour of Belleville Sassoon*, Antique Collector's Club, Woodbridge, 2008

Jean-Louis Scherrer

Savignon, Jeromine, *Jean-Louis Scherrer*, Assouline, New York, 2008

Elsa Schiaparelli

Baudot, François, *Elsa Schiaparelli*, Thames & Hudson, London; Universe Publishing, New York, 1997

Blum, Dilys, *Shocking! The Art and Life of Elsa Schiaparelli*, Philadelphia Museum of Art, 2004

Musée de la Mode et du Costume de la Ville de Paris, Palais Galliéra, *Hommage à Schiaparelli*, exhibition catalogue, Paris, 1984

Palmer White, Jack, *Elsa Schiaparelli*, Aurum Press, London, 1986

Schiaparelli, Elsa, *Shocking Life*, J. M. Dent, London, 1954

Simonetta

Caratozzolo, Vittoria Caterina, Judith Clark, Maria Luisa Frisa, *Simonetta: The First Lady of Fashion*, Marsilio, Venice, 2008

Paul Smith

Jones, Dylan, *Paul Smith True Brit*, Design Museum, London, 1996

Stephen Sprouse

Padilha, Roger and Mauricio, *The Stephen Sprouse Book*, Rizzoli, New York, 2009

Emanuel Ungaro

Guerritore, Margherita, *Ungaro*, Electa, Milan, 1992

Weill, Alain et al., *Ungaro*, Electa, Milan, 1992

Valentina

Yohannan, Kohle and Koda Harold, *Valentina: American Couture and the Cult of Celebrity*, Rizzoli, New York, 2009

Valentino

Garavani, Valentino, *Valentino: At the Emperor's Table*, Assouline, New York, 2014

Golbin, Pamela, *Valentino: Themes and Variations*, Rizzoli, New York, 2008

Morris, Bernadine, *Valentino*, Thames & Hudson, London; Universe Publishing, New York, 1996

Valentino et al., *Valentino: Trent'anni di Magia*, exhibition catalogue, Accademia Valentino, Bompiani, Milan, 1991

Valentino and Alastair O'Neill, *Valentino: Master of Couture: A Private View*, Rizzoli, New York, 2012

Dries van Noten

Bowles, Hamish, Pamela Golbin and Susannah Frankel, *Dries van Noten: Inspirations*, Lannoo Publishers, Belgium, 2014

Tucker, Andrew, *Dries van Noten: Deconstructing Fashion*, Watson-Guptill Publications, New York, 1999

Gianni Versace

Casadio, Mariuccia, *Gianni Versace*, Metropolitan Museum of Art and Abrams, New York, 1997

—, *Versace*, Thames & Hudson, London; Gingko Press, Corte Madera, Calif., 1998

Martin, Richard, *Versace*, Thames & Hudson, London; Universe Publishing/Vendome, New York, 1997

Versace, Gianni et al., *A Sense of the Future: Gianni Versace at the Victoria and Albert Museum*, Victoria and Albert Museum Publications, London, 1985

—, *Men without Ties*, Abbeville Press, New York, 1994

Versace, Gianni and Roy Strong, *Do Not Disturb*, Abbeville Press, New York, 1996

Viktor and Rolf

Evans, Caroline and Susannah Frankel, *The House of Viktor and Rolf*, Merrell in association with the Barbican Art Gallery, London, 2008

Madeleine Vionnet

Demornex, Jacqueline, *Madeleine Vionnet*, Thames & Hudson, London, 1991

Kamitsis, Lydia, *Vionnet*, Thames & Hudson, London; Universe Publishing, New York, 1996

Kirke, Betty, *Madeleine Vionnet*, Chronicle Books, New York, 1998

Musée Historique des Tissus, *Madeleine Vionnet – Les Années d'innovation 1919-1939*, exhibition catalogue, Lyons, 1994

Louis Vuitton

Leonforte, Pierre et al, *Louis Vuitton: The Birth of Modern Luxury*, Abrams, New York, 2012

Rytter, Louise, *Louis Vuitton Catwalk: The Complete Fashion Collections*, Thames & Hudson, London, 2018

Sebag-Montefiore, Hugh, *Kings on the Catwalk: The Louis Vuitton and Moët-Hennessy Affair*, Chapmans, London, 1992

Vivienne Westwood

Krell, Gene, *Vivienne Westwood*, Thames & Hudson, London; Universe Publishing, New York, 1997

Mulvagh, Jane, *Vivienne Westwood: An Unfashionable Life*, HarperCollins, London, 1998

Wilcox, Claire, *Vivienne Westwood*, Victoria and Albert Museum Publications, London, 2005

Worth

De Marly, Diana, *Worth, Father of Haute Couture*, Elm Tree Books, London, 1980

Haye, Amy de la and Valerie D. Mendes, *Worth: Portrait of an Archive*, V&A Publications, London, 2014

Trubert-Tollu, Chantal et al, *The House of Worth 1858-1954: The Birth of Haute Couture*, Thames & Hudson, London, 2017

Yohji Yamamoto

Baudot, François, *Yohji Yamamoto*, Thames & Hudson, London, 1997

Salazar, Ligaya (ed.), *Yohji Yamamoto*, V&A Publishing, London, 2011

Yuki

Etherington-Smith, Meredith, *Yuki*, Gnyuki Torimaru (published privately), London, 1998

Haye, Amy de la, *Yuki: 20 Years*, Victoria and Albert Museum Publications, London, 1992

字典、指南与期刊

Annual Journal, *Fashion Theory*, Berg, Oxford

Anthony, P. and J. Arnold, *Costume: A General Bibliography*, rev. ed., Costume Society, London, 1974

Baclawski, Karen, *The Guide to Historic Costume*, B.T. Batsford, London, 1995

Calasibetta, Charlotte Mankey and Phyllis G. Tortora, *The Fairchild's History of Fashion*, 3rd edn, Fairchild Publications, New York, 2003

Cassin-Scott, Jack, *The Illustrated Encyclopaedia of Costume and Fashion*, Studio Vista, London, 1994

Casteldi, A. and A. Mulassano, *The Who's Who of Italian Fashion*, G. Spinelli, Florence, 1979

Davies, Stephanie, *Costume Language: A Dictionary of Dress Terms*, Cressrelles, Malvern Hills, Herefordshire, 1994

Gavenas, Mary Lisa, *The Fairchild Encyclopaedia of Menswear*, Fairchild Books, New York, 2000

Ironside, Janey, *A Fashion Alphabet*, Michael Joseph, London, 1968

Journal of the Costume Society (UK), *Costume*

Journal of the Costume Society of America, *Dress*

Lambert, Eleanor, *World of Fashion: People, Places, Resources*, R. R. Bowker, New York, 1976

McDowell, Colin, *McDowell's Directory of Twentieth Century Fashion*, Frederick Muller, London, 1984

Martin, Richard (ed.), *The St. James Fashion Encyclopedia: A Survey of Style from 1945 to the Present*, Visible Ink Press, Detroit, New York, Toronto and London, 1997

Morris, Bernadine and Barbara Walz, *The Fashion Makers: An Inside Look at America's Leading Designers*, Random House, New York, 1978

O'Hara Callan, Georgina, *Dictionary of Fashion and Fashion Designers*, Thames & Hudson, London and New York, 1998

Picken, Mary Brooks, *The Fashion Dictionary*, Funk & Wagnalls Co., New York, 1939

— and D. L. Miller, *Dressmakers of France: The Who, How and Why of French Couture*, Harper and Bros., New York, 1956

Remaury, Bruno, *Dictionnaire de la mode au XXe Siècle*, Editions du Regard, Paris, 1994

Stegemeyer, Anne, *Who's Who in Fashion*, 4th edn, Fairchild Publications, New York, 2004

Thorne, Tony, *Fads, Fashion and Cults*, Bloomsbury Publishing, London, 1993

Tortora, Phyllis G., *The Fairchild Encyclopaedia of Fashion Accessories*, Fairchild Books, New York, 2003

— and Robert S. Merkel, *Fairchild's Dictionary of Textiles*, Fairchild Books, New York, 1996

Watkins, Josephine Ellis, *Who's Who in Fashion*, 2nd ed., Fairchild Publications, New York, 1975

Wilcox, R. Turner, *The Dictionary of Costume*, B. T. Batsford, London, 1970

传记和文化史

Adburgham, Alison, *A Punch History of Manners and Modes, 1841–1940*, Hutchinson, London, 1961

Asquith, Cynthia, *Remember and Be Glad*, James Barrie, London, 1952

Ballard, Bettina, *In My Fashion*, Secker & Warburg, 1960

Balsan, C. V., *The Glitter and the Gold*, Heinemann, London, 1954

Beaton, Cecil, *The Wandering Years. Diaries 1922–1939*, Weidenfeld & Nicolson, London, 1961

—, *The Years Between Diaries 1939–1944*, Weidenfeld & Nicolson, London, 1965

—, *The Happy Years. Diaries 1944–1948*, Weidenfeld & Nicolson, London, 1972

—, *The Strenuous Years. Diaries 1948–1955*, Weidenfeld & Nicolson, London, 1973

—, *The Restless Years. Diaries 1955–1963*, Weidenfeld & Nicolson, London, 1976

—, *The Parting Years. Diaries 1963–1974*, Weidenfeld & Nicolson, London, 1978

Beckett, J. and D. Cherry, *The Edwardian Era*, Phaidon and Barbican Art Gallery, London, 1987

Blass, Bill, *Bare Blass*, HarperCollins, New York, 2002

Bloom, Ursula, *The Elegant Edwardian*, Hutchinson, London, 1957

Buckley, V. C., *Good Times: At Home and Abroad Between the Wars*, Thames & Hudson, London, 1979

Campbell, Ethyle, *Can I Help You Madam?*, Cobden-Sanderson, London, 1938

Carter, Ernestine, *With Tongue in Chic*, Michael Joseph, London, 1974

Chase, Edna Woolman and Ilka, *Always in Vogue*, Victor Gollancz, London, 1954

Clephane, Irene, *Ourselves 1900–1939*, Allen Lane, London, 1933

Cooper, Diana, *The Rainbow Comes and Goes*, Rupert Hart-Davis, London, 1958

—, *The Light of Common Day*, Rupert Hart-Davis, London, 1959

—, *Trumpets from the Steep*, Rupert Hart-Davis, London, 1960

Doonan, Simon, *Confessions of a Window Dresser*, Viking Studio, New York, 1998

Elizabeth, Lady Decies, *Turn of the World*, Lippincott, New York, 1937

Ford, Tom, *Tom Ford*, Rizzoli, New York, 2008

Garland, Ailsa, *Lion's Share*, Michael Joseph, London, 1970

Garland, Madge, *The Indecisive Decade*, Macdonald, London, 1968

Graves, Robert, *The Long Weekend*, Faber and Faber, London, 1940

Hawes, Elizabeth, *Fashion Is Spinach*, Random House, New York, 1938

—, *Why Is a Dress?*, Viking Press, New York, 1942

—, *It's Still Spinach*, Little, Brown, Boston, Mass., 1954

Hopkins, T. et al., *Picture Post 1938–1950*, Penguin Books, Harmondsworth, Middx, 1970

Keppel, Sonia, *Edwardian Daughter*, Hamish Hamilton, London, 1958

Laver, James, *Edwardian Promenade*, Edward Hulton, London, 1958

—, *The Age of Optimism*, Weidenfeld & Nicolson, London, 1966

Littman, R. B. and D. O'Neil, *Life: The First Decade 1939–1945*, Thames & Hudson, London, 1980

Margaret, Duchess of Argyll, *Forget Not*, W. H. Allen, London, 1975

Margetson, Sheila, *The Long Party*, Saxon House, Farnborough, Hants, 1974

Marwick, Arthur, *The Home Front*, Thames & Hudson, London, 1976

—, *Women at War 1914–1918*, Fontana, London, 1977

Mirabella, Grace, *In and Out of Vogue: A Memoir*, Doubleday, New York, 1994

Newby, Eric, *Something Wholesale*, Secker & Warburg, London, 1962

Nicols, Beverley, *The Sweet and Twenties*, Weidenfeld & Nicolson, London, 1958

Oppenheimer, Jerry, *Front Row: Anna Wintour: The Cool Life and Hot Times of Vogue's Editor in Chief*, St Martins Press, New York, 2005

Penrose, Antony, *The Lives of Lee Miller*, Thames & Hudson, London and New York, 1985

Pringle, Margaret, *Dance Little Ladies: The Days of the Debutante*, Orbis Books, London, 1977

Rowland, Penelope, *Dash of Daring: Carmel Snow and her Life in Fashion, Art and Letters*, Atria Books, New York, 2005

Sackville-West, Vita, *The Edwardians*, Bodley Head, London, 1930

Seebohm, Caroline, *The Man Who Was Vogue: The Life and Times of Condé Nast*, Weidenfeld & Nicolson, London, 1982

Settle, Alison, *Clothes Line*, Methuen, London, 1937

Sinclair, Andrew, *The Last of the Best*, Weidenfeld & Nicolson, London, 1969

Snow, Carmel, *The World of Carmel Snow*, McGraw-Hill, New York, 1962

Spanier, Ginette, *It Isn't All Mink*, Collins, London, 1959

—, *And Now It's Sables*, Robert Hale, London, 1970

Sproule, Anna, *The Social Calendar*, Blandford Press, London, 1978

Stack, Prunella, *Zest for Life: Mary Bagot Stack and the League of Health and Beauty*, Peter Owen, London, 1988

Stanley, Louis T., *The London Season*, Hutchinson, London, 1955

Vickers, Hugo, *Gladys, Duchess of Marlborough*, Weidenfeld & Nicolson, London, 1979

—, *Cecil Beaton: The Authorized Biography*, Weidenfeld & Nicolson, London, 1986

Vreeland, Diana, *D. V.*, Alfred A. Knopf, New York, 1984

Westminster, Loelia, Duchess of, *Grace and Favour*, Weidenfeld & Nicolson, London, 1961

Withers, Audrey, *Lifespan*, Peter Owen, London, 1994

Yoxall, H. W., *A Fashion of Life*, Heinemann, London, 1966

时尚理论和时尚研究

Barnes, Ruth and Joanne Eicher (eds), *Dress and Gender: Making and Meaning*, Berg, New York, 1992

Barthes, Roland, *The Fashion System*, Jonathan Cape, London, 1985

Bell, Quentin, *On Human Finery*, Hogarth Press, London; Schocken Books, New York, 1976

Bergler, Edmund, *Fashion and the Unconscious*, Robert Brunner, New York, 1953

Binder, P., *Muffs and Morals*, Harrap, London, 1953

Black, Sandy et al (eds), *The Handbook of Fashion Studies*, Bloomsbury, London, New Delhi, New York and Sydney, 2013

Breward, Christopher, *The Culture of Fashion*, Manchester University Press, Manchester, 1995

Brydon, A. and S. Niessen, *Consuming Fashion*, Berg, New York, 1998

Craik, Jennifer, *The Face of Fashion: Cultural Studies in Fashion*, Routledge, London, 1994

Cunnington, C. Willet, *Why Women Wear Clothes*, Faber and Faber, London, 1941

Davis, Fred, *Fashion Culture and Identity*, University of Chicago Press, Chicago, Ill., 1992

Flügel, J. C., *The Psychology of Clothes*, Hogarth Press, London, 1930

Glynn, Prudence, *Skin to Skin: Eroticism in Dress*, Allen & Unwin, London, 1982

Hollander, Anne, *Seeing through Clothes*, University of California Press, Berkeley, Calif., 1978

—, *Sex and Suits*, Alfred A. Knopf, New York, 1994

Horn, Marilyn J., *The Second Skin: An Interdisciplinary Study of Clothing*, 2nd ed., Houghton Mifflin, Boston, Mass., 1975

Langner, L., *The Importance of Wearing Clothes*, Constable & Co., London, 1959

Laver, James, *Taste and Fashion*, Harrap, London, 1937

—, *How and Why Fashion in Men's and Women's Clothes Have Changed during the Past 200 Years*, John Murray, London, 1950

—, *Modesty in Dress*, Heinemann, London, 1969

Lipovetsky, Gilles, *The Empire of Fashion*, Princeton University Press, Princeton, N.J., 1994

Lurie, Alison, *The Language of Clothes*, Hamlyn, Middx, 1982

McDowell, Colin, *Dressed to Kill: Sex, Power and Clothes*, Hutchinson, London, 1992

Roach, Mary Ellen and Joanne B. Eicher, *Dress, Adornment and the Social Order*, John Wiley & Sons, New York, 1965

Rocamora, Agnès and Anneke Smelik, *Thinking Through Fashion: A Guide to Key Thinkers*, I. B. Taurus, London and New York, 2016

Rudofsky, Bernard, *The Unfashionable Human Body*, Doubleday, New York, 1947

Ryan, Mary S., *Clothing: A Study in Human Behaviour*, Holt, Rinehart & Winston, New York and London, 1966

Schefer, Doris, *What Is Beauty? New Definitions from the Fashion Vanguard*, Thames & Hudson, London; Universe Publishing, New York, 1997

Sproles, G. B., *Fashion: Consumer Behaviour towards Dress*, Burgess, Minneapolis, 1979

Steele, Valerie, *Fashion and Eroticism*, Oxford University Press, Oxford and New York, 1985

Veblen, Thorstein, *The Theory of the Leisure Class*, Macmillan and Co., New York, 1899

Warwick, A. and D. Cavallaro, *Fashioning the Frame*, Berg, New York, 1998

352

Wilson, Elizabeth, *Adorned in Dreams: Fashion and Modernity*, Virago, London, 1985

时尚插图

Barbier, George, *The Illustrations of George Barbier in Full Colour*, Dover Publications, New York, 1977

Barnes, Colin, *Fashion Illustration*, Macdonald Orbis, London, 1988

Blahnik, Manolo *et al.*, *Manolo Blahnik Drawings*, Thames & Hudson, London and New York, 2003

Bryant, Michele Wesen, *WWD Illustrated 1960s–1990s*, Fairchild Books, New York, 2004

Bure, Gilles de, *Gruau*, Editions Herscher, Paris, 1989

Calahan, April and Cassidy Zachary, *Fashion and the Art of Pochoir: The Golden Age of Illustration in Paris*, Thames & Hudson, London, 2015

Caranicas, Paul, *Antonio's People*, Thames & Hudson, London and New York, 2004

Doonan, Simon, *Andy Warhol Fashion*, Chronicle Books, San Francisco, 2004

Drake, Nicholas, *Fashion Illustration Today*, Thames & Hudson, London and New York, 1987

Gaudriault, R., *La Gravure de mode féminine en France*, Editions Amateur, Paris, 1983

Ginsburg, Madeleine, *An Introduction to Fashion Illustration*, Warmington Compton Press, London, 1980

Grafton, Carol Belanger (ed.), *French Fashion Illustrations of the Twenties*, Dover Publications, New York, 1987

Hodgkin, Eliot, *Fashion Drawing*, Chapman and Hall, London, 1932

Marshall, Francis, *London West*, The Studio, London and New York, 1944

—, *An Englishman in New York*, G. B. Publications, Margate, Kent, 1949

—, *Fashion Drawing*, Studio Publications, 2nd ed., London, 1955

McDowell, Colin and Holly Brubach, *Drawing Fashion: A Century of Fashion Illustration*, Prestel, Munich, New York and London, 2010

Packer, William, *The Art of Vogue Covers*, Octopus Books, New York, 1980

—, *Fashion Drawing in Vogue*, Thames & Hudson, London and New York, 1983

Ramos, Juan, *Antonio: Three Decades of Fashion Illustration*, Thames & Hudson, London, 1995

Ridley, Pauline, *Fashion Illustration*, Academy Editions, London, 1979

Robinson, Julian and Gracie Calvey, *The Fine Art of Fashion Illustration*, Frances Lincoln, London, 2015

Sloane, E., *Illustrating Fashion*, Harper and Row, London and New York, 1977

Vertès, Marcel, *Art and Fashion*, Studio Vista, London, 1944

时尚照片

Aubenas, Sylvie and Demange Xavier, *Elegance: The Seeberger Brothers and the Birth of Fashion Photography, 1909–1939*, Chronicle Books, San Francisco, 2007

Avedon, Richard, *Avedon Photographs 1947–1977*, Thames & Hudson, London, 1978

—, *Woman in the Mirror 1945–2004*, Abrams, New York, 2005

Beaton, Cecil, *The Book of Beauty*, Gerald Duckworth & Co., London, 1930

Beaupré, Marion de (ed.), *Archeology of Elegance, 1980–2000: 20 Years of Fashion Photography*, Thames & Hudson, London, 2002

Blanks, Tim and Paul Sloman, *New Fashion Photography*, Prestel, Munich, New York and London, 2013

Dars, Celestine, *A Fashion Parade: The Seeberger Collection*, Blond & Briggs, London, 1978

Demarchelier, Patrick, *Fashion Photography*, Little, Brown, Boston, Mass., 1989

Derrick, Robin and Robin Muir, *Unseen Vogue: the Secret History of Fashion Photography*, Little, Brown, London, 2002

—, *Vogue Covers*, Little, Brown, London, 2007

Devlin, Polly, *Vogue Book of Fashion Photography*, Thames & Hudson, London; William Morrow & Co., New York, 1979

Ewing, William A., *The Photographic Art of Hoyningen-Huene*, Thames & Hudson, London; Rizzoli, New York, 1986

—, and Brandow Todd, *Edward Steichen: In High Fashion, The Condé Nast Years, 1923–1937*, WW Norton & Co, New York, 2008

Farber, Robert, *The Fashion Photographer*, Watson-Guptill, New York, 1981

Foresta, Merry A., *Irving Penn: Beyond Beauty*, Yale University Press, New Haven and London, 2016

Gernsheim, A., *Fashion and Reality 1840–1914*, Faber and Faber, London, 1963

Hall-Duncan, Nancy, *The History of Fashion Photography*, Alpin Book Company, New York, 1979

Harrison, Martin, *Shots of Style*, exhibition catalogue, Victoria and Albert Museum Publications, London, 1985

—, *Appearances: Fashion Photography since 1945*, Jonathan Cape, London, 1991

—, *David Bailey / Archive One*, Thames & Hudson, London; Penguin Putnam, New York, 1999

Keaney, Magdalene and Eleanor Weber, *Fashion Photography Next*, Thames & Hudson, London, 2014

Klein, William, *In and Out of Fashion*, Jonathan Cape, London, 1994

Knight, Nick, *Nick Knight*, Harper Design, Yorkshire, 2009

Lang, Jack, *Thierry Mugler: Photographer*, Thames & Hudson, London, 1988

Lichfield, Patrick, *The Most Beautiful Women*, Elm Tree Books, London, 1981

Lloyd, Valerie, *The Art of Vogue Photographic Covers*, Octopus Books, London, 1986

Mendes, Valerie (ed.), *John French Fashion Photographer*, exhibition catalogue, Victoria and Albert Museum Publications, London, 1984

Muir, Robin, *Clifford Coffin: Photographs from Vogue, 1945 to 1955*, Stewart, Tabori and Chang, New York, 1997

—, *Norman Parkinson: Photographs in Fashion*, Trafalgar Square Books, North Pomfret, Vermont, 2004

Nickerson, Camilla and Neville Wakefield, *Fashion Photography of the 90s*, Scalo, Berlin, 1997

Parkinson, Norman, *Sisters under the Skin*, Quartet Books, London, 1978

Penn, Irving, *Passages*, Alfred A. Knopf/Callaway, New York, 1991

Pepper, Terence, *Photographs by Norman Parkinson*, Gordon Fraser, London, 1981

—, *High Society Photographs 1897–1914*, National Portrait Gallery Publications, London, 1998

Roley, K. and C. Aish, *Fashion in Photographs 1900–1920*, B. T. Batsford, London, 1992

Ross, Josephine, *Beaton in Vogue*, Thames & Hudson, London; Potter, New York, 1986

Walker, Tim, *Tim Walker: Story Teller*, Thames & Hudson, London 2012

时尚电影

Beaton, Cecil, *Cecil Beaton's Fair Lady*, Weidenfeld & Nicolson, London, 1964

Chierichatti, David, *Hollywood Costume Design*, Studio Vista, London, 1976

Esquevin, Christian, *Adrian: Silver Screen to Custom Label*, Monacelli Press, New York, 2008

Gaines, Jane and Charlotte Herzog (eds), *Fabrications: Costume and the Female Body*, Routledge, London, 1990

Gilligan, Sarah, *Fashion & Film: Gender, Costume and Stardom in Contemporary Cinema*, Bloomsbury, London, New Delhi, New York and Sydney, 2019

Greer, Howard, *Designing Male*, Putnams, New York, 1949

Head, Edith and J. K. Ardmore, *The Dress Doctor*, Little, Brown, Boston, Mass., 1959

Kobal, John (ed.), *Hollywood Glamor Portraits*, Dover Publications, New York, 1976

La Vine, W. R., *In a Glamorous Fashion*, Allen & Unwin, London, 1981

Leese, Elizabeth, *Costume Design in the Movies*, BCW Publishing, Isle of Wight, 1976

McConathey, Dale and Diana Vreeland, *Hollywood Costume: Glamour! Glitter! Romance!*, Abrams, New York, 1976

Maeder, E. (ed.), *Hollywood and History: Costume Design in Film*, Thames & Hudson, London; Los Angeles County Museum of Art, Los Angeles, Calif., 1987

Metropolitan Museum of Art, Costume Institute, *Romantic and Glamorous Hollywood Design*, exhibition catalogue, New York, 1974

Munich, Adrienne, *Fashion in Film*, Indiana University Press, Indiana, 2011

Sharaff, Irene, *Broadway and Hollywood: Costumes Designed by Irene Sharaff*, Van Nostrand Reinhold, New York, 1976

Whitworth Art Gallery, *Hollywood Film Costume*, exhibition catalogue, Manchester, 1977

杂志

Braithwaite, B. and J. Barrell, *The Business of Women's Magazines*, Associated Business Press, London, 1979

Ferguson, M., *Forever Feminine: Women's Magazines and the Cult of Femininity*, Gower Publishing, Aldershot, Hants, 1986

Gibbs, David (ed.), *Nova 1965–1975*, Pavilion Books, London, 1993

Kelly, Katie, *The Wonderful World of Women's Wear Daily*, Saturday Review Press, New York, 1972

Millum, T., *Images of Woman*, Chatto & Windus, London, 1975

Mohrt, Françoise, *25 Ans de Marie-Claire, de 1954 à 1979*, Marie-Claire, Paris, 1979

Piaggi, Anna, *Anna Piaggi's Fashion Algebra*, Thames & Hudson, London and New York, 1998

White, Cynthia, *Women's Magazines 1693–1968*, Michael Joseph, London, 1970

Winship, L. W., *Inside Women's Magazines*, Pandora Press, London, 1987

Woodward, H., *The Lady Persuaders*, Ivan Obolensky, New York, 1960

模特儿、明星和男人

Beckham, Victoria, *Victoria Beckham: That Extra Half an Inch*, Michael Joseph, London, 2006

Bowles, Hamish et al., *Jacqueline Kennedy: The White House Years*, Bulfinch Press, New York, 2001

Castle, C., *Model Girl*, David and Charles, Newton Abbott, Devon, 1976

Church Gibson, Pamela, *Fashion and Celebrity Culture*, Bloomsbury, London, New Delhi, New York and Sydney, 2012

Clayton, Lucie, *The World of Modelling*, Harrap, London, 1968

Cosgrave, Bronwyn, *Made for Each Other: Fashion and the Academy Awards*, Bloomsbury, New York, 2006

Dawnay, Jean, *Model Girl*, Weidenfeld & Nicolson, London, 1956

Fox, Patty, *Star Style: Hollywood Legends and Fashion Icons*, revised, updated edition, Angel City, Santa Monica, 1999

Freddy, *Flying Mannequin: Memoirs of a Star Model*, Hurst & Blackett, London, 1958

Graziani, Bettina, *Bettina by Bettina*, Michael Joseph, London, 1963

Gross, Michael, *Model: The Ugly Business of Beautiful Women*, William Morrow & Co., New York, 1995

Helvin, Marie, *Catwalk: The Art of Model Style*, Michael Joseph, London, 1985

Jones, Lesley-Ann, *Naomi: The Rise and Rise of the Girl from Nowhere*, Vermilion, London, 1993

Keenan, Brigid, *The Women We Wanted to Look Like*, Macmillan, London, 1977

Kenore, Carolyn, *Mannequin: My Life as a Model*, Bartholomew, New York, 1969

Keysin, Odette, *Presidente Lucky, Mannequin de Paris*, Librairie Artheme Fayard, Paris, 1961

Koda, Harold and Kohle Yohannan, *Model as Muse: Embodying Fashion*, Yale University Press, New Haven and London, 2009

Lehndorff, Vera, *Verushka*, Assouline, New York, 2008

Liaut, Jean-Noël, *Modèles et mannequins 1945–1965*, Filipacchi, Paris, 1994

Marshall, Cherry, *Fashion Modelling as a Career*, Arthur Barker, London, 1957

—, *The Catwalk*, Hutchinson, London, 1978

Menkes, Suzy, *How to Be a Model*, Sphere Books, London, 1969

Moncur, Susan, *They Still Shoot Models My Age*, Serpent's Tail, London, 1991

Mounia and D. Dubois-Jallais, *Princesse Mounia*, Editions Robert Laffont, Paris, 1987

Norwood, Mandi, *Michelle Style: Celebrating the First Lady of Fashion*, HarperCollins, New York, 2009

Praline, *Mannequin de Paris*, Editions du Seuil, Paris, 1951

Schoeller, Guy, *Bettina*, Thames & Hudson, London; Universe Publishing, New York, 1997

Shrimpton, Jean, *The Truth about Modelling*, W. H. Allen, London, 1964

—, *An Autobiography*, Ebury Press, London, 1990

Sims, Naomi, *How to Be a Top Model*, Doubleday, New York, 1989

Thurlow, Valerie, *Model in Paris*, Robert Hale, London, 1975

Trapper, Frank, *Red Carpet: 20 Years of Fame and Fashion*, Welcome Books, 2008

Twiggy, *Twiggy: An Autobiography*, Hart-Davis MacGibbon, London, 1975

Wayne, George, *Male Supermodels: The Men of Boss Models*, Thames & Hudson, London, Boss Models Inc., New York, 1996

Zilkha, Bettina, *Ultimate Style: the Best of the Best Dressed List*, Assouline, New York, 2004

男装

Amies, Hardy, *An ABC of Men's Fashion*, Newnes, London, 1964

Bennett-England, Rodney, *Dress Optional*, Peter Owen, London, 1967

Binder, Pearl, *The Peacock's Tail*, Harrap, London, 1958

Bolton, Andrew, *Bravehearts: Men in Skirts*, Abrams, New York, 2003

Brockhurst, H. E. et al., *British Factory Production of Men's Clothes*, George Reynolds, London, 1950

Buzzaccarini, Bittoria de, *Men's Coats*, Zanfi Editori, Modena, 1994

Byrde, Penelope, *The Male Image: Men's Fashion in Britain, 1300–1970*, B. T. Batsford, London, 1979

Chenoune, Farid, *A History of Men's Fashion*, Editions Flammarion, Paris, 1993

—, *Brioni*, Editions Assouline, Paris, 1998

Cicolini, Alice, *The New English Dandy*, Assouline, New York, 2005

Cohn, Nik, *Today There Are No Gentlemen*, Weidenfeld & Nicolson, London, 1971

Cole, Shaun, *Don We Now our Gay Apparel*, Berg, Oxford, 2000

Constantino, Maria, *Men's Fashion in the Twentieth Century*, B. T. Batsford, London, 1997

Cooke, John William, *Brooks Brothers: Generations of Style: It's All About the Clothing*, Brooks Brothers Inc., New York, 2003

Corbin, H., *The Men's Clothing Industry: Colonial through Modern Times*, Fairchild Publications, New York, 1970

Davies, Hywel, *Modern Menswear*, Laurence King Publishing, London, 2008

De Marly, Diane, *Fashion for Men: An Illustrated History*, B. T. Batsford, London, 1985

Edwards, Tim, *Men in the Mirror*, Cassell, London, 1997

Farren, Mick, *The Black Leather Jacket*, Plexus Publishing, London, 1985

Giorgetti, Cristina, *Brioni: Fifty Years of Style*, Octavo, Florence, 1995

Martin, Richard and Harold Koda, *Jocks and Nerds: Men's Style in the Twentieth Century*, Rizzoli, New York, 1989

McCauley Bowstead, Jay, *Menswear Revolution: The Transformation of Contemporary Menswear*, Bloomsbury, London, New Delhi, New York and Sydney, 2018

McDowell, Colin, *The Man of Fashion: Peacock Males and Perfect Gentlemen*, Thames & Hudson, London and New York, 1997

Ritchie, Berry, *A Touch of Class: The Story of Austin Reed*, James & James, London, 1990

Schoeffler, O. and Gale William, *Esquire's Encyclopaedia of 20th Century Men's Fashions*, McGraw-Hill, New York, 1973

Taylor, John, *It's a Small, Medium, Outsize World*, Hugh Evelyn, London, 1966

Wainwright, David, *The British Tradition: Simpson – A World of Style*, Quiller Press, London, 1996

Walker, Richard, *The Savile Row Story: An Illustrated History*, Prion, London, 1988

博物馆、时装模特儿和展览

Brooks, Mary M. and Dinah D. Eastop, *Refashioning and Redress: Conserving and Displaying Dress*, Getty Conservation Institute, Los Angeles, 2016

Clark, Judith and Amy de la Haye with Jeffrey Horsley, *Exhibiting Fashion: Before and After 1971*, Yale University Press, New Haven and London, 2014

Flecker, Lara, *A Practical Guide to Costume Mounting*, Butterworth-Heinemann, Oxford, 2007

Kim, Alexandra and Ingrid E. Mida, *The Dress Detective: A Practical Guide to Object-Based Research*, Bloomsbury, London, New Delhi, New York and Sydney, 2015

Munro, Jane, *Silent Partners: Artist and Mannequin from Function to Fetish*, Fitzwilliam Museum, Cambridge, Yale University Press, New Haven and London, 2014

Petrov, Julia, *Fashion, History, Museums*, Bloomsbury, London, New Delhi, New York and Sydney, 2019

Riegels Melchior, Marie and Birgitta Svensson (eds), *Fashion and Museums: Theory and Practice*, Bloomsbury, London, New Delhi, New York and Sydney, 2014

Sandberg, Mark B., *Living Pictures, Missing Persons: Mannequins, Museums and Modernity*, Princeton University Press, Princeton and Oxford, 2003

Steele, Valerie and Colleen Hill, *Exhibitionism: 50 Years of the Museum at FIT*, Skira, Milan, 2018

Takeda, Sharon Sadako et al., *Reigning Men: Fashion in Menswear 1715–2015*, Prestel, Munich, New York and London, 2016

街头文化、流行文化与亚文化风格

Aoki, Shoichi, *Fruits*, Phaidon Press, London and New York, 2001

—, *Fresh Fruits*, Phaidon Press, London and New York, 2005

Barnes, Richard, *Mods*, Eel Pie Publishing, London, 1979

Burton, Roger K., *Rebel Threads: Clothing of the Bad, Beautiful and Misunderstood*, The Horse Hospital in association with Laurence King Publishing, London, 2017

Cohen, S., *Folk Devils and Moral Panics: The Creation of the Mods and Rockers*, MacGibbon & Kee, London, 1972

Dingwall, Cathie and Amy de la Haye, *Surfers, Soulies, Skinheads and Skaters*, Victoria and Albert Museum Publications, London, 1996

Godoy, Tiffany, *Style Deficient Disorder: Harajuku Street Fashion Tokyo*, Chronicle Books, San Francisco, 2007

Hall, Stuart and Tony Jefferson, *Resistance through Rituals*, Routledge, London, 1990

Hebdige, Dick, *Subculture: The Meaning of Style*, Methuen, London, 1979

Hennessy, Val, *In the Gutter*, Quartet Books, London, 1978

Kingswell, Tamsin, *Red or Dead: The Good, The Bad and the Ugly*, Thames & Hudson, London; Watson-Guptill, New York, 1998

Knight, Nick, *Skinhead*, Omnibus Press, London and New York, 1982

Lida, Akio and Ian Luna, *A Bathing Ape*, Rizzoli, New York, 2008

Macies, Patrick and Izumi Evers, *Japanese School Girl Inferno: Tokyo Teen Fashion Subculture*

Handbook, Chronicle Books, San Francisco, 2007

McDermott, Catherine, *Street Style*, Design Council, London, 1987

McLellan, Alasdair, *The Palace*, Idea Books, London, 2016

Polhemus, Ted, *Street Style*, Thames & Hudson, London and New York, 1994

—, *Style Surfing: What to Wear in the Third Millennium*, Thames & Hudson, London and New York, 1996

—, *Diesel: World Wide Wear*, Thames & Hudson, London; Watson-Guptill, New York, 1998

— and Lynn Proctor, *Pop Styles*, Hutchinson, London, 1984

Rubchinskiy, Gosha, *Gosha Rubchinskiy: Youth Hotel*, Idea Books with Dover Street Market, London, 2015

Savage, Jon, *England's Dreaming: Sex Pistols and Punk Rock*, Faber and Faber, London, 1991

Stuart, Johnny, *Rockers*, Plexus Publishing, London, 1987

Yoshinaga, Masayuki, *Gothic and Lolita*, Phaidon Press, London and New York, 2007

运动装

Colmer, M., *Bathing Beauties: The Amazing History of Female Swimwear*, Sphere Books, London, 1977

Fashion Institute of Technology, *All American: A Sportswear Tradition*, exhibition catalogue, New York, 1985

Gaston-Breton, Tristan, *The René Lacoste Style*, L'Équipe, Issy-les-Moulineaux, 2008

Lee-Potter, Charlie, *Sportswear in Vogue since 1910*, Thames & Hudson, London; Abbeville Press, New York, 1984

Probert, Christina, *Swimwear in Vogue since 1910*, Thames & Hudson, London; Abbeville Press, New York, 1981

Reuters: Sport in the 21st Century, Thames & Hudson, London and New York, 2007

Salazar, Ligaya, *Fashion v Sport*, Victoria and Albert Museum Publications, London, 2008

Silmon, Pedro, *The Bikini*, Virgin Publishing, London, 1986

Tinling, Teddy, *White Ladies*, Stanley Paul, London, 1963

—, *Sixty Years in Tennis*, Sidgwick and Jackson, London, 1983

皇室服装

Blanchard, T. and T. Graham, *Dressing Diana*, Weidenfeld & Nicolson, London, 1998

Christies, *Dresses from the Collection of Diana, Princess of Wales*, auction catalogue, New York, June 1997

Edwards, A. and Robb, *The Queen's Clothes*, Rainbird Publishing Group, London, 1977

Hartnell, Norman, *Royal Courts of Fashion*, Cassell, London and New York, 1971

Howell, Georgina, *Diana: Her Life in Fashion*, Pavilion Books, London, 1998

McDowell, Colin, *A Hundred Years of Royal Style*, Muller, Blond & White, London, 1985

Menkes, Suzy, *The Royal Jewels*, Grafton, London, 1986

—, *The Windsor Style*, Grafton, London, 1987

Owen, J., *Diana Princess of Wales: The Book of Fashion*, Colour Library Books, Guildford, Surrey, 1983

Strasdin, Kate, *Inside the Royal Wardrobe: A Dress History of Queen Alexandra*, Bloomsbury, London, New Delhi, New York and Sydney, 2017

内衣

Carter, Alison, *Underwear: The Fashion History*, B. T. Batsford, London, 1992

Chenoune, Farid, *Beneath it All: A Century of French Lingerie*, Rizzoli, New York, 1999

Cunnington, C. Willet and Phyllis, *The History of Underclothes*, Michael Joseph, London, 1951

Ewing, Elizabeth, *Dress and Undress: A History of Women's Underwear*, B. T. Batsford, London; Drama Book Specialists, New York, 1978

Koike, Kazuko et al., *The Undercover Story*, New York Fashion Institute of Technology and the Costume Institute, Tokyo, exhibition catalogue, New York and Tokyo, 1982

Martin, Richard and Harold Koda, *Infra-Apparel*, Metropolitan Museum of Art, New York, 1993

Morel, Juliette, *Lingerie Parisienne*, Academy Editions, London, 1976

Musée de la Mode et du Costume de la Ville de Paris, Palais Galliéra, *Secrets d'élégance 1750–1950*, exhibition catalogue, Paris, 1978

Page, C., *Foundations of Fashion: The Symington Collection*, Leicestershire Museum, Leicestershire, 1981

Probert, Christina, *Lingerie in Vogue since 1910*, Thames & Hudson, London; Abbeville Press, New York, 1981

Saint-Laurent, Cecil, *The History of Ladies' Underwear*, Michael Joseph, London, 1968

Waugh, Norah, *Corsets and Crinolines*, B. T. Batsford, London, 1954

配饰

Amphlett, H., *Hats*, Richard Sadler, London, 1974

Aucouturier, Marie-Claire, *Longchamp*, Abrams, New York, 2009

Baynes, Ken and Kate, *The Shoe Show: British Shoes since 1790*, The Crafts Council, London, 1979

Bliss, Simon, *Jewellery in the Age of Modernism 1918–1940*, Bloomsbury, London, New Delhi, New York and Sydney, 2019

Boman, Eric, *Blahník by Boman: Shoes, Photographs, Conversation*, Chronicle Books, San Francisco, 2005

Buchet, Martine, *Panama: a Legendary Hat*, Assouline, New York, 2004

Centre Sigma Laine, *Souliers par Roger Vivier*, exhibition catalogue, Bordeaux, 1980

Chaille, François, *The Book of Ties*, Editions Flammarion, Paris, 1994

Chenoune, Farid, *Carried Away: All about Bags*, Vendome Press, New York, 2005

Clark, Fiona, *Hats*, B. T. Batsford, London, 1982

Clark, Judith, *Handbags: The Making of a Museum*, Yale University Press, New Haven and London, 2012

Corson, R., *Fashions in Eyeglasses from the 14th Century to the Present Day*, Peter Owen, London, 1967

Cumming, Valerie, *Gloves*, B. T. Batsford, London, 1982

Daché, Lilly, *Talking through My Hats*, John Gifford, London, 1946

Doe, Tamasin, *Patrick Cox: Wit, Irony and Footwear*, Thames & Hudson, London; Watson-Guptill, New York, 1998

Double, W. C., *Design and Construction of Handbags*, Oxford University Press, London, 1960

Doughty, Robin, *Feather Fashions and Bird Preservation*, University of California Press, Berkeley, Calif., 1975

Eckstein, E. and J. Firkins, *Hat Pins*, Shire Album 286, Shire Publications, Princes Risborough, Bucks, 1992

Epstein, Diana, *Buttons*, Studio Vista, London, 1968

Farrell, Jeremy, *Umbrellas and Parasols*, B. T. Batsford, London, 1986

—, *Socks and Stockings*, B. T. Batsford, London, 1992

Ferragamo, Salvatore, *Shoemaker of Dreams: The Autobiography of Salvatore Ferragamo*, Harrap, London, 1957

Foster, Vanda, *Bags and Purses*, B. T. Batsford, London, 1982

Friedel, Robert, *Zipper: An Exploration in Novelty*, W. W. Norton & Co., New York, 1994

Ginsburg, Madeleine, *The Hat: Trends and Traditions*, Studio Editions, London, 1990

Gordon, John and Alice Hiller, *The T-shirt Book*, Ebury Press, London, 1988

Grass, Milton E., *History of Hosiery*, Fairchild Publications, New York, 1955

Houart, Victor, *Buttons: A Collector's Guide*, Souvenir Press, London, 1977

Luscomb, S. C., *The Collector's Encyclopaedia of Buttons*, Crown, New York, 1968

McDowell, Colin, *Hats: Status, Style and Glamour*, Thames & Hudson, London and New York, 1997

Mazza, Samuel, *Scarparentola*, Idea Books, Milan, 1993

Mercié, Marie, *Voyages autour d'un chapeau*, Editions Ramsay/de Cortanze, 1990

Mower, Sarah and Lloyd Doug, *Gucci by Gucci: 85 Years of Gucci*, Vendome Press, New York, 2006

Peacock, Primrose, *Buttons for the Collector*, David and Charles, Newton Abbott, Devon, 1972

Pratts Price, Candy (ed.), *American Accessories*, Assouline, New York, 2008

Probert, Christina, *Hats in Vogue since 1910*, Thames & Hudson, London; Abbeville Press, New York, 1981

—, *Shoes in Vogue since 1910*, Thames & Hudson, London; Abbeville Press, New York, 1981

Provoyeur, Pierre, *Roger Vivier*, Editions du Regard, Paris, 1991

Rennolds Millbank, Caroline, *Couture Accessory*, Abrams, New York, 2002

Ricci, Stefania et al., *Salvatore Ferragamo: The Art of the Shoe 1898–1960*, Rizzoli, New York, 1992

Richter, Madame Eve, *ABC of Millinery*, Skeffington and Son, London, 1950

Sims, Josh, *The Details: Iconic Men's Accessories*, Laurence King Publishing, London, 2015

Smith, A. L. and K. Kent, *The Complete Button Book*, Doubleday, New York, 1949

Solomon, Michael, *Chic Simple: Spectacles*, Thames & Hudson, London; Alfred A. Knopf, New York, 1994

Swann, June, *Shoes*, B. T. Batsford, London, 1982

Thaarup, Aage, *Heads and Tales*, Cassell, London, 1956

— and D. Shackell, *How to Make a Hat*, Cassell, London, 1957

Trasko, Mary, *Heavenly Soles*, Abbeville Press, New York, 1989

Wilcox, Claire, *A Century of Style: Bags*, Quarto, London, 1998

Wilcox, R. Turner, *The Mode in Hats and Headdresses*, Charles Scribner's Sons, New York and London, 1959

Wilson, Eunice, *A History of Shoe Fashions*, Pitman, New York, 1969

Yusuf, Nilgin, *Georgina von Etzdorf: Sensuality, Art and Fabric*, Thames & Hudson, London; Watson-Guptill, New York, 1998

发型与化妆品

Angelouglou, M., *A History of Make-up*, Studio Vista, London, 1970

Antoine, *Antoine by Antoine*, W. H. Allen, London, 1946

Banner, L. W., *American Beauty*, Alfred A. Knopf, New York, 1983

Castelbajac, Kate de, *The Face of the Century: 100 Years of Make-up and Style*, Thames & Hudson, London and New York, 1995

Chorlton, Penny, *Cover-up: Taking the Lid off the Cosmetics Industry*, Grapevine, Wellingborough, Northants, 1988

Clark, Jessica P., *The Business of Beauty: Gender and the Body in Modern London*, Bloomsbury, London, New Delhi, New York and Sydney, 2020

Cooper, Wendy, *Hair*, Aldus Editorial, Mexico, 1971

Corson, R., *Fashions in Hair*, Peter Owen, London, 1965

—, *Fashions in Make-up from Ancient to Modern Times*, Peter Owen, London, 1972

Cox, Caroline and Lee Widdows, *Hair & Fashion*, V&A Publishing, London, 2005

Cox, J. Stevens, *An Illustrated Dictionary of Hairdressing and Wig-making*, Hairdressers Technical Council, London, 1966

Garland, Madge, *The Changing Face of Beauty*, Weidenfeld & Nicolson, London, 1957

Ginsberg, Steve, *Reeking Havoc*, Warner Books, New York, 1989

Graves, Charles, *Devotion to Beauty: The Antoine Story*, Jarrolds Publishing, London, 1962

Klein, Mason, *Helena Rubinstein: Beauty is Power*, The Jewish Museum New York, distributed by Yale University Press, New Haven and London, 2015

Lewis, A. A. and C. Woodworth, *Miss Elizabeth Arden: An Unretouched Portrait*, W. H. Allen, London, 1973

Linter, Sandy, *Disco Beauty*, Angus and Robertson, London, 1979

MacLaughlin, Terence, *The Gilded Lily*, Cassell, London, 1972

Michael, Liz and Rachel Urquhart, *Chic Simple: Woman's Face*, Thames & Hudson, London; Alfred A. Knopf, New York, 1997

Perutz, K., *Beyond the Looking Glass: Life in the Beauty Culture*, Hodder & Stoughton, London, 1970

Price, Joan and Pat Booth, *Making Faces*, Michael Joseph, London, 1980

Raymond, *The Outrageous Autobiography of Mr Teasie-Weasie*, Wyndham, London, 1976

Robinson, Julian, *Body Packaging*, Watermark Press, Sydney, N.S.W., 1988

Rubinstein, Helena, *The Art of Feminine Beauty*, Victor Gollancz, London, 1930

—, *My Life for Beauty*, Bodley Head, London, 1964

Sassoon, Vidal, *Sorry I Kept You Waiting Madam*, Cassell, London, 1968

Scavullo, Francesco, *Scavullo on Beauty*, Random House, New York, 1976

Wolf, Naomi, *The Beauty Myth*, Chatto & Windus, London, 1990

图案

Arnold, Janet, *Patterns of Fashion 2, c. 1860–1940*, Macmillan, London, 1977

Hunnisett, Jean, *Period Costume for Stage and Screen: Patterns for Women's Dress 1800–1909*, Players Press, Studio City, Calif., 1991

Kidd, Mary T., *Stage Costume*, A. & C. Black, London, 1996

Shaeffer, Clare B., *Couture Sewing Techniques*, Taunton Press, Newton, Conn., 1993

Waugh, Norah, *The Cut of Women's Clothes 1600–1930*, Faber and Faber, London, 1968

插图来源

1 Photo Cecil Beaton/Condé Nast via Getty Images; 2 Private Collection; 3 Brooklyn Museum of Art, New York; 4 Hulton Archive/Getty Images; 5 Private Collection; 6, 7 Victoria and Albert Museum, London; 8, 9 Private Collection; 10 Chronicle/Alamy Stock Photo; 11 Philadelphia Museum Library; 12 Hulton Archive/Getty Images; 13, 14 Private Collection; 15 Alamy Stock Photo; 16 Private Collection; 17 National Portrait Gallery, London; 18 Photo James Abbe; 19 Kunstgewerbemuseum, Berlin; 20 Photo Reutlinger/Mansell/The LIFE Picture Collection via Getty Images; 21 Private Collection; 22 Kedleston Hall, Derbyshire; 23 Library of Congress, Washington, D.C.; 24 Private Collection; 25 De Agostini/Getty Images; 26 Hulton Archive/Getty Images; 27, 28 Private Collection; 29 Museum of Fine Arts, Boston; 30 Mary Evans Picture Library; 31 Library of Congress, Washington, D.C.; 32 Private Collection; 33 Seeberger Collection, Bibliothèque Nationale de France, Paris; 34, 35 Victoria and Albert Museum, London; 36 Galliera/Roger-Viollet/Mary Evans Picture Library; 37, 38 Private Collection; 39 Collection Edouard Pecourt; 40 Hulton Archive/Getty Images; 41 Library of Congress, Washington, D.C.; 42, 43, 44, 45, 46 Private Collection; 47 Metropolitan Museum of Art, New York. Gift of Woodman Thompson; 48, 49 Private Collection; 50 Seeberger Collection, Bibliothèque Nationale de France, Paris; 51, 52, 53 Private Collection; 54 Hulton Archive/Getty Images; 55 Private Collection; 56 Metropolitan Museum of Art, New York. Gift of Woodman Thompson; 57 Photo Imperial War Museums/Getty Images; 58 Hulton Archive/Getty Images; 59 Mary Evans Picture Library; 60 Metropolitan Museum of Art, New York. Gift of Woodman Thompson; 61 Private Collection; 62 Archives Charmet/Bridgeman Images; 63 Museum of Fine Arts, Boston; 64 Barnabys Picture Library; 65 Pictorial Press Ltd/Alamy Stock Photo; 66, 67, 68 Mary Evans Picture Library; 69 Photo Séeberger Frères/General Photographic Agency/Getty Images; 70 Séeberger Collection, Bibliothèque Nationale de France, Paris; 71 Musée des Arts Décoratifs, Paris; 72 Museum of Fine Arts, Boston; 73 Musée des Arts Décoratifs, Paris; 74 Hulton Archive/Getty Images; 75 Photo George Hoyningen-Huene/Condé Nast via Getty Images; 76 Philadelphia Museum of Art, Gift of Mme Elsa Schiaparelli, 1969; 77 Private Collection; 78 Hulton Archive/Getty Images; 79 Photo Sasha/Hulton Archive/Getty Images; 80 Private Collection; 81 Photo Topical Press Agency/Getty Images; 82 Photo Pamela Diamond; 83 Photo David Savill/Topical Press Agency/Getty Images; 84 Courtesy Harper's Bazaar; 85, 86 Private Collection; 87 Image courtesy of the Advertising Archives; 88 Photo Keystone/Getty Images; 89 The Print Collector/Alamy Stock Photo; 90 Photo Universal History Archive/Universal Images Group via Getty Images; 91, 92, 93, 94 Private Collection; 95 Private Collection. Photo J. Freeman; 96 Hulton Archive/Getty Images; 97, 98 E.T. Archive; 99 Courtesy Ferragamo. Metropolitan Museum of Art/Art Resource/Scala, Florence; 100 Courtesy Ferragamo; 101 George Hurrell/MGM/Kobal/Shutterstock; 102 Photo Hulton-Deutsch Collection/Corbis via Getty Images; 103, 104 The Advertising Archives; 105 Séeberger Collection, Bibliothèque Nationale de France, Paris; 106 Photo © George Hoyningen-Huene; 107 Courtesy Sylvie Niessen Galleries; 108 Condé Nast/Vogue; 109 Photo Cecil Beaton/Condé Nast via Getty Images; 110 Christie's Images, London/Scala, Florence. © Salvador Dali, Fundació Gala-Salvador Dalí, DACS 2021; 111 Private Collection; 112 Victoria and Albert Museum, London; 113 Private Collection; 114, 115 Victoria and Albert Museum, London; 116 Chronicle/Alamy Stock Photo; 117 © Lee Miller Archives; 118, 119 akg-images; 120 Photo Fox Photos/Getty Images; 121, 122, 123 Private Collection; 124 Hulton Archive/Getty Images; 125, 126 Victoria and Albert Museum, London; 127 Hulton Archive/Getty Images; 128 Private Collection; 129 British Library, London; 130 Private Collection; 131 Chronicle/Alamy Stock Photo; 132 Photo Reznikoff Artistic Partnership/Corbis via Getty Images; 133 Photo Zoltan Glass/

Picture Post/Hulton Archive/Getty Images; 134 Photo Hulton-Deutsch Collection/Corbis via Getty Images; 135, 136 Bettmann/Getty Images; 137 © Lee Miller Archives; 138 © Association Willy Maywald/ADAGP, Paris and DACS, London 2021; 139 Hulton Archive/Getty Images; 140, 141 Maryhill Museum of Art, Washington, D.C.; 142 Photo Mark Kauffman/The LIFE Picture Collection via Getty Images; 143, 144, 145, 146, 147, 148, 149 © Association Willy Maywald/ADAGP, Paris and DACS, London 2021; 150 Photo Robert Doisneau/Gamma-Rapho/Getty Images; 151 © Association Willy Maywald/ADAGP, Paris and DACS, London 2021; 152, 153 Private Collection; 154 Bridgeman Images; 155 Courtesy Hardy Amies; 156 © Association Willy Maywald/ADAGP, Paris and DACS, London 2021; 157 Photo John Rawlings/Condé Nast via Getty Images; 158 Metropolitan Museum of Art/Art Resource/Scala, Florence; 159, 160 Photo Genevieve Naylor/Corbis via Getty Images; 161 Private Collection; 162 Photo Hulton-Deutsch Collection/Corbis via Getty Images; 163 Photo Joseph McKeown/Getty Images; 164 Columbia/Kobal/Shutterstock; 165 Image courtesy of the Advertising Archives; 166 Photo Genevieve Naylor/Corbis via Getty Images; 167 Chantal Fribourg, Paris; 168 Hulton Archive/Getty Images; 169, 170, 171 © Association Willy Maywald/ADAGP, Paris and DACS, London 2021; 172, 173 Courtesy Yves Saint Laurent; 174 Victoria and Albert Museum, London; 175 Photo Donaldson Collection/Michael Ochs Archives/Getty Images; 176, 177 Victoria and Albert Museum, London. Photo © John French; 178, 179 © Association Willy Maywald/ADAGP, Paris and DACS, London 2021; 180 Courtesy Pierre Cardin; 181 Courtesy Paco Rabanne; 182 Courtesy Peter Ascher; 183 Courtesy Emilio Pucci; 184 Popperfoto; 185 London Features International; 186 Courtesy Pierre Cardin; 187 Photo Popperfoto/Getty Images; 188 Photo Keystone/Getty Images; 189 PA Archive/PA Images; 190 Photo Peter King/Fox Photos/Getty Images; 191 Photo Fox Photos/Getty Images; 192 Photo Roy Milligan/Evening Standard/Getty Images; 193 Victoria and Albert Museum, London; 194 Courtesy Betsey Johnson; 195 Photo Ray Bellisario/Popperfoto via Getty Images; 196 Metropolitan Museum of Art/Art Resource/Scala, Florence; 197 Bettmann/Getty Images; 198 Courtesy Rudi Gernreich; 199 Photo Central Press/Getty Images; 200 Photo Hulton-Deutsch Collection/CORBIS via Getty Images; 201 Photo Ronald Dumont/Daily Express/Hulton Archive/Getty Images; 202 Camera Press/Hans de Boer; 203 Courtesy Yves Saint Laurent.

Photo © Helmut Newton; 204 Courtesy Yves Saint Laurent; 205 United Artists/Kobal/Shutterstock; 206 Courtesy Yves Saint Laurent; 207 Courtesy Pierre Cardin; 208 Musée des Arts Décoratifs, Paris; 209 Courtesy Sonia Rykiel; 210 Courtesy Kenzo; 211 Photo Evening Standard/Getty Images; 212, 213 Courtesy Missoni/Gai Pearl Marshall; 214 Photo Alfa Castaldi. Courtesy Krizia; 215 Courtesy Valentino; 216 Bettmann/Getty Images; 217 Courtesy Halston; 218 Photo Deborah Turbeville/Condé Nast via Getty Images; 219 Photo Steve Wood/Getty Images; 220 Photo Fox Photos/Getty Images; 221 Photo Bill Eppridge/The LIFE Picture Collection via Getty Images; 222 Photo Sunset Boulevard/Corbis via Getty Images; 223 Photo Keystone/Hulton Archive/Getty Images; 224 Zandra Rhodes, UK; 225 Courtesy Yuki; 226 Discovery Museum, Newcastle upon Tyne (Tyne & Wear Museums); 227 Courtesy Laura Ashley; 228 Photo Daily Mirror/Bill Kennedy/Mirrorpix/Getty Images; 229 Zandra Rhodes, UK. Photo Clive Arrowsmith; 230 Courtesy Moschino/Gai Pearl Marshall; 231 Camera Press/U. Steiger/SHE; 232 1982. Niall McInerney, Photographer. © Bloomsbury Publishing Plc; 233 1983. Niall McInerney, Photographer. © Bloomsbury Publishing Plc; 234 Photo © Barry Lategan; 235 1985. Niall McInerney, Photographer. © Bloomsbury Publishing Plc; 236 1986. Niall McInerney, Photographer. © Bloomsbury Publishing Plc; 237 Courtesy Stephen Jones; 238 1984. Niall McInerney, Photographer. © Bloomsbury Publishing Plc; 239 Photo Bill Rowntree/Daily Mirror/Mirrorpix/Getty Images; 240 Camera Press/Glenn Harvey; 241 Photo Tim Graham Photo Library via Getty Images; 242 1984. Niall McInerney, Photographer. © Bloomsbury Publishing Plc; 243 Photo © Nick Knight; 244 1985. Niall McInerney, Photographer. © Bloomsbury Publishing Plc; 245 1983. Niall McInerney, Photographer. © Bloomsbury Publishing Plc; 246 1986. Niall McInerney, Photographer. © Bloomsbury Publishing Plc; 247 1988. Niall McInerney, Photographer. © Bloomsbury Publishing Plc; 248 Courtesy Fonds Chanel; 249 Bridgeman Images. Courtesy Christian Lacroix. Photo © Jean-François Gâté; 250 1986. Niall McInerney, Photographer. © Bloomsbury Publishing Plc; 251, 252 Courtesy Giorgio Armani; 253 Courtesy Gianni Versace; 254 Courtesy Missoni/Gai Pearl Marshall; 255 Courtesy Calvin Klein; 256 Courtesy Ralph Lauren; 257 Courtesy Norma Kamali; 258 1985. Niall McInerney, Photographer. © Bloomsbury Publishing Plc; 259 Courtesy Jean Paul Gaultier;

致 谢

我们在此衷心感谢为我们提供支持并慷慨分享信息的专业人士，特别是Lou Taylor教授、Marie-Andrée Jouve、Elizabeth Ann Coleman、Timothy d'Arch Smith、Ernest and Diane Connell、Faith Evans、John Stokes教授、Susan North、Jane Mulvagh、Avril Hart、Sarah Woodcock、David Wright、Michael Neal、Lucy Pratt、Bruno Remaury教授、Claire Wilcox、Debbie Sinfield、Mairi MacKenzie 及 Jeff Horsley。感谢所有的设计师及其公关人员，以及热心提供时尚服装和图片材料的朋友们。最后，还要感谢Joanna McGuire为新版图片研究工作所做出的贡献。

索 引
（页码对应正文页边码）

斜体表示图片编码

图书在版编目（CIP）数据

百年时尚 /（英）艾米·德拉海耶
(Amy de la Haye),（英）瓦莱丽·D. 门德斯
(Valerie D. Mendes) 著；徐文洁译 . -- 北京：社会
科学文献出版社，2024.3
　　书名原文：Fashion since 1900
　　ISBN 978-7-5228-2074-3

　　Ⅰ. ①百…　Ⅱ. ①艾…②瓦…③徐…　Ⅲ. ①服饰美
学－美学史－世界　Ⅳ. ① TS941.11-091

中国国家版本馆 CIP 数据核字（2023）第 124063 号

百年时尚

著　　者 /［英］艾米·德拉海耶（Amy de la Haye）
　　　　　［英］瓦莱丽·D. 门德斯（Valerie D. Mendes）
译　　者 / 徐文洁
审　　校 / 张　东

出 版 人 / 冀祥德
责任编辑 / 张建中
责任印制 / 王京美

出　　版 / 社会科学文献出版社·政法传媒分社（010）59367126
　　　　　甲骨文工作室（分社）（010）59366527
　　　　　地址：北京市北三环中路甲 29 号院华龙大厦　邮编：100029
　　　　　网址：www.ssap.com.cn
发　　行 / 社会科学文献出版社（010）59367028
印　　装 / 北京华联印刷有限公司

规　　格 / 开　本：787mm×1092mm　1/16
　　　　　印　张：23.5　字　数：354 千字
版　　次 / 2024 年 3 月第 1 版　2024 年 3 月第 1 次印刷
书　　号 / ISBN 978-7-5228-2074-3
著作权合同
登 记 号 / 图字 01-2023-0361 号
定　　价 / 188.00 元

读者服务电话：4008918866